Pferde in der Geschichte

Beiträge zur Tiergeschichte

Herausgegeben von Frank Jacob

Band 1

Frank Jacob (Hg.)

Pferde in der Geschichte

Begleiter in der Schlacht, agrarisches Nutztier, literarische Inspiration

büchner-verlag
wissenschaft und kultur

Besuchen Sie uns im Internet:
www.buechner-verlag.de

ISBN 978-3-941310-45-2 Print
ISBN 978-3-941310-64-3 E-Book (PDF)

Nachdruck 2025
Büchner-Verlag eG, Bahnhofstr. 5, D-35037 Marburg,
Kontakt: info@buechner-verlag.de

Umschlaggestaltung: Büchner-Verlag
Umschlagmotiv: Angriff der russischen Kavallerie auf die türkische Infanterie, 1877. Bild von Wiktor Masurowski.
Druck und Bindung: Schaltungsdienst Lange oHG, Berlin
Die verwendeten Druckmaterialien sind zertifiziert als FSC-Mix.
Printed in Germany

Bibliografische Informationen der Deutschen Nationalbibliothek
Die Deutsche Nationalbibliothek verzeichnet diese Publikation in der Deutschen Nationalbibliografie, detaillierte bibliografische Angaben sind im Internet über http://dnb.de abrufbar.

Inhalt

Einleitung

Frank Jacob

Tiere im Allgemeinen, Pferde im Speziellen sind »unerwartete Besucher des täglichen Lebens: nicht wirklich exotisch, aber auch nicht vertraut.« (Edwards 2012: 1) Bedenkt man, dass jährlich 9 bis 10 Millionen Tiere in der Nahrungsmittelindustrie getötet werden, um die Versorgung der globalen Fleischversorgung zu gewährleisten, wird schnell klar, dass das humane Leben sehr stark von einem tierischen Beitrag abhängt, selbst wenn dieser oft unsichtbar bleibt. Die Tiere, die im menschlichen Alltag in Erscheinung treten können, sind im Gegensatz dazu in Zoos, der Unterhaltungsindustrie sowie im Zirkus anzutreffen (Pearson 2010: 30). Ungeachtet der geringen tierischen Dichte innerhalb der heutigen Gesellschaft darf jedoch nicht vergessen werden, dass Tiere, vor allem Pferde, von essentieller Bedeutung für die Entwicklung der modernen Gesellschaften waren, selbst wenn ihre Geschichte bisher oft vernachlässigt worden ist (Edwards 2012: 1). Besonders die Geschichtswissenschaften haben sich zu wenig mit dem tierischen Faktor auseinandergesetzt und das Feld vor allem den Literatur- und Kulturwissenschaften überlassen (Borgards 2015). Der vorliegende Band stellt den Versuch dar, sich einem speziellen Vertreter tierischer Geschichte zu nähern: dem Pferd.

Die schaffende Rolle des Pferdes für die Entwicklung der modernen Welt kann nicht negiert werden, da es den menschlichen Fortschritt gleich in doppelter Hinsicht begleitet hat: sowohl als funktionales Tier, als auch als kulturelle Ikone (Edwards 2012: 2–6). Während das Pferd lange Zeit zur Legitimation der Aristokratie, die die schwere Kavallerie im Kriegsfall zu stellen hatte, beitrug, bedrohte das Verschwinden der Tiere im Zuge der Modernisierung den althergebrachten Status dieser Schichten. Es bestand folglich eine wesentlich größere Abhängigkeit zwischen Mensch und Tier, als es vielen Betrachtern auf den ersten Blick erscheinen mag. Mit dem Verschwinden der equinen Partizipanten des Schlachtfeldes erreichte das Pferd eine Neubewertung und wurde zu einem Luxusgut, welches zur Zerstreuung – Reitsport, Pferderennen etc. – der besitzenden Schichten beitrug und in dessen Zucht (Ebd. 17–22) und Zurschaustellung entsprechend investiert wurde und wird.

Ungeachtet der sich wandelnden Stellung des equinen Faktors innerhalb des humanen Rahmens blieb die Beziehung zwischen Mensch und Pferd stets eine menschlich dominierte Interaktion (Ebd. 23). Dabei stellt das Reittier per se keine Ausnahme dar, denn alle Bewertungen von Tieren spiegeln eine kulturelle Kreation ihrer Zeit wider. Die jeweiligen Bilder, die wir von Tieren besitzen, belegen, welchen Stellenwert die menschliche Gesellschaft ihren animalen Begleitern als solchen beimisst und welche Bedeutung ihrem Beitrag zum gesellshaftlichen Erfolg der jeweiligen Epoche gezollt wird (Rothfels 2010: 52).

Das Pferd und der Mensch

Die Domestizierung des Pferdes begann vermutlich im vierten vorchristlichen Jahrtausend in den Steppen Eurasiens, also der geographischen Sphäre, die im Westen von Ungarn und im Osten von China begrenzt wurde (Kelekna 2009: 1). Diese neue Symbiose aus Tier und Mensch bot nicht nur die Möglichkeit einer kriegerischen Expansion der Steppenvölker, sondern hatte einen »extraordniary impact on human culture« (Ebd. 2), welcher vor allem durch den gewonnenen Faktor der Mobilität gewährleistet werden konnte. Während die Hethiter die Tiere bereits kriegerisch nutzten, um ihre Kriegswagen in den Kampf zu manövrieren, brachte die Verbindung aus equinem Mobilitätsfaktor und neuen Waffentechnologien wie dem Kompositbogen schließlich Ende des zweiten Jahrtausends vor Christus die Verbreitung einer erfolgreichen Kavallerie mit sich. Steigbügel, die zuvor in China genutzt worden waren, wurden von den Mongolen aufgegriffen und im Zuge ihrer Expansion nach Europa gebracht, wo sie die Kriegsführung verändern und den Aufstieg schwerer Reitereien ermöglichen sollten, in dessen Zuge sich ebenfalls der Ruhm arabischer Vollblute verbreitete (Ebd. 4; Sinclair 2008: 31), wobei Pferde nicht nur im nördlichen Afrika von Bedeutung waren, was Sandra Swart eindrucksvoll belegt hat (Swart 2012).

Nachdem das Pferd in den beiden Amerikas ausgestorben war[1], brachten es Columbus und in seiner Folge die Conquistadoren dorthin zurück, wobei sich die Nutzung der Tiere über die global entstehenden Handelsbeziehungen auch in Südostasien verbreitete, wo Pferde als rituelles Geschenk oder Tribut, eine Form der Besteuerung sowie als Transport- und Kommunikationsmittel genutzt wurden (Wade 2009: 161–173). Es kann zwar konstatiert werden, dass das Pferd nicht zu den frühesten domestizierten Tieren zählt, aber seine Nutzung in verschiedenen Bereichen und das auf einem geographisch globalen Level unterstreicht die Bedeutung, die gerade diesen Tieren zukommt. Sie hatten einen immensen Einfluss auf humanen Handel, Transport und Krieg und waren dafür verantwortlich, dass entfernte Gebiete miteinander vernetzt werden konnten (Kelekna 2009: 166). Nicht unbegründet weist deshalb Ulf Jäger darauf hin, dass die Seidenstraße eigentlich Pferdestraße heißen müsste, wenn man dem animalen Faktor dieses Transportweges gerecht werden wollte (Jäger 2009: 82).

Gesellschaften und ihre Entwicklung sind grundsätzlich immer davon abhängig, welche tierischen und pflanzlichen Ressourcen ihnen zur Verfügung stehen (Kelekna 2009: 380). Die nur sporadische Besiedlung Nordamerikas und ein wesentlich weniger umfassender Technologietransfer oder die mangelnde Kommunikation der einzelnen Stämme dieser Gegenden miteinander waren direkte Folgen des fehlenden equinen Elementes. Die Existenz von Pferden konnte also über den langfristigen Erfolg ganzer Gesellschaftssysteme entscheiden und zur Entstehung blühender Kulturen beitragen. Die Tatsache, dass die Reittiere heute eher als zuchtorientiertes Kapital verstanden werden (McKee 2013: 14), lässt den Menschen diese Bedeutung oft vergessen. In früheren Jahrhunderten war das Pferd im Gegensatz dazu jedoch ein elementarer Bestandteil des menschlichen Lebens.

Während in Athen Pferde vor allem für Rennen, unter anderem während der klassischen Olympischen Spiele, gezüchtet wurden, galten sie den Griechen, ebenso wie den Römern in späterer Zeit, auch als religiöses Element. Poseidon war nicht nur der Gott der Reitkunst (Kelekna 2009: 181), sondern man glaubte zudem, dass die Sonne von einem Pferdegespann am Firmament entlang gezogen wurde (Sinclair 2008:193). Allerdings wurden Pferde nicht nur im klassischen Griechenland und Rom

---

1 Zur equinen Paläontologie S.7–12 17

verehrt, sondern besaßen beispielsweise bei Bestattungen in Dänemark (Pedersen 2014) einen symbolisch-religiösen oder im imperialen China einen Tributcharakter (Schottenhammer 2009: 238–243). Die religiöse Symbolik wird in Europa vor allem bei der Betrachtung von Abbildungen der Vier Apokalyptischen Reiter deutlich, die auf ihren galoppierenden Pferden die Vernichtung der Welt ankündigen (Sinclair 2008: 193). Die Tiere wurden generell sehr oft zu Emblemen, die genutzt wurden, um spezifische Nachrichten zu übermitteln. Pferde symbolisierten nicht nur Kraft und Erhabenheit, sie wurden ebenfalls zu einem Symbol von Männlichkeit, Macht und Prestige (Cuneo 2012: 71), sodass sie nicht selten in der Malerei (Sinclair 2008: 194–195), aber auch der Lyrik (Ebd. 196–199) zum Einsatz gelangten.

Der Einfluss des Pferdes auf menschliches Leben darf jedoch nicht nur auf diese symbolische Ebene beschränkt werden. Was viel zu oft in Vergessenheit gerät, ist die Tatsache, dass Pferde einen grundlegenden Beitrag zum Funktionieren menschlicher Gesellschaftssysteme, gerade im urbanen Bereich, geleistet haben. So hätten unter anderem die US-Metropolen des 19. Jahrhunderts kaum funktioniert, wenn nicht mindestens ein Pferd je 20 Einwohner der Stadt zum Einsatz bereitgestanden hätte (McShane 2010: 227). Wenn also Tiere als antithetisch zum Konzept der Urbanisierung dargestellt werden, dann ist das schlichtweg ein großer Irrtum (Ebd. 228), denn die equine Komponente hat die Urbanisierung des 19. Jahrhunderts erst möglich gemacht. Die Städteplaner dieser Zeit waren also gezwungen das Pferd und dessen Einsatz in die Bauplanungen mit einzubeziehen, sodass viele Metropolen noch heute sichtbare Spuren ihrer animalen Geschichte aufweisen (Ebd. 240). Einer der dauerhaft bedeutenden Einsatzbereiche des Pferdes blieb jedoch lange Zeit der Krieg.

Waren die Tiere in der frühesten Zeit menschlicher Geschichte in erster Linie zur Nahrungsmittelversorgung gejagt worden (Sinclair 2008: 11), integrierten vor allem die Steppenvölker Eurasiens das domestizierte Pferd so sehr in ihren Lebensalltag, dass dieser grundlegend auf den equinen Faktor ausgelegt wurde. Der Einsatz von Pferden als Teil militärischer Kampagnen brachte ihnen die Überlegenheit in den Zeiten der Völkerwanderung, wobei bereits die oben genannten Hethither sowie Alexander der Große (356 v.Chr.-323v.Chr.) durch den Einsatz von Kriegspferden erfolgreich expandiert hatten und die Römer in der Schlacht von Cannae (216 v. Chr.) aufgrund der überlegenen Kavallerie des Gegners geschlagen wurden (Ebd. 12–20). Die Bedeutung als militärstrategischer Faktor blieb auch in den folgenden Jahrhunderten erhalten und Herrscher versuchten, den Export von Pferden zu unterbinden, um die eigene Überlegenheit zu gewährleisten (Reindl-Kiel 2009: 43; Yokkaichi 2009: 89). Diese Annahme war nicht unbegründet, zumal viele Regionen von einem überregionalen Pferdehandel abhängig waren (Fragner 2009: 3), sodass beispielsweise ein reger Pferdhandel im Persischen Golf beziehungsweise um das Rote Meer bis nach Indien entstand (Yokkaichi 2009: 93). Gerade im Süden der letztgenannten Region bestanden Probleme mit der Zucht und Dressur von Kriegspferden, weshalb besonders die südindischen Herrscher in Vijayanagara auf den Import von Pferden, um den es durchaus auch zu bewaffneten Auseinandersetzungen mit anderen Konkurrenten kommen konnte, angewiesen blieben (Fragner 2009: 4; Kauz 2009: 135; Kelekna 2009: 395; Eaton 2014: 18). Bis zu 100.000 Tiere wurden jedes Jahr eingeführt und stellten die Grundlage der militärischen Vormachtstellung der südindischen Herrschaft dar.

Die Bedeutung der Kavallerie in Kriegszeiten blieb jedoch auch in Europa erhalten und bildete den Erfolg Napoleons am Ende des 18. und zu Beginn des 19. Jahrhunderts (Jarymowycz 2008: 72–91). Dabei nahm der zukünftige Kaiser jedoch keine Rücksicht auf die Tiere:

> »Bonaparte himself set an example of speed. He was often seen flogging not only his own horse but that of his aide riding alongside him. His consumption of horsepower was unprecedented and horrifying. In the pursuit of speed by his armies, hundreds of thousands of these creatures died in their traces, driven beyond endurance. Millions of them died during his wars, and the struggle to replace them became one of his most formidable supply problems. The quality of French remounts deteriorated steadily during the decade 1805–15 and this helps to explain the declining performance of the French cavalry.« (Johnson 2006: 50)

Die französische Kavallerie verlor schließlich zunehmend an Qualität und der Verlust von geschätzten 200.000 Tieren im Zuge des Russlandfeldzuges stellte eine spürbare Schwächung der napoleonischen Armee dar (Ibid. 57 und 139). Pferde und das mit ihrem Besitz verbundene Potential bestimmte allerdings nicht nur den Ausgang eines Krieges, ihr Einsatz verknüpfte eine militärische mit einer sozialen Komponente (Robinson 2012), gerade weil die Reittiere dazu in der Lage waren, zu einem Sinnbild bellizistischer Männlichkeit zu werden (Eisemann

2012). Am besten wird das vermutlich durch einen Blick in die australische Militärgeschichte deutlich, in der berittene Soldaten zum evokativsten Bild der eigenen Geschichte wurden, welches durch die Kampagnen im Burenkrieg sowie die australisch dominierten Schlachten des Ersten Weltkrieges im Mittleren Osten begründet worden war (Bou 2010: 1) .Obwohl bereits gegen Ende des 19. Jahrhunderts eine Diskussion um die Rolle der Kavallerie eingesetzt hatte (Denison 1868 und 1877) blieben die Tiere gerade im kolonialen Raum sehr lange im Einsatz (Bou 2010:7).

Erst die technischen Neuerungen, besonders im Zuge des Ersten Weltkrieges 1914–1918 beendeten die glorreiche Ära des Kriegspferdes und degradierten die Tiere auf den Rang eines Transportmittels (Jarymowycz 2008: 1). Ungeachtet dieser Entwicklung behielt das Pferd einen besonderen Platz in der modernen Gesellschaft, vermutlich einfach ob der Tatsache, dass der Mensch seinem equinen Begleiter eine gewisse Liebe entgegenbringt (Ebd. 2). Es sollte also durchaus geboten sein, sich genauer mit der Geschichte des Pferdes auseinanderzusetzen, allerdings wird der Historiker dabei vor eine gewisse Herausforderung gestellt, die generell für jede historische Untersuchung von Tieren besteht.

Tiergeschichte

Prinzipiell ergeben sich für eine Untersuchung tierischer Geschichte mehrere Probleme. Zum einen kann diese nicht umfassend sein, da ebenso wenig alle Facetten animaler Historie in einem einzigen Werk abgedeckt werden können, wie das auch für die menschliche Geschichte der Fall ist (Marvin 2010: 61). Der historische Narrativ beschränkt sich aufgrund der humanen Perspektive der Untersuchung zudem stets auf die Beschreibung von Tier-Mensch-Beziehungen, wodurch aus dem realen Tier zwangsläufig das kulturelle Tier werden muss (Ebd. 75). Ungeachtet der Debatte über die Existenz eines tierischen Bewusstseins (beispielhaft Clarke 1990; DeGrazia 1996; Steiner 2005) scheint jedoch auch klar zu sein, dass die menschliche Vergangenheit ohne Tiere, die scheinbar kein Gefühl für dieselbe entwickeln können, unmöglich wäre (Brantz 2010: 2).

Die Aufarbeitung tierischer Geschichte stellt somit eine onto logische, epistemologische sowie methodologische Herausforderung dar (Pearson 2010: 18), zumal schon die Frage danach, was ein Tier ist von der humanen Perspektive bestimmt wird (Salisbury 1994: 168). Um also tierische Geschichte schreiben zu können, bedarf es einer Neubetrachtung des menschlichen Status per se, der nicht die einzige Determinante der historischen Begebenheit sein darf. Die Tier-Mensch-Beziehung muss folglich auf einen egalitären Status gebracht werden, der es erlaubt, beide historische Größen, also die humane ebenso wie die animale, gleichwertig zu betrachten. Tiere dürfen demnach nicht mehr nur auf ihre Symbolik (Flores 1996) hin untersucht werden, sondern müssen als aktive Teilnehmer des historischen Prozesses verstanden und entsprechend berücksichtigt werden.

Es eröffnet sich jedoch noch eine weitere Schwierigkeit. Schon Erica Fudge hat auf den Mangel tierischer Quellen hingewiesen (Fudge 2000: 2), wobei Quellenmaterial, sofern vorhanden, stets aus der menschlichen Perspektive auf die Tiergeschichte blickt (Pearson 2010: 2). Diese Einseitigkeit, die dem quellenkritischen Historiker bei Archivalien humanen Ursprungs sofort Unbehagen bereiten würde, wurde bisher kaum beachtet (Oeser 2007). Hinzu kommt, dass es sich selten um die Beschreibung tierischer Reaktionen, sondern eher menschlicher Bewertungen handelt (Ebd. 2–5). Wenn wir also eine echte Tiergeschichte schreiben wollten, müsste eine engere Anbindung an andere Disziplinen erfolgen, um beispielsweise biologische Entwicklungslinien zum einen sowie archäologische Beweise zum anderen aufführen zu können.

Die Animal Studies – und dabei ist die Geschichtswissenschaft nicht auszunehmen – behandeln die Tiere zumeist als Objekt menschlicher Geschichte, jedoch nicht als Subjekt einer universalen Vergangenheit. Auf diesen Mangel hat bereits Susan J. Pearson hingewiesen: »The field of animal studies currently suffers from an inadequate theorization of animals as historical actors, as well as of the social world within which animals and humans live and interact.« (Pearson 2010: 17) Tiere müssen stärker in die Geschichtsforschung eingebunden werden, wobei die anthropozentrische Perspektive aufgebrochen werden muss, um das tierische Element seiner Bedeutung entsprechend integrieren zu können. Hier soll lediglich auf den Fakt verwiesen werden, dass diese Vorgehensweise zwangsläufig auch nach einer Pflanzengeschichte verlangen muss. Die Erforschung von Flora und Fauna darf folglich nicht mehr nur den

Naturwissenschaften überlassen (Brantz 2010: 3), sondern muss zunehmend von den Geisteswissenschaften im Allgemeinen und der Geschichtswissenschaft im Besonderen geleistet werden. Der vorliegende Band versucht deshalb einer zentralen Forderung der Tiergeschichte, wie sie von Pearson formuliert wurde, nachzukommen: »We urge scholars to recover animals' physical presence in social life; to embed that social life within political economy; and, finally, to plot the spatial dimensions of human-animal relations.« (Pearson 2010: 22)

Beiträge

Zunächst behandelt *Frank Jacob* die Bedeutung des Pferdes für den Aufstieg Makedoniens, der bereits vor der Herrschaft Alexanders des Großen mit den militärstrategischen Reformen Philipps II. (um 382 v.Chr.-336 v.Chr.) einsetzte. Pferde bildeten folglich einen zentralen Faktor für den militärischen Erfolg des Persienfeldzuges des jungen Herrschers, der in diesem Kapitel detailliert auf die Rolle des equinen Elementes hin untersucht wird. Im Anschluss daran behandelt *Jana Arloth* zunächst die Bedeutung von Kriegspferden für den Aufbau des Frankenreiches und die Herrschaft Karls des Großen, um im Folgenden in einem weiteren Beitrag die wirtschaftliche Bedeutung des Pferdes im Mittelalter zu eruieren. *Magdalena Bayreuther* setzt die chronologische Linie fort, indem sie den Einfluss von Pferden in der Frühen Neuzeit untersucht, wobei sie sich diesem Sujet indirekt nähert, wenn sie das Kutschenwesen des fränkischen Reichskreises in den Fokus ihrer Abhandlung stellt.

Dass die beiden Amerikas lange ohne einen equinen Faktor bestanden hatten, wurde oben bereits thematisiert. Wie die Wiedereinführung des Pferdes durch Columbus und die anschließenden Conquistadoren die Entwicklung der amerikanischen Geschichte veränderte, zeigt *Heiko Schnickmann*, der nach einer Untersuchung der Beziehungen zwischen dem Pferd und den amerikanischen Ureinwohnern in einem weiteren Kapitel der Frage nachgeht, inwieweit die Reittiere den Erfolg der Conquistadoren beeinflusst haben. Wie bereits ausgeführt, blieb das Pferd jedoch über die Zeit der europäischen Expansionen hinaus ein bedeutender historischer Faktor, der auch in der europäischen Kabinettspolitik seinen Niederschlag finden sollte, was für das Fallbeispiel der Krieg-in-Sicht-Krise 1875 von *Frank Jacob* analysiert wird. Im Anschluss daran untersucht der Autor die Entwicklung des Pferdes in den militärstrategischen Planungen von einem kriegsentscheidenden Faktor im Burenkrieg (1899–1902), hin zu einem antiquierten Relikt einer vergangenen Welt auf den Schlachtfeldern des Russisch-Japanischen Krieges (1904/05).

Ungeachtet der Erfahrungen dieses Krieges in Ostasien blieb das Pferd jedoch ein fester Bestandteil des Krieges, so dass auf den Schlachtfeldern des Ersten Weltkrieges immer noch Reittiere eingesetzt wurden. Das romantische Pferdebild, welches seinen literarischen Niederschlag bis heute nicht eingebüßt hat, wird von *Stefanie Popp* analysiert, die Michael Morpurgos *War Horse* einer Untersuchung mit Blick auf die literarische Darstellung des Pferdes hin unterzieht.

Den Abschluss bildet ein Beitrag von *Riccardo Altieri*, der die neue Ebene equiner Bedeutung, also die der Logistik und Mobilität, für den Zweiten Weltkrieg untersucht. Selbst wenn das Pferd in diesem Konflikt dem romantischen Bild des in die Schlacht stürmenden Rosses nicht mehr gerecht werden konnte, so war die Leistung der Vierbeiner doch nicht unwesentlich an der deutschen Kriegsmaschinerie beteiligt, weshalb auch dieser Aspekt ausreichend Berücksichtigung finden muss.

Insgesamt betrachtet kann der Sammelband nur Ausschnitte einer reichhaltigen Tiergeschichte und das nur für einen Vertreter, nämlich das Pferd, leisten. Allerdings bleibt zu hoffen, dass sich mehr Historiker diesem nicht immer leichten Themenfeld zuwenden, damit der geschichtswissenschaftliche Beitrag der Geisteswissenschaften bei der Beurteilung der Tier-Mensch-Beziehungen nicht in einer intellektuellen Grauzone verloren geht.

Literatur

Borgards, Roland (2015), *Tiere. Ein kulturwissenschaftliches Handbuch*, Stuttgart.

Bou, Jean (2010), *Light Horse: A History of Australia's Mounted Arm*, Cambridge.

Brantz, Dorothee (2010), Introduction, in: Dorothee Brantz (Hg.), *Beastly Natures: Animals, Humans, and the Study of History*, Charlottesville/London, S.1–13.

Clarke, Paul A. B. and Andrew Linzey (Hg.) (1990), *Political Theory and Animal Rights*, London.

Cuneo, Pia F. (2012), Visual Aids: Equestrian Iconography and the Training of Horse, Rider, and Reader, in: Peter Edwards, Karl A. E. Enenkel and Elspeth Graham (Hg.), *The Horse as Cultural Icon. The Real and the Symbolic Horse in the Early Modern World*, Leiden/Boston, S.71–96.

DeGrazia, David (1996), *Taking Animals Seriously: Mental Life and Moral Status*, New York.

Denison, George (1877), *A History of Cavalry from the Earliest Times: With Lessons for the Future*, London.

Denison, Geroge (1868), *Modern Cavalry: Its Organisation, Armament and Employment in War*, London.

Edwards, Peter and Elspeth Graham (2012), Introduction: The Horse as Cultural Icon: The Reals and the Symbolic Horse in the Early Modern World, in: Peter Edwards, Karl A. E. Enenkel and Elspeth Graham (Hg.), *The Horse as Cultural Icon. The Real and the Symbolic Horse in the Early Modern World*, Leiden/Boston, S.1–33.

Eisemann, Amanda (2012), Forging Iron and Masculinity: Farrier Trade Identities in Early Modern Germany, in: Peter Edwards, Karl A. E. Enenkel and Elspeth Graham (Hg.), *The Horse as Cultural Icon. The Real and the Symbolic Horse in the Early Modern World*; Leiden/Boston, S.377–402.

Flores, Nona C. (1996), *Animals in the Middle Ages: A Book of Essays*, New York.

Fragner, Bert G. (2009), Asiens Pferdeökonomie aus der Sicht der historischen Forschung über den Vorderen Orient, in: Bert G. Fragner, Ralph Kauz, Roderich Ptak and Angela Schottenhammer (Hg.), *Pferde in Asien: Geschichte, Handel und Kultur / Horses in Asia: History, Trade and Culture*, Veröffentlichungen zur Iranistik der Österreichischen Akademie der Wissenschaften, Bd. 46, Wien, S.3–7.

Fudge, Erica (2000), *Perceiving Animals: Humans and Beasts in Early Modern English Culture*, Basingstoke.

Jäger, Ulf (2009), Some Remarks on Horses on the Ancient Silk Roads Depicted on Monuments of Art between Gandhara and the Tarim Basin (3rd-8th century), in: Bert G. Fragner, Ralph Kauz, Roderich Ptak and Angela Schottenhammer (Hg.), *Pferde in Asien: Geschichte, Handel und Kultur / Horses in Asia: History, Trade and Culture*, Veröffentlichungen zur Iranistik der Österreichischen Akademie der Wissenschaften, Bd. 46, Wien. S.75–82.

Jarymowycz, Roman (2008), *Cavalry from Hoof to Track*, Westport, CT.

Johnson, Paul (2006), *Napoelon. A Life*, New York.

Kauz, Ralph (2009), Horse Exports from the Persian Gulf until the Arrival of the Portuguese, in: Bert G. Fragner, Ralph Kauz, Roderich Ptak and Angela Schottenhammer (Hg.), *Pferde in Asien: Geschichte, Handel und Kultur / Horses in Asia: History, Trade and Culture*, Veröffentlichungen zur Iranistik der Österreichischen Akademie der Wissenschaften, Bd. 46, Wien, S.129–135.

Kelekna, Pita (2009), *The Horse in Human History*, Cambridge.

Reindl-Kiel, Hedda (2009), No Horses for the Enemy: Ottoman Trade Regulations and Horse Gifting, in: Bert G. Fragner, Ralph Kauz, Roderich Ptak and Angela Schottenhammer (Hg.), *Pferde in Asien: Geschichte, Handel und Kultur / Horses in Asia: History, Trade and Culture*, Veröffentlichungen zur Iranistik der Österreichischen Akademie der Wissenschaften, Bd. 46, Wien, S.43–49.

Marvin, Garry (2010), Wolves in Sheep's (and Others') Clothing, in: Dorothee Brantz (Hg.), *Beastly Natures: Animals, Humans, and the Study of History*, Charlottesville/London, S.59–78.

McKee, Tamar Scoggin (2013), »Redemptive Capital – An Ethnographic Look at Human-Horse Relationships,« in: *INK Journal* 2:2, S.14–16.

McShane, Clay and Joel A. Tarr (2010), The Horse in the Nineteenth-Century American City, in: Dorothee Brantz (Hg.), *Beastly Natures: Animals, Humans, and the Study of History*, Charlottesville/London, S.227–245.

Oeser, Erhard (2007), *Pferd und Mensch. Die Geschichte einer Beziehung*, Darmstadt.

Pearson, Susan J. and Mary Weismantel (2010), *Does »The Animal« Exist? Toward a Theory of Social Life with Animals*, in: Dorothee Brantz (Hg.), *Beastly Natures: Animals, Humans, and the Study of History*, Charlottesville/London, S.17–37.

Pedersen, Anne (2014), *Dead Warriors in Living Memory: A Study of Weapon and Equestrian Burials in Viking-Age Denmark, AD 800–1000*, Studies in Archaeology & History, Bd. 20:1, Copenhagen.

Robinson, Gavin (2012), The Military Value of Horses and the Social Value of the Horse in Early Modern England, in: Peter Edwards, Karl A. E. Enenkel and Elspeth Graham (Hg.), *The Horse as Cultural Icon. The Real and the Symbolic Horse in the Early Modern World*, Leiden/Boston, S.351–376.

Rothfels, Nigel (2010), Touching Animals. The Search for a Deeper Understanding of Animals, in: Dorothee Brantz (Hg.), *Beastly Natures: Animals, Humans, and the Study of History*, Charlottesville/London, S.38–58.

Salisbury, Joyce E. (1994), *The Beast Within: Animals in the Middle Ages*, New York.

Schottenhammer, Angela (2009), Horses in Late Imperial China and Maritime East Asia: An Introduction into Trade, Distribution, and other Aspects (Sixteenth to Eighteenth Centuries), in: Bert G. Fragner, Ralph Kauz, Roderich Ptak and Angela Schottenhammer (Hg.), *Pferde in Asien: Geschichte, Handel und Kultur / Horses in Asia: History, Trade and Culture*, Veröffentlichungen zur Iranistik der Österreichischen Akademie der Wissenschaften, Bd. 46, Wien, S.229–253.

Sinclair, Andrew (2008), *Man and Horse: Four Thousand Years of the Mounted Warrior*, The Mill.

Steiner, Gary (2005), *Anthropocentrism and Its Discontents: The Moral Status of Animals in the History of Western Philosophy*, Pittsburgh.

Swart, Sandra (2012), »Dark Horses«: The Horse in Africa in the Sixteenth and Seventeenth Centuries, in: Peter Edwards, Karl A. E. Enenkel and Elspeth Graham (Hg.), *The Horse as Cultural Icon. The Real and the Symbolic Horse in the Early Modern World*, Leiden/Boston, S.241–260.

Yokkaichi Yasuhiro (2009), Horses in East-West Trade between China and Iran under Mongol Rule, in: Bert G. Fragner, Ralph Kauz, Roderich Ptak and Angela Schottenhammer (Hg.), *Pferde in Asien: Geschichte, Handel und Kultur / Horses in Asia: History, Trade and Culture*, Veröffentlichungen zur Iranistik der Österreichischen Akademie der Wissenschaften, Bd. 46, Wien, S.87–97.

Wade, Geoff (2009), The Horse in Southeast Asia prior to 1500 CE: Some Vignettes, in: Bert G. Fragner, Ralph Kauz, Roderich Ptak and Angela Schottenhammer (Hg.), *Pferde in Asien: Geschichte, Handel und Kultur / Horses in Asia: History, Trade and Culture*, Veröffentlichungen zur Iranistik der Österreichischen Akademie der Wissenschaften, Bd. 46, Wien, S.161–177.

Der Aufstieg Makedoniens: Eine Erfolgsgeschichte antiker Kavallerie

Frank Jacob

Einleitung

> Alexander was a brilliant strategist and tactician and a superb leader of men. He was courageous, bold, rugged, resolute, shrewd, versatile, and fast. He was lucky too to face a second-rate opponent. Was Alexander a military genius, as some historians claim? That does not seem an excessive judgment. Yet there were other sides to Alexander as well. He was as infatuated with his own glory as he was willing to risk lives to achieve it. He turned on his own generals while he proclaimed himself divine. He unhesitatingly pursued a policy of terror which evolved in time into a policy of mass murder. Alexander was a great general but he was also a great killer of innocent people. (Strauss 2003: 142)

Das Bild von Alexander dem Großen ist heute nicht mehr ein rein positives, also das eines unangefochtenen Helden, der der hellenistischen Kultur zur Blüte verhalf. Nein, sein Bild bröckelt schon seit längerer Zeit (Bosworth 1996). In der Forschung ist umstritten, wie die historische Person zu bewerten sei, denn während einige in ihm einen Helden, Globalisierer und Entdecker zu sehen glauben, stellen andere den Tyrannen und rachsüchtigen Trinker in den Mittelpunkt ihrer Untersuchung (Frank 2008: 5). Dabei wissen wir gar nicht so viel von Alexander selbst, noch nicht einmal, wie der antike Eroberer ausgesehen hat, denn die gesamte Ikonographie der Antike beruhte auf wenigen erhaltenen Darstellungen, die eher einem Archetyp als realen Beschreibungen folgte (Nielsen 1993: 137–138). Ungeachtet dessen animierte aber vor allem sein militärischer Erfolg schon die Römer dazu, in ihm ein Idealbild zu erkennen und dem makedonischen König neben seiner Schönheit auch das Adjektiv magnus zuzuschreiben und ihn damit zu Alexander dem Großen, einer legendären Heldengestalt zu verklären (Plaut. Mil. 777).[1]

Als scheinbarer Begründer des Hellenismus, also einer Art von »Verschmelzung orientalischer mit der okzidentaler Kultur« (Frank 2008: 5), der innerhalb kürzester Zeit ein Weltreich errichtet hatte, eiferten ihm viele spätere Herrscher nach und versuchten, sich selbst zu einer Art von Alexander zu stilisieren (Bohm 1989). Mit dieser »systematischen Alexanderanknüpfung« (Ebd.) erhoben spätere Potentaten wie der Römer Pompeius Anspruch darauf, sein Erbe fortzusetzen, weshalb die Orientierung an Alexander dem Großen auch immer eine Herausforderung für all jene darstellte, die selbst nach der Macht strebten und sich schon deshalb mit ihm messen lassen mussten.

Trotzdem ist das, was hier als Grundlage der Verehrung herangezogen wurde, nur ein Bruchteil dessen, was tatsächlich belegbar ist. Während die Literatur über den makedonischen Herrscher treffend als »uferlos« (Pfrommer 2001: 3. Vgl. auch Burich 1970) bezeichnet wurde, ist die Quellenlage alles andere als gut (Ebd. 21–24; Heckel 2008: 5–12). Zwar charakterisierte Droysen die erhaltenen Quellen als »redselig genug« (Droysen 1982: 232), da eine Rekonstruktion von Alexanders Feldzügen möglich ist, allerdings handelt es sich bei den erhaltenen Werken von Arrian, Diodor, Justin, Plutarch und Quintus Curtius Rufus nicht um zeitgenössische Darstellungen, so dass von vorneherein Zweifel über den Wahrheitsgehalt der entsprechenden Schilderungen bestehen müssen (Baynham 2003: 3). Erstgenannter hat vermutlich ebenso wie Strabo Teile von Nearchs Bericht (FGrH 133; zu Nearch vgl. Badian 1975), der die Seereise von Indien zurück in das Perserreich beschrieb, genutzt, die meisten zeitgenössischen Historiker, die von Alexander berichteten, sind jedoch nur fragmentarisch überliefert: Kallisthenes (FGrH 124), Ptolemaios (FGrH 138), Aristobul (FGrH 129) und Chares von Mytilene (FGrH 125).

Tatsächlich wissen wir nicht genau, was diese Autoren von Alexander zu berichten wussten und so kann es durchaus sein, dass weniger wichtige Ereignisse seines Lebens von den späteren Autoren aufgebauscht wurden, um die Gunst der Leser zu erwerben beziehungsweise diese durch ausschweifende Schilderungen von scheinbaren Nebensächlichkeiten zu

1 Arr. 7,15,5 und Plin. Nat. hist. 3,57 berichten von einer römischen Gesandtschaft, die Alexander noch zu dessen Lebzeiten in Babylon erreicht haben soll.

unterhalten (Demandt 2009: 1). Doch schon diejenigen, die zur Zeit des großen Makedonen schrieben, versuchten, das Bild von Alexander im richtigen Licht erscheinen zu lassen. Der Sänger Anaximenes begleitete den Feldzug, um Lieder über die anstehenden Eroberungen und Heldentaten zu verfassen, ebenso wie Kallisthenes, der als Geschichtsschreiber des Alexanderzuges fungieren sollte. Trotzdem können wir nicht genau sagen, was die beiden berichtet haben, denn ähnlich wie die frühen Arbeiten von Aristobul und Ptolemaios (Ebd. 4–5) sind die Schilderungen nicht erhalten. Insgesamt sind die Arbeiten von mehr als fünfzig bezeugten Alexanderhistorikern genauso wie die Ephimerieden, die königlichen Amtstagebücher des Feldzuges, die von Eumenes aus Kardia geführt wurden, nicht erhalten geblieben, sondern nur fragmentarisch oder durch einen Hinweis späterer Autoren bekannt. Mitunter deshalb fällt die Bewertung Alexanders des Großen den heutigen Historikern sehr schwer, denn mit wirklicher Gewissheit können nur selten Aussagen getroffen werden. Es ist vielmehr eine Art von Glaubensbekenntnis, welchem der späteren Autoren man den höchsten Wahrheitsgehalt beimessen möchte, denn Arrian, Diodor, Justin und Plutarch überliefern allesamt Quellen, die in der Mehrheit »literary, late and derivative« (Baynham 2003: 19) sind, wobei jeder von ihnen Alexander neu interpretierte, um ihn und seine Geschichte den ganz eigenen Ansprüchen und Zielen anzupassen, so dass auch diese Überlieferungen von einer nicht zu unterschätzenden Problematik geprägt sind (Vgl. etwa zu Arrians Darstellung Swain 1996: 242–253).

Ebenfalls problematisch erscheint, dass die als Basis der Alexanderforschung geltenden Quellen alle aus westlicher, also griechisch-römischer, Sicht entstanden sind. Mitunter deshalb wurde Dareios in diesen und ebenso in historischen Abhandlungen überwiegend negativ, als schwach und feige, dargestellt, weil er bei den Schlachten von Issos und Gaugamela sein Heil in der Flucht gesucht hatte (Nylander 1993: 145), wodurch er zu einer Inkarnation der persischen Schwäche und zu einem Träger von kulturellen Vorurteilen avancierte. Ungeachtet der unsicheren Überlieferungssituation war Alexander der Große im Zeitalter der makedonischen Herrschaft und des Hellenismus Realität und Mythos in einem, denn schon zu Lebzeiten rankten sich unzählige Legenden um den jungen Herrscher. Letztere wurden im 3. Jhdt. n. Chr. von Pseudo-Kallisthenes in Form eines Alexanderromans aufgegriffen, welcher bis in die Moderne weite Verbreitung fand (Demandt 2009: 19–22; Pfrommer 2001:20–21). Die Verehrung schien also schier grenzenlos zu sein, was in erster Linie auf den militärischen Erfolgen basierte, denn Alexander hatte schon in jungen Jahren ein Weltreich erobert, weshalb er zu Beginn des 2. Jhdt. v.Chr. zum Idealbild eines Feldherrn stilisiert wurde (Frank 2008: 12). Obwohl also gerade der militärische Aspekt prägend gewesen schien, konzentrierten sich viele Abhandlungen vor allem auf Alexander, so dass die Armee des Eroberers per se nur selten in den Fokus der Untersuchungen rückte (Milns 1976: 87) und die militärisch-taktischen Aspekte einzelner Schlachten eine Marginalie der Forschung blieben (Devine 1975).

Es war schließlich die makedonische Armee, die innerhalb von zehn Jahren ein Imperium von bisher ungeahnter Größe erobert hatte und den Ruhm Alexanders begründete (Heckel 2008: 1). Seine Männer überwanden dabei nicht nur feindliche Armeen, sondern auch unwegsames Gelände sowie extreme Klimaverhältnisse. Wenn das Zeitalter Alexanders des Großen als ein Wendepunkt der Weltgeschichte aufgefasst wird (Ebd. 2), dann ist das nicht allein sein Verdienst, sondern derer, die ihn begleitet und seinen Träumen zur Wirklichkeit verholfen haben. Doch nicht nur Menschen waren an der Errichtung dieses Imperiums beteiligt. Einen besonderen Stellenwert innerhalb der militärischen Voraussetzungen für den erfolgreichen Feldzug bildete die makedonische Kavallerie, die sich als überlegene Offensivwaffe erwies und dem makedonischen Heer die Siege am Granikos, bei Issos und Gaugamela überhaupt ermöglichte. Die zunehmende Einbeziehung des equinen Elements in das Kriegswesen und die damit verbundenen Auswirkungen für den Aufstieg und Erfolg Alexanders sowie Makedoniens bedarf deshalb einer genaueren Untersuchung.

Aufgrund dessen wird im Folgenden zunächst die Bedeutung Philipps II. und seiner Militärreformen – unter besonderer Berücksichtigung der Kavallerie – analysiert, um im Anschluss daran zu zeigen, dass Alexanders schnelle Herrschaftsfestigung durch eben diese Reformen bedingt wurden. Im Anschluss daran sollen die wichtigsten Schlachten des Alexanderfeldzuges (Granikos, Issos, Gaugamela) mit Blick auf den entscheidenden Einsatz des berittenen Elementes dargestellt werden, um zu zeigen, dass die Pferde und deren stärkere Einbindung in das taktische Schlachtenkonzept einen immensen Beitrag zum positiven Ausgang der einzelnen Gefechte leisteten. Im Mittelpunkt werden also Überlegungen stehen, die sich eher auf die equinen Akteure und deren militärstrategischen Einsatz beziehen als auf die schon des Öfteren abgehandelten Viten der Eroberer Philipp und Alexander.

Philipps Reformen des makedonischen Heeres

Als Philipp 359 v.Chr. die Herrschaft Makedoniens übernahm, war sein Reich politisch instabil, wirtschaftlich schwach und wurde von äußeren Feinden bedroht (Worthington 2003: 70). Die »Stammesgesellschaft an der Peripherie der griechischen Poliswelt« (Barceló 2007: 35) schien also keine Gefahr für Griechenland darzustellen, doch der neue makedonische König war gewillt, das zu ändern. Einen Teil seines Herrschaftsgebietes machten ergiebiges Weideland und fruchtbare Ebenen aus und schon in den Jahrzehnten zuvor hatte die Zucht und Haltung von Pferden eine große Rolle gespielt, die Philipp jetzt den Aufbau einer schlagkräftigen Kavallerie ermöglichen würde. Steigern konnte er deren Effektivität zusätzlich durch die Eingliederung Thessaliens in seinen Herrschaftsbereich, denn dort wurden ebenfalls sehr starke Pferde gezüchtet, die den makedonischen Bedarf an Reittieren zusätzlich abdecken konnten. Die Kavallerie benötigte Philipp ebenso wie eine effektive Infanterie, denn der neue Herrscher strebte nach höheren Zielen und wollte nicht die Rolle eines primus inter pares, wie sie dem König ursprünglich zugedacht war hinnehmen, sondern vielmehr eine Großmacht schaffen, an deren Spitze er unangefochten zu herrschen gedachte.

Mitunter aufgrund seiner unermüdlichen Leistungen, die ihn schließlich Schritt für Schritt diesem Ziel näherbrachten und aufgrund der Tatsache, dass er sich nicht nur des Heeres, sondern auch diplomatischer Taktiken und anderer Listen bediente, trugen dazu bei, dass der Eindruck Philipps ein positiver ist, denn er »was, after all, a master of diplomacy, intrigue, and deceit, and one cannot help but admire him« (Worthington 2003: 82) und wird zu Recht als »master-statesman of his time« (Grainger 2007: 23) bezeichnet. Zunächst widmete er sich der Sicherung der äußeren Grenzen, die stets von Thrakern und Illyrern bedroht wurden (Just. 7,2,6), der Stabilisierung seiner Herrschaft im Inneren sowie der wirtschaftlichen Absicherung des eigenen Herrschaftsbereiches, wobei er gekonnt diplomatische und militärische Optionen abwog und entsprechend einsetzte. Philipp, der als Junge als Geisel zunächst bei den Illyrern, später dann bei den Thebanern lebte, hatte schon früh begonnen, sich diese Fähigkeiten anzueignen. Gerade bei den letztgenannten, insbesondere bei Epameinondas, lernte Philipp viel über die militärischen Taktiken (Diod. 16,2,3), die Theben dazu genutzt hatte, um die Spartaner 371 v.Chr. in der Schlacht von Leuktra zu besiegen und eine thebanische Hegemonie zu errichten.

Später nutzte er dieses Wissen, um eine Armee aufzustellen, die Griechenland unter seine Herrschaft zwingen würde, allerdings war er wie alle anderen makedonischen Könige stets mitten im Kampfesgeschehen zu finden (Curt. 3,6,18–20; Dem. 18,67), war also »the warrior king par excellence« (Worthington 2004: 27), an dem sich Alexander orientierte, wenn er später selbst den Angriff der Reiterei auf das gegnerische Zentrum anführen wollte.[2]

Bevor es dazu kam, musste das makedonische Heer jedoch einige Reformen durchlaufen. Philipp sah seinen wertvollsten Besitz gerade in den Werkzeugen der Kriegsführung (Just. 9, 8, 4–5) und führte unter anderem Krieg, um gerade diesen Besitz zu erweitern, beispielsweise gegen die Thessalier, deren Pferde und Kavallerie er in die eigene Armee integrierte (Just. 7, 6, 7–9). Zudem begann er damit, Sorge dafür zu tragen, dass die Ausrüstung seiner Truppenkontingente einen gewissen Grad der Gleichartigkeit erreichte, so dass eine stete Professionalisierung des makedonischen Heeres einsetzte (Pflug 2013: 118). Darüber hinaus erhöhten sich die Zahlen der Soldaten. Waren laut Diodor nur 10.000 Infanteristen und 600 Reiter in Diensten des makedonischen Königs, konnte Alexander 334 auf 27.000 Fußsoldaten und ein Kavalleriekontingent von 3.000 Mann zurückgreifen (Diod. 16,4,3 und Diod. 17,17,1–5). Dabei fällt auf, dass sich Philipp entgegen der klassischen griechischen Heereszusammenstellung einer Strategie bediente, bei der der Kavallerie eine umfassendere Bedeutung, nämlich die des Hauptschlages gegen das gegnerische Zentrum beziehungsweise sich bietende Lücken, zukam (Worthington 2003: 75. Zum Einsatz von Kavallerie in

2 Die persönliche Einsatzbereitschaft eines Kämpfers beziehungsweise der Wille, Gewalt anzuwenden bildeten in der Antike eine Art Essenz von Männlichkeit, so dass der Mann nur durch den Kampf einen gewissen Status erreichen konnte. Die Ansicht, dass die erfolgreiche Bewährung in einer kriegerischen Auseinandersetzung zu Ruhm und Ehre gereiche, wurde zudem durch die Werke Homers tradiert. Alexander hatte folglich nicht nur durch seinen Vater, sondern ebenso durch seine Ausbildung ein Bild vermittelt bekommen, welches ihn förmlich zum Kampf an vorderster Front antrieb (Wees 1992: 61–66).

der griechischen Antike vgl. Gaebel 2004). Waren also in den meisten griechischen Expeditionen weniger als fünf Prozent der teilnehmenden Soldaten Teil der Reiterei gewesen, erhöhte Philipp sukzessive deren Zahl, so dass sie schließlich bei Alexanders Zug nach Asien etwa ein Fünftel der gesamten Truppen ausmachte (Hanson 2001: 160; Strauss 2003: 143).

Die schweren Reiter, die als Hauptwaffe mit einer 2,5 bis 3 Meter lange Stoßlanze (*Dory* bzw. *Xyston*)[3] aus Kornelkirschholz mit eiserner Spitze (Pflug 2013: 119) anstatt eines Speeres ausgerüstet waren, erfüllten innerhalb der militärischen Strategie wichtige Aufgaben. Zum einen konnten sie während einer Schlacht gegen griechische Hopliten Lücken nutzen, um die Schlachtordnung des Gegners zu zerstören und zum anderen waren sie den orientalischen Fußtruppen überlegen, die schlicht und einfach niedergeritten wurden (Hanson 2001: 160). Die berittenen Truppenkontingente konnten folglich zusätzlich zum militärischen ebenso einen psychischen Druck auf den Gegner ausüben, zumal sich Infanteristen, die sich dieser Streitmacht gegenübergestellt sahen, nicht selten die Flucht ergriffen. Die makedonische Phalanx war als zweiter Teil einer »hammer-and-anvil tactic« (Strauss 2003: 143) dazu gedacht, die feindlichen Truppen so lange in Schach zu halten, bis die Kavallerie einen Schwachpunkt ausgemacht hatte und dort zum Angriff ansetzten konnte. Mit einer Kombination aus Manöver, Täuschung und dem richtigen Timing wurden die Pferde und ihre Reiter zu dem entscheidenden Element der neuen Schlachtordnung und bildeten eine Art »striking arm« (Ebd.) der Armeen Philipps und Alexanders.

Die Hetairen-Reiterei[4] bestand 334 aus etwa 1.800 Mann, die von Einheiten thessalischer Kavallerie ergänzt wurden. Am Alexanderfeldzug, bei dem die berittenen Truppen von »entscheidender taktischer Bedeutung« (Pflug 2013: 119) waren, sind insgesamt etwa 3.000 Reiter,

---

3 Mit der Lanze zielten die Reiter dann auf den Kopf des Gegners oder der Pferde. Im Nahkampf wurde dann ein gerades Schwert (Xiphos) genutzt. Zum Schutz des Reiters, der ohne Schild kämpfte, diente ein leichter Kompositpanzer (Linothorax) sowie ein Helm. Eine Schabracke oder ein Raubtierfell deckte den Pferderücken, da die Reiter ohne Sattel und Steigbügel ritten. Es ist zudem davon auszugehen, dass die thessalische Reiterei ähnlich ausgerüstet war.

4 Die schwere makedonische Reiterei war in Einheiten (ilé) mit je 64 Mann – in 16 Reihen à vier Mann Tiefe – organisiert, wobei acht ilé eine Hipparchie bildeten und unter der Leitung eines Hipparchen standen. Zwei Hipparchien bildeten eine Ephipparchie und wiederum zwei davon stellten je einen Flügel dar (S.150 13).

also auch eine wesentlich größere Zahl von Pferden beteiligt gewesen, ohne die der Erfolg der Unternehmung nicht hätte gewährleistet werden können. Im Gegensatz zur offensiven Kraft der Hetairen-Reiterei hatten die Fußtruppen eher defensiven Charakter (Barceló 2007: 43). Um diese Ausrichtung zu gewährleisten, wurden von Philipp die Sarissa als Bewaffnung der makedonischen Phalanx eingeführt (Diod. 16,3 und 16,13. Vgl. dazu auch Milns 1967) und zur Aufwertung der Fußtruppen wurde die zur Reiterei äquivalente Bezeichnung Pezhetairoi gewählt (Anaximen. FGrH 72; Theop. FGrH 115 F 348). Ausgestattet waren diese mit wesentlich kleineren Schilden als die griechischen Hopliten, allerdings wurde die Abwesenheit größerer Schilde zur Deckung durch die Länge der Sarissa kompensiert (Milns 1976: 102). Diese hatte eine Länge von 4,5 bis 5,5 Metern, bestand ebenfalls aus Kornelkirschholz und einer bis zu 50 Zentimeter langen Eisenspitze am vorderen sowie einem Lanzenschuh mit einem Gewicht von bis zu 2,5 Kilogramm am hinteren Ende (Pflug 2013: 121; Worthington 2003: 76).

Philipp hatte folglich als Erster ein »great combined-force military« (Strauss 2003: 142) geschaffen. Dabei war für ihn selbst nicht etwa die soziale Herkunft der Soldaten entscheidend, denn als er an die Errichtung seines Heeres ging, wollte er keine elitären Gelüste des Kriegeradels befriedigen, sondern war vielmehr bestrebt, eine zahlenmäßig überlegene Streitmacht zu schaffen (Hanson 2001: 137). Dazu verband er »Greek science, Persian imperial scale, and Macedonian brutality« (Strauss 2003: 142). Durch diese Militärreformen revolutionierte Philipp nicht nur die Armee, sondern den gesamten Staat und machte Alexanders Siege, die einen Ausdruck des Sieges von makedonischer Qualität über persische Quantität darstellten, erst möglich (Worthington 2003: 94). Mitunter deshalb war die Errichtung des Alexanderreiches ebenso das Verdienst von Philipps Ambitionen und Bemühungen, welches sich unter anderem darin äußerte, dass die Silberschilde (eine besondere Gruppe von Hypaspisten) der makedonischen Armee noch lange als Elitesoldaten der Antike galten (Diod. 19,43,3 und Plut. Eum. 16,7). Ausgerüstet mit einer solch gefestigten Armee konnte Alexander seinen Rachefeldzug gegen die Perser angehen, zuvor musste er allerdings erst die Herrschaft über Griechenland sichern.

Der Aufstieg Alexanders des Großen

Der Aufbau einer starken Armee, auf die sich der makedonische Herrscher uneingeschränkt verlassen konnte, sowie die »Personalisation der Macht« (Goukowsky 1978: 14) unter Philipp bedingten nicht nur den Erfolg des Persienfeldzuges, sondern auch die Stellung Alexanders als unangefochtene Führungspersönlichkeit an dessen Spitze. Deshalb ist es wichtig zu konstatieren, dass die bereits vorhandenen Strukturen ebenfalls zur Mythisierung des Heerführers Alexander beitrugen.

In den antiken Schilderungen wurde schon die Geburt des Welteroberers zum Anlass genommen, um seine spätere Größe zu unterstreichen[5] und verschiedene Legenden rankten sich um die Niederkunft von Philipps Nachfolger (Plut. Alex. 2,3–6; Goukowsky 1978: 17; Ogden 2011: 7–27). Das Eingreifen der Götter wurde dabei der Stellung des zukünftigen Herrschers gerecht, zumal »[t]he birth of a hero is generally an occasion when the gods show their involvement in human affairs by celestial portents, dreams and other remarkable phenomena« (Stoneman 2008: 6). Ähnlich verklärt wurde die erste Begegnung des jungen Prinzen mit seinem »Pferd fürs Leben«, dem Hengst Bukephalos (Stierschädel) (Pfrommer 2001: 4; Worthington 2004: 24). Als das Tier Philipp vorgeführt wurde, wollte er es nicht kaufen, da es bei jedem Versuch eines möglichen Reiters, sich zu nähern, scheute. Alexander gefiel das widerspenstige Tier jedoch und er schlug vor, den Hengst selbst zahlen zu wollen, wenn er nicht in der Lage wäre das Pferd zu reiten. Philipp nahm diese Herausforderung zu einer Wette an und ließ seinen Sohn versuchen, Bukephalos zu zähmen. Alexander soll erkannt haben, dass das Tier lediglich Angst vor seinem eigenen Schatten gehabt hätte, weshalb er ihn einfach zur Sonne drehte, den Hengst bestieg und zu reiten begann. Philipp war genauso fasziniert wie die anderen Beobachter und sagte seinem Nachfolger eine glorreiche Zukunft voraus. Tatsächlich hielt die Verbindung zwischen Pferd und Reiter bis nach Indien, wo Bukephalos während einer Schlacht tödlich verwundet wurde. Die Zuneigung zu seinem tierischen Gefährten scheint so weit gegangen zu sein, dass Alexander die Stadt Bukephala im Gedenken an das Tier gegründet hatte (Pfrommer 2001: 4–5; Worthington 2003: 89–90).

5 In der Tradition der antiken Geschichtsschreibung ist eine solche Einflechtung von Mythen, die aus der Retrospektive (vaticinium ex eventu), also aufgrund des historischen Aufstieges beziehungsweise der Person, sinnig erschienen, durchaus üblich gewesen.

Mit zunehmendem Alter wurde der Gegensatz zwischen Philipp und Alexander jedoch deutlich, denn während ersterer versuchte, auch mit Intrigen und Bündnissen zum politischen Ziel zu gelangen, legte Alexander mehr Wert auf das Bild eines antiken Helden, welcher in der Tradition von Achilles stand und sich stets auf der Suche nach einer offenen Konfrontation mit dem Feind befand (Just. 9,8,11–13). Darüber hinaus wurden ebenfalls negative Eigenschaften des jungen Herrschers beschrieben: Während sein Vater vom Gelage in die Schlacht zog, richtete sich die Wut Alexanders eher gegen die eigenen Gefolgsleute (Just. 9,8,15). Ungeachtet dieser Gegensätze war er allerdings dazu in der Lage, die mächtigste Waffe des makedonischen Reiches, die Armee, erfolgreich zu führen und zur Umsetzung der eigenen Ziele zu instrumentalisieren.

Bereits im Alter von 16 Jahren hatte Alexander von Philipp die Regentschaft in Makedonien übertragen bekommen, während der König selbst eine militärische Expedition anführte. In dieser Zeit brach ein Aufstand in Päonien aus, der das Reich bedrohte. Alexander schlug ihn schnell nieder und gründete in diesem Zuge seine erste Stadt, Alexandropolis (Plut. Alex. 9,1). Zwei Jahre später kommandierte er schließlich die linke Flanke der makedonischen Kavallerie in der Schlacht von Chaironeia (Dem. 18,237; Diod. 16,85,5–86,6; Plut. Alex. 9,2–3). Dabei war Alexander in der Lage, eine sich bietende Lücke zu nutzen, in die er mit seinen Reitern hineinstieß, die Heilige Schar der Thebaner vom Rest der Truppen trennte und niedermachte. Schon hier setzte er also die Keilformation der Reiterei ein, die die Schlachtordnung des Feindes zerstören und den Gegner an den Schwachstellen angreifbar machen sollte (Heckel 2008: 19).

Durch den Sieg in der Schlacht von Chaironeia erreichte Philipp seinen politischen und militärischen Zenit, dem durch die Formierung des Korinthischen Bundes unter seiner Führung auch institutionell Ausdruck verliehen wurde (IG II2, 236; *Staatsverträge* Nr. 403, I; Heisserer 1980: xxiii). Für die Griechen ging »der Traum von einem neuen Platää als Albtraum von Chaironeia zu Ende« (Hanson 2001: 140) und die Schlacht stellte gewissermaßen ein »Grecian Waterloo« (Hanson 2001: 129) dar, denn in der Folge der Ereignisse endete die Autonomie der Poleis und die Freiheit der Griechen wurde sprichwörtlich begraben (Lykurg. 1,50; Worthington 2003: 83). Auf dem Höhepunkt seiner Macht wurde Philipp 336 v.Chr. von Pausanias ermordet, wobei nicht eindeutig zu klären ist, wie es dazu kam und ob nicht vielleicht auch Alexanders Mutter Olympias oder der neue König selbst hinter dem Anschlag steckten (Arist. Polit. 1411b 2–4; Diod. 16,94,1; Plut. Alex. 10,6–7). Daraufhin trat Alexander im Alter von nur 20 Jahren die Herrschaft über Makedonien an. Im Gegensatz zu seinem Vater herrschte er aber schon von Beginn an über ein vereintes Staatsgebiet, eine scheinbar wirtschaftlich stabile Region und konnte über eine gut ausgebildete Armee verfügen (Worthington 2003: 69). Zwar hatte er also eine wesentlich günstigere Ausgangslage erhalten als die Könige vor ihm, doch auch Alexander musste zunächst gegen innere Widerstände kämpfen, bevor er sich der Militärexpedition gegen Persien, die schon von Philipp geplant worden war, zuwenden konnte.

Die Thebaner erkannten 335 v.Chr. eine Möglichkeit, ihre Selbständigkeit zurückzuerlangen und versuchten, sich der Herrschaft Makedoniens wieder zu entziehen, allerdings verfügte Alexander über »an army organized, armed, equipped and disciplined in a better fashion than any which existed at that day« (Dodge 1996: 135), mit der er in einem Gewaltmarsch Richtung Süden vorstieß und schon nach kurzer Zeit vor den Toren Thebens stand. Nach deren Einnahme ließ der neue makedonische Herrscher die Stadt zerstören und deren Besitz an die umliegenden Poleis verteilen. Dadurch machte Alexander deutlich, dass er die *eleutheria* und *autonomia* der griechischen Stadtstaaten nur dann akzeptieren würde, wenn diese im Gegenzug dazu bereit waren, seine Herrschaft anzuerkennen (Faraguna 2003: 103). Theben diente deshalb als ein Exempel, das zum einen den Machtanspruch Alexanders unterstrich und zum anderen zeigte, was die logische Konsequenz der Missachtung desselben bedeutete, schließlich »wußte [er] sehr genau um die Wirkung demonstrativ eingesetzter militärischer Macht und besaß einen Sinn für die kalte Logik der Machtpolitik« (Gehrke 2009: 31).

Die Griechen waren in dieser Situation nicht dazu in der Lage, ihre politische Uneinigkeit zu überwinden und das Model der Polis schien, da es den aktuellen Herausforderungen machtlos gegenüberstand, nicht mehr zeitgemäß zu sein. Trotzdem musste Alexander stets damit rechnen, dass die Poleis während seines Persienfeldzuges aufbegehren würden, weshalb er einen nicht geringen Truppenteil unter der Führung Antipaters in Makedonien zurückließ. Ungeachtet dessen war die Militärexpedition, an der sich auch die Mitglieder des korinthischen Bundes zu beteiligen hatten, unumgänglich, zumal Alexander diesen »war of aggression« (Strauss 2003: 138) als einen gesamtgriechischen Rachefeldzug in der Tradition des Achilles betrachtete (Polyb. 3,6,12–13; Högemann 1985: 121–122), dessen Ruhm er sogar noch überbieten wollte, unter anderem indem er sogar Arabien zu erobern gedachte (Aristob. FGrH 139 Fr. 55. Zu den Motiven des Arabienfeldzuges vgl. Högemann 1985: 128–135). Daneben haben vermutlich finanzielle Gründe eine Rolle gespielt, so dass der Kriegszug gegen die Perser eine Konsequenz der wirtschaftlichen Notwendigkeit gewesen sein könnte. Das stehende Heer bedurfte stetiger Soldzahlungen, so dass die seit der Herrschaft Philipps gesteigerte Zahl der Soldaten eine finanzielle Belastung von Alexanders Kriegskasse darstellte. Zudem scheinen die Edelmetallminen des Pangaiongebirges nicht mehr ausreichend abgeworfen zu haben, um diese Situation zu verbessern. Es scheint also nur logisch, dass Alexander seine pekuniäre Gesundung im Angriff auf die Perser gesehen hatte (Arr. 7,9,6; Curt. 10,2,24), besonders wenn man bedenkt, dass er laut Aussagen der antiken Autoren nur über 70 bis 200 Talente verfügte und nur etwa einen Monat hätte Sold zahlen können (Plut. Alex. 15,2).

334 v.Chr. überquerte er schließlich mit etwa 30.000 Fußtruppen und 4.000 bis 5.000 Reitern den Hellespont.[6] Prinzipiell war die Armee, die mit Alexander die Meerengen nach Asien überquerte die gleiche, die Philipp in den zurückliegenden Jahren dabei gedient hatte, den makedonischen Einflussbereich sukzessive zu erweitern. Es handelte sich um ein professionell ausgebildetes Heer, dessen Strukturen klar vorgegeben waren, das taktisch geschult worden war und das vermutlich bei einer Verwundung oder dem Tod Alexanders auf dem Schlachtfeld funktioniert hätte, da die gut aufeinander abgestimmten Truppenverbände gewohnt waren, die angeeigneten Formationen zu halten (Heckel 2008: 25–27). Es war folglich das Heer im Allgemeinen und die Kavallerie sowie deren Einsatz im Zentrum des Geschehens im Speziellen, die Alexanders Ruhm als Feldherr begründen würden.

6 Die Überlieferungen weichen hier voneinander ab, so dass zwischen 30.000 und 43.000 Mann Infanterie und 4.000 bis 5.000 Mann Kavallerie angegeben werden (Plut. Alex. 15.1). Eine genauere Aufschlüsselung liefert Diodor (Diod. 17,17,3–5), der die Infanterie mit 12.000 Makedonen, 7.000 Mann Bundestruppen und 5.000 Söldnern sowie die Kavallerie mit 1.800 Makedonen, 1.800 Thessaliern und 600 Reitern aus dem übrigen Griechenland beziffert.

Alexanders Ruhm und die Schlachten gegen die Perser

In einer Zeit, in der Homers Epos, also eine Verherrlichung des kriegerischen Helden, rezipiert und anerkannt wurde, in der also der Krieg per se die Stellung eines »gleichsam naturgegebene[n] Element[es] menschlicher Wirklichkeit« (Effe 1989: 10) einnahm, begann Alexander seinen Rachefeldzug laut Überlieferung damit, dass er einen Speer in das asiatische Festland schleuderte. »Der Arm des künftigen Weltherrschers hatte [also] die Waffe geworfen« (Schachermeyer 1973: 164) und diejenigen, die ihm in späteren Jahrhunderten nacheiferten, sollten diese Geste der gewaltsamen Landnahme wiederholen. Ebenso eiferten sie den militärischen Siegen, die dieser Geste folgten, nach. Alexander besiegte die Perser in drei großen Feldschlachten: Am Granikos (334 v.Chr.), bei Issos (333 v.Chr.) und bei Gaugamela (331 v.Chr.) und das mit einer zahlenmäßig unterlegenen Armee. In nur vier Jahren unterlagen die Perser diesem Heer und Alexander wurde zum neuen Herrscher Asiens (Stoneman 2008: 1; Wiemer 2013: 109). Dabei marschierten er und seine Männer mehrere zehntausend Kilometer durch Wüsten, Berge und Sümpfe und das in allen Jahreszeiten und während des Monsuns.

Der einzige, der erkannt hatte, dass Alexander gar nicht genügend Ressourcen besaß, um diese lange Strecke aus eigener Kraft zu bewältigen, war der Befehlshaber der griechischen Söldner, der den Satrapen, die sich als erstes Bollwerk am Granikos entgegenstellen sollten, riet, eine Taktik der »verbrannten Erde« anzuwenden, um den Gegner schließlich zwangsläufig zur Umkehr zu zwingen, allerdings wurde dieser Plan von den Befehlshabern der Perser abgelehnt: Die Strategie war genauso brillant wie sie unbeliebt war (Arr. 1,12,9; Diod. 17,18,2; Plut. Moral. 342E; Schachermeyer 1973: 169; Strauss 2003: 149). Nachdem diese Strategie also abgelehnt worden war, trafen die beiden Heere 334 v.Chr. erstmals beim Fluss Granikos aufeinander.

Die Schlacht am Granikos

Die erste Schlacht Alexanders gegen die Perser (Harl 1997; Heckel 2008: 47–51; Worthington 2004: 54–56) ist nicht einheitlich überliefert. Während das feindliche Heer bei Diodor vom anderen Ufer des Flusses entfernt lagerte, warteten die persischen Truppen laut Arrian direkt am Ufer. Während Parmenion mit dem Angriff zu warten gedachte, wollte Alexander direkt losschlagen, um dem Feind keine Zeit zur Vorbereitung zu geben (Barceló 2007: 97). Schließlich kam es zu einem Kampf, bei dem Alexander mit seinen Reitern zuerst übersetzte und direkt die Auseinandersetzung mit der persischen Kavallerie gesucht haben soll. Die Reiterei der Perser, die eigentlich als Offensivwaffe hätte eingesetzt werden können, war aufgrund der Nähe zum Fluss nicht dazu in der Lage, den Gegner mit voller Wucht zu attackieren. Alexander, der hier, wie bei allen anderen Schlachten, an vorderster Front kämpfte, versuchte indessen, einen entscheidenden Schlag gegen die Flanke der Perser zu führen, indem die makedonischen Hetairenreiter den persischen Kavalleristen überlegen waren (Schachermeyer 1973: 170; Strauss 2003: 134–135 und 154).

Sie hatten auf das Zentrum der persischen Truppenkontingente gezielt und damit wider die geltende Konvention und unter großem Risiko agiert. Dabei nutzten die Hetairen ihre Lanzen, die sie im Gegensatz zu ihren Gegnern nicht als Wurf- sondern als Stoßwaffe nutzten und damit einen Vorteil im Nahkampf besaßen, denn die persische Reiterei konnte nach dem Verlust der Speere lediglich auf den Krummsäbel zurückgreifen, so dass sie zwangsläufig unterliegen mussten (Gehrke 2009: 37; Schachermeyer 1973: 172). Als dadurch das Zentrum der Perser, nachdem die persische Kavallerie hohe Verluste erlitten hatte, ins Wanken geriet, setzte eine massive Fluchtbewegung ein (Arr. 1,16,1). Als Folge dieser Entwicklung konnte sich nun das gesamte makedonische Heer den griechischen Hopliten widmen, die auf Seiten der Perser als Söldner kämpften und Alexander ließ diese niedermachen, um zu zeigen, wie er mit Verrätern an der gesamtgriechischen Sache, also dem Rachefeldzug für die persische Invasion des 5. Jhdts., umgehen würde (Schachermeyer 1973: 173).

Der Sieg sicherte den Makedonen den Fortgang des Feldzuges und bewies die Überlegenheit des makedonischen Heeres, selbst bei zahlenmäßiger Unterlegenheit. Darüber hinaus hatte sich die Taktik, die Kavallerie den Hauptschlag führen zu lassen, als richtig erwiesen, denn gerade der Einsatz der Hetairen-Reiterei hatte den Sieg Alexanders eingeleitet.

Issos: Alexanders erste Begegnung mit Dareios

Bei der Schlacht von Issos (Barceló 2007: 115–126; Heckel 2008: 62–63; Worthington 2004: 71–73) trat Dareios Alexander erstmals persönlich gegenüber. Dabei hatte er seine Reiterei auf der rechten Flanke, in unmittelbarer Nähe zur See konzentriert, das Zentrum bildeten die griechischen Söldner und die persische Infanterie die linke Flanke. Alexander selbst führte erneut die Reiterei auf dem rechten Flügel, während die Phalangiten im Zentrum aufgestellt waren und der linke Flügel von der thessalischen Reiterei gebildet wurde (Curt. 3,9; Pol. 12,17–19). Aufgrund der zahlenmäßigen Überlegenheit (Arr. 2,8,8 übertreibt vermutlich, wenn er von 600.000 Persern spricht) der Perser hatte sich hier eine gefährliche Konstellation ergeben, die Alexander erneut durch einen gezielten Vorstoß seiner Hetairen auf Dareios Stellung im persischen Zentrum zu lösen gedachte (Strauss 2003: 155–156).

Durch den Vorstoß der Hetairen wurde der Druck auf den persischen Großkönig erhöht und als Dareios der Situation, dass er im Begriff war, von den restlichen Truppen abgeschnitten zu werden, gewahr wurde, entschied er sich schließlich dazu, den Kampfplatz zu verlassen und die Entscheidung gegen Alexander zu vertagen (Arr. 2,11,4; Curt. 3,11,11; Just. 11,9,9–10). Die Flucht des persischen Befehlshabers entschied letzten Endes die Schlacht, denn viele seiner Soldaten folgten seinem Beispiel. Viele von ihnen wurden jedoch während ihres Versuches, den Makedonen und ihren Reitern zu entkommen, niedergemacht und Dareios' Familie wurde von Alexander gefangengenommen (Arr. 2,11,8–9). Der Großkönig war allerdings nicht feige, sondern hatte die Stärke seines Gegners überschätzt und sich dazu entschieden, die finale Entscheidung zu vertagen, um eine erneute Möglichkeit für einen Kampf zu nutzen (Worthington 2004: 74). Wäre er standhaft geblieben, hätte die Schlacht von Issos auch einen anderen Ausgang nehmen können, zumal die anderen Kontingente der Makedonen selbst unter Druck geraten waren und erhebliche Verluste erlitten hatten (P. Oxy. XV 1798 nennt 1000 Soldaten und 200 Reiter bei der Auflistung der gefallenen Makedonen).

Man kann also konstatieren, dass der Ausgang der Schlacht von Issos für das makedonische Heer ein glücklicher gewesen ist und dass der Sieg ein glücklicher gewesen war (Worthington 2004: 72). Der »Schockhammerschlag der Kavallerie« (Sheppard 2009: 144) war das taktische

Element, welches den Schlachtausgang entschied, so dass bei der zweiten großen Feldschlacht des Alexanderzuges der Einsatz der Reiterei zeigte, dass sich die taktische Umstellung zu einer stärkeren Gewichtung dieses Truppenkontingentes als richtig erwiesen hatte. Issos hatte Alexanders Anspruch auf die Nachfolge Dareios‘ bestätigt und war gleichermaßen ein politisches wie moralisches Desaster für das gesamte Perserreich (Strauss 2003: 151). Dieses versuchte der Großkönig durch die Aufstellung eines neuen Heeres zu revidieren und stellte sich 331 v.Chr. erneut zur Schlacht, bei Gaugamela.

Der finale Sieg: Gaugamela

Nachdem sich Alexanders Taktik als Erfolg herausgestellt hatte, versuchte er dieses Konzept bei der Schlacht von Gaugamela (Heckel 2008: 75–80) umzusetzen. Nachdem die beiden Armeen in ihrer Aufstellung (Arr. 3,11–12 und Aristob. FGrH II 139 F17) einander gegenüberstanden, hatte Alexander erkannt, dass er erneut mit seiner Hetairen-Reiterei auf dem rechten Flügel agieren musste, wenn er die Schlacht offensiv entscheiden wollte. Erneut drang er auf eine Offensiventscheidung und stieß mit der Reiterei in Keilformation in eine Lücke, die sich im persischen Zentrum zeigte und bedrohte erneut die Stellung von Dareios (Lauffer 1993: 96). Nachdem Alexander diesen Durchbruch erreicht hatte, geriet der persische Großkönig erneut in Panik und floh ein zweites Mal vor der herannahenden Kavallerie der Makedonen, die die Truppen in seiner direkten Umgebung zunehmend zurückdrängten. Er sprang von seinem Streitwagen, bestieg ein Pferd und ritt aus der Gefahrenzone (Arr. 3,14,3; Plut. Alex. 33,8). Dass es sich abermals um eine glückliche Wendung handelte, zeigt zum einen der Verlust von weiteren 1.000 Pferden (Arr. 3,15,6) sowie zum anderen die Tatsache, dass Alexander die Verfolgung von Dareios abbrechen musste, um einem eintreffenden Hilferuf der in der Schlacht verbliebenen Truppenkontingente zu folgen (Lauffer 1993: 97).

Ohne den Rückzug des persischen Oberbefehlshabers hätten die Perser die Schlacht folglich gewinnen können, so dass erneut die Bedrohung durch Alexanders Vorstoß ins persische Zentrum den Schlachtverlauf entscheidend veränderte. Nach dem Sieg von Gaugamela konnte Alexander Babylon und Susa einnehmen, Dareios hatte im Gegensatz dazu mit der erneuten Niederlage auch den Rückhalt seiner Gefolgsleute verloren, die dem Leben ihres Herrschers ein gewaltsames Ende bereiteten.

Insgesamt betrachtet hatte Alexander alle drei großen Feldschlachten durch den Einsatz der Hetairen-Reiterei und die anschließende Flucht der entsprechenden Befehlshaber entscheiden können (Lonsdale 2013: 817–818; Strauss 1990; Strauss 2003: 153). Neben seinem Glück mit Blick auf den Ausgang der Schlachten war Alexander jedoch ebenso ein flexibler Kommandeur, der seine Führung und die Aktionen seiner Truppenkontingente den sich wandelnden Bedingungen des Schlachtgeschehens anpassen konnte. Darüber hinaus hatte er den Vorteil, ganz im Gegensatz zu Dareios, auf eine gut ausgebildete Armee zurückgreifen zu können, die bereit war, auch während eines negativen Schlachtverlaufs auf den Erfolg ihres Königs zu vertrauen, der nach der Auflösung der gegnerischen Schlachtordnung für Entsetzung sorgen würde (Lonsdale 2013: S.835).

Schluss

Bis 331 v.Chr. hatte Alexander in allen Schlachten gesiegt, aber mit dem Sieg bei Gaugamela und der Einnahme Susas war der griechische Rachefeldzug beendet und Alexander erhielt keinen Nachschub mehr aus Makedonien, im Gegenteil, die griechischen Kontingente durften in die Heimat zurückkehren. Darüber hinaus hatte Alexander viele Männer und Pferde verloren, so dass er seine Reihen durch die Rekrutierung einheimischer Truppenkontingente auffüllen musste (Wiemer 2013: 112). Mit diesen wandte sich Alexander weiteren Eroberungen – beispielsweise in Indien (Bosworth 2003) zu, nach der Schlacht am Hydaspes war Alexander, der bisher als »Triebkraft und Lenker« (Wiemer 2013: 109) des Feldzuges agiert hatte, nicht mehr in der Lage, seine Männer hinter seinen teilweise ruhmsüchtigen Plänen zu vereinen.

Sein Heer glich immer mehr einem Tross wandernder Menschen, in dem sich die Familien der Soldaten befanden (Ebd. 109–111), der kriegsmüde geworden war. Schließlich musste Alexander sein indisches Unternehmen abbrechen und umkehren, er hatte aber ein gewaltiges Reich erobert und war schon zu Lebzeiten zu einer Legende geworden.

Einen dazu nicht geringen Beitrag hatte die makedonische Kavallerie geleistet, denn diese war es, die stets in Keilformation in die Lücken der gegnerischen Reihen vorstieß, so dass die Phalanx nachrücken konnte, um den zurückweichenden Gegner niederzumachen: »Wie ein Hammer schlugen die makedonischen Kavallerieattacken den Feind zurück auf den schwerfälligen kilometerlangen Amboss der lanzenstarrenden Phalanx« (Hanson 2001: 150).

Alexanders Erfolge waren ein Ausdruck strategischer Überlegenheit, die durch den Einsatz der Kavallerie erreicht wurde. Das zeigt, wie wichtig Pferde und deren Einsatz innerhalb der bestehenden Schlachtordnung für die Siege in den großen Feldschlachten waren. Ohne die Hetairen-Reiterei und die Tiere, die die Soldaten trugen, wäre ein Sieg der Makedonen wesentlich unwahrscheinlicher gewesen. Alexander nutzte diese Offensivwaffe in Perfektion, um den Gegner psychologisch unter Druck zu setzen und zur Flucht zu zwingen. Schon während des Alexanderfeldzuges wurde also deutlich, welche abschreckende Wirkung eine in vollem Galopp herannahende Kavallerie auf die Soldaten des Gegners erzielen konnte und welche Rolle der historischen Untersuchung von Tieren als elementarem Teil des Kriegsgeschehens zukommen muss.

Literaturverzeichnis

Badian, Ernst/ Bosworth, Albert B. (Hg.) (1976), *Alexandre le Grand. Image et Réalité*, Genève.

Badian, Ernst (1975) Nearchus the Cretan, in: *Yale Classical Studies* 24, S.147–170.

Barceló, Pedro (2007), *Alexander der Große*, Darmstadt.

Baynham, Elizabeth (2003), The Ancient Evidence for Alexander the Great, in: Roisman,Joseph (Hg.), *Brill's Companion to Alexander the Great*, Leiden/ Boston, S.3–29.

Binder, Gerhard/ Effe, Bernd (Hg.) (1989), *Krieg und Frieden im Altertum*, Trier.

Bohm, Claudia (1989), *Imitatio Alexandri im Hellenismus. Untersuchungen zum politischenNachwirken Alexanders des großen in hoch- und späthellenistischen Monarchien*, München. Bosworth, A. Brian (1996), *Alexander and the East. The Tragedy of Triumph*, Oxford/NewYork.

Bosworth, A. Brian (2003), The Indian Campaigns, 327–325 BC, in: Roisman, Joseph (Hg.),*Brill's Companion to Alexander the Great*, Leiden/Boston, S.159–168.

Burich, Nancy J. (1970), *Alexander the Great. A Bibliography*, Kent.
Carlsen, Jasper/ Due, Bodil/ Due, Otto Steen/ Poulsen, Birte (Hg.) (1993), *Alexander theGreat. Reality and Myth*, Rom.
Demandt, Alexander (2009), *Alexander der Grosse. Leben und Legende*, München.
Devine, A. M. (1975), Grand Tactics at Gaugamela, in: *Phoenix* 29, S.375–384.
Dodge, Theodore Ayrault (1996), *Alexander. A History of the Origin and Growth of the Art of War from the Earliest Times to the Battle of Ipsus, 301 BC, with a Detailed Account of the Campaigns of the Great Macedonian*, Neudruck der Ausgabe von 1890, London.
Droysen, Johann Gustav (1982), *Geschichte des Hellenismus*, Bd. 1, Nachdruck der Ausgabe von 1952–1953, München.
Effe, Bernd (1989), Krieg und Frieden in der griechischen Literatur: das Beispiel der Illias, in: Binder, Gerhard/ Effe, Bernd (Hg.), *Krieg und Frieden im Altertum*, Trier, S.9–26.
Faraguna, Michele (2003), Alexander and the Greeks, in: Roisman, Joseph (Hg.), *Brill'sCompanion to Alexander the Great*, Leiden/Boston, S.99–130.
Frank, Simone (2008), *Alexander – Vorbild Roms. Alexanderverehrung von Pompeius bisNero*, Marburg.
Gaebel, Robert E. (2004), *Cavalry Operations in the Ancient Greek World*, Norman,Oklahoma.
Gebhard, Rupert/ Rehm, Ellen/ Schulze, Harald (Hg.) (2013), *Alexander der Große.Herrscher der Welt*, Darmstadt.
Gehrke, Hans-Joachim (2009), *Alexander der Grosse*, 5. aktualisierte Auflage, München. Goukowsky, Paul (1978), *Essai sur les Origines du Mythe d'Alexandre (336–270 av. J.-C.)*, Bd. 1, *Les Origines Politique*, Nancy.
Grainger, John D. (2007), *Alexander the Great Failure. The Collapse of the MacedonianEmpire*, London.
Hanson, Victor Davis (2001), *Der Krieg in der griechischen Antike*, Berlin.
Harl, Kenneth Wayne (1997), Alexander's Cavalry Battle at the Granicus, in: Hamilton,Charles D./ Krentz, Peter (Hg.), *Polis and Polemos: Essays on Politics, War, and History inAncient Greece in Honor of Donald Kagan*, S.309–30.
Heckel, Waldemar/ Yardley, J. C. (Hg.) (2004), *Alexander the Great. Historical Sources inTranslation*, Oxford/Malden/Carlton, Victoria.
Heckel, Waldemar (2008), *The Conquest of Alexander the Great*, Cambridge.
Heisserer, Andrew Jackson (1980), *Alexander the Great and the Greeks. The EpigraphicEvidence*, Norman.
Högemann, Peter (1985), *Alexander der Große und Arabien*, München (Zugl. Diss. Univ.Würzburg, 1982).
Lauffer, Siegfried (1993), *Alexander der Große*, 3. Auflage, München.
Lonsdale, David J. (2013), Alexander the Great and the Art of Adaption, in: *The Journal of Military History* 77:3, S.817–835.

Milns, Robert D. (1967), Philip II and the Hypaspists, in: *Historia* 16, S.509–512.

Milns, Robert D. (1976), The Army of Alexander the Great, in: Badian, Ernst/ Bosworth,Albert B. (Hg.), *Alexandre le Grand. Image et Réalité*, Genève, S.87–130.

Nielsen, Anne Marie (1993), The Mirage of Alexander – a Minimalist View, in: Carlsen,Jasper/ Due, Bodil/ Due, Otto Steen/ Poulsen, Birte (Hg.), *Alexander the Great. Reality and Myth*, Rom, S.137–144.

Nylander, Carl (1993), Darius III – the Coward King Point and Counterpoint, in: Carlsen,Jasper/ Due, Bodil/ Due, Otto Steen/ Poulsen, Birte (Hg.), *Alexander the Great. Reality andMyth*, Rom, S.145–159.

Ogden, Daniel (2011), *Alexander the Great. Myth, Genesis and Sexuality*, Exeter.

Pflug, Hermann (2013), Bewaffnung des Heeres von Alexander, in: Gebhard, Rupert/ Rehm,Ellen/ Schulze, Harald (Hg.), *Alexander der Große. Herrscher der Welt*, Darmstadt, S.117–123.

Pfrommer, Michael (2001), *Alexander der Große. Auf den Spuren eines Mythos*, Mainz.

Roisman, Joseph (Hg.) (2003), *Brill's Companion to Alexander the Great*, Leiden/Boston.

Schachermeyer, Fritz (1973), *Alexander der Grosse. Das Problem seiner Persönlichkeit undseines Wirkens*, Wien.

Sheppard, Ruth (2009), *Alexander der Große und seine Feldzüge*, Stuttgart.

Stoneman, Richard (2008), *Alexander the Great. A Life in Legend*, New Haven/ London.

Strauss, Barry S. (2003), Alexander: The Military Campaign, in: Roisman, Joseph (Hg.),*Brill's Companion to Alexander the Great*, Leiden/Boston, S.133–157.

Strauss, Barry S./ Ober, Josiah (1990), Darius III of Persia: why he lost and made Alexander Great, in: Strauss, Barry S./ Ober, Josiah (Hg.), *The Anatomy of Error. Ancient MilitaryDisasters and their Lessons for Modern Strategists*, New York, S.103–131.

Swain, Simon (1996), *Hellenism and Empire: Language, Classicism, and Power in the GreekWorld AD 50–250*, Oxford.

Wees, Hans van (1992), *Status Warriors. War, Violence and Society in Homer and History*,Amsterdam.

Wiemer, Hans-Ulrich (2013), Heer und Tross Alexanders, in: Gebhard, Rupert/ Rehm, Ellen/ Schulze, Harald (Hg.), *Alexander der Große. Herrscher der Welt*, Darmstadt, S.109–115.

Worthington, Ian (2003), Alexander, Philip, and the Macedonian Background, in: Roisman, Joseph (Hg.), *Brill's Companion to Alexander the Great*, Leiden/ Boston, S.69–98.

Worthington, Ian (2004), *Alexander the Great. Man and God*, Harlow.

Pferde im Karolingerreich – Das Reiterkönigtum Karls des Großen

Jana Arloth

Einleitung

Auf dem Rücken der Pferde hat der bedeutendste Herrscher des Frühmittelalters Karl der Große (747/8–814) während seiner Regierungszeit Mittel- und Südeuropa durchreist. Die Pferde trugen ihn durch ein Reich, das um 800 seine größte Ausdehnung hatte und die Gebiete des heutigen Deutschlands, Frankreichs und Norditaliens sowie die Markgrafschaften in Nordspanien und Ungarn umfasste. Sie begleiteten ihn von Pfalz zu Pfalz; sie trugen ihn in die Feldzüge gegen die Sachsen und überschritten mit ihm die Pyrenäen zur Eroberung Nordspaniens. Das Reisekönigtum war gleichzeitig Reiterkönigtum, denn Karl der Große regierte die meiste Zeit seines Lebens vom Sattel aus. Glaubt man Einhard (ca. 770–840), seinem Biographen, so war Karl der Große wie alle Franken ein meisterlicher Reiter und Jäger (Einhard 1960: 76–77). Er liebte die Jagd und war begeisterter Pferdezüchter. Pferde waren in der Gesellschaft seiner Zeit und in seinem Leben ein Selbstverständnis. Diese Tatsache erschwert die Beschäftigung mit dem Thema der Pferde im Frühmittelalter, denn in den fragmentarischen Überlieferungen aus karolingischer Zeit findet das Gewohnte kaum Erwähnung. Die Nutzung der Tiere und der Umgang mit ihnen waren so alltäglich, dass es nur selten erwogen wurde, die Umstände ihres Einsatzes für den Menschen detaillierter niederzuschreiben. Bei der Suche nach Hinweisen zum Leben der Pferde in der Zeit Karls des Großen helfen somit eher zufällige Anmerkungen aus schriftlichen Nachrichten und bildliche Darstellungen in Chroniken, Briefen oder literarischen Texten. Aussagekräftig sind zudem Rechtstexte und archäologische Befunde. Einer dieser Rechtstexte, dem wir einen Großteil des Wissens über die Pferdezucht in den Zeiten Charlemagnes verdanken, ist die *Capitulare de villis* (CdV) – eine Landgüterverordnung, die Karl der Große um 800 zur Verwaltung des karolingischen Reichs- und Königsguts[1] und zur Bedarfssicherung des auf ambulanter Herrschaftsausübung basierenden Hofes, wie sie für die karolingischen Könige (ausgenommen der Spätzeit Karls des Großen und der frühen Regierungszeit seines Sohnes) typisch war, erließ. Archäologische Grabungen in verschiedenen Teilgebieten des einstigen fränkischen Vielvölkerstaats geben vor allem mit Funden aus Pferde- und Reiterbestattungen der merowingischen und karolingischen Zeit wertvolle Informationen. All diese Hinweise zeichnen kein vollständiges Bild davon, wie karolingische Pferde lebten, aber sie zeigen Tendenzen auf – Tendenzen, die bisher nur als Teil wissenschaftlicher Studien beispielsweise zu Pferden im Mittelalter (Aufschlussreiche Studien zum Thema des Pferdes im Mittelalter liegen u.a. von J. Clark, R. Davis, H. B. Hewitt, A. Hyland, C. Gladitz vor) oder militärischen Taktiken (Bacharach 1985: 707–764) in diesen Jahrhunderten angeschnitten wurden. Zu Pferden in der Zeit vom Byzantinum zu den Kreuzzügen hat Ann Hyland eine aufschlussreiche Abhandlung geschrieben (Hyland: 1994). Speziell für die Zeit Karls des Großen und die Karolinger liegt jedoch bisher keine Arbeit vor, die diese Erkenntnisse bündelt. In dem vorliegenden Artikel soll daher der Frage nachgegangen werden, wie die Pferde dieser Epoche ihre Zeit erlebten.

Equus, Caballus und Angernager – zum Aussehen der Pferde im Karolingerreich

Zum Aussehen der Pferde im Reich Karls des Großen ist wenig Schriftliches überliefert – Kapitulare, Annalen und Briefe schweigen darüber, welche Rassetypen vertreten waren, welches Stockmaß die Pferde hatten oder welche Farben bevorzugt wurden. Eine Angabe dazu ist bei Notker dem Stammler (ca. 840–912) zu finden, der erwähnt, dass Karl der Große dem Kalifen der Abbasiden Harun al-Raschid (786–809) *spanische* Pferde zum Geschenk machte (Notker: 1969). Diese wurden offenbar

---

1 Nach der *Capitulare de Villis* (CdV) war das Reichsgut unter Amtmännern in Bezirke eingeteilt und grundherrschaftlich mit Ackerbau, Gärten, Viehhaltung und Gewerbe organisiert. Das Reichsgut im Frankenreich basierte auf dem Hausgut der Karolinger und dem merowingischen Fiskalgut. Daneben gab es das Reichskirchengut, den Besitz der unter königlicher Kirchenhoheit stehenden Bistümer und Reichsklöster (Vgl. Gareis 1895).

als besonders gut und wertvoll betrachtet (876 schrieb Papst Johannes VIII an den König von Galicien und fragte nach einigen der »exzellenten maurischen Pferde [Berber], die die Spanier *alfaraces* nennen«. Vgl. Bautier 1978: 16–20). Die Zucht der iberischen Pferde, aus denen die Andalusier als Rasse hervorgingen, war schon zu Karls Zeiten von Bedeutung (Schneider 1985: 523) und bereits damals durch den Einfluss der Berberpferde aus Nordafrika geprägt. Im 8. Jhdt. wurden zudem durch die Mauren Araber vom afrikanischen Kontinent eingeführt, die begannen, die Zuchtlinien zu beeinflussen: Araber und möglicherweise Pferde, die mit den Turkmenischen Pferden verwandt waren (Hyland 1994: 57). Mit den Berbern gehören sie zu den ältesten Rassen, die sich bis ins frühe Mittelalter nachweisen lassen. Karl und seine Söhne waren immer wieder in Kämpfe gegen die Sarazenen in Spanien verwickelt und es ist wahrscheinlich, dass sie hier auf Araber und Berberpferde trafen (Davis 1989: 51).Von einer einheitlichen Rassezucht kann jedoch in früh- und hochmittelalterlicher Zeit nicht ausgegangen werden (Nobis 1960: 74), obwohl es züchterische Tendenzen gab, die sich seit dem 8. Jhdt. in Richtung einer gezielten Gebrauchspferdezucht entwickelten (Hirschberg 2010: 100–106). Denn in dieser Zeit begannen Qualität und Anzahl der zur Verfügung stehenden Pferde an Bedeutung zu gewinnen, wie aus der *Capitulare de villis*, der detaillierten Vorschrift Karls des Großen über die Verwaltung der Krongüter, hervorgeht. Durch verschiedene Zuchtgebiete und unterschiedliche Nutzungsansprüche entwickelten sich neben dem gewöhnlichen Reitpferd, *equus* oder *caballus*, auch die ruhigen Pass gehenden Zelter, das herrschaftliche Streitpferd oder besonders schnelle Pferde, die *equi curraces.* Die unterschiedlichen Bezeichnungen, die für die Pferde vor allem in den überlieferten Rechtstexten auftauchen, zeugen von deren unterschiedlicher Nutzung vom *waraniones*, dem königlichen Zuchthengst, über die *paraveredi*, Pferde, die für den Transport von Menschen und Gepäck eingesetzt wurden, hin zum »einfachen« Pferd *miserabilis caballus* und dem Angernager *deterior equus* (Aus *paravereda* wurde im Französischen »palefroi« und im Deutschen »Pferd«. Vgl.: Schneider 1985: 522).

Hinweise auf einen Pferdetyp, der sich auch in den Abbildungen der Zeit widerspiegelt, liefert Theoderich in seinem Dankesbrief an den thüringischen König Herminfried, in dem er die als Brautgeschenk erhaltenen Grauschimmel als gut zu reitende Pferde mit breiter Brust und runden Schenkeln, gebogenem Hals und kurzem kräftigem Rumpf beschreibt, die sich durch große Schnelligkeit, ausdauernde Kraft, Sanftmut und Stärke auszeichnen (Cassiodorus 1986). Darstellungen solcher Grau- und Apfelschimmel sind im Stuttgarter Psalter (Ders.: 182–88v, 214–104v) und im Goldenen Psalter von St. Gallen (Ders.: 140) zu finden. Der St. Gallener Psalter zeigt jedoch auch andere Farben, wie Füchse und Braune mit und ohne Abzeichen; und bei Notker ist ein dunkelgraues Pferd »schimmernd wie Eisen« beschrieben, welches Karl der Große bei einem Treffen mit Desiderius, dem König der Langobarden, ritt (Notker 1969: 17). Neben den etwas kalibrigeren Schimmeln des Stuttgarter Psalters zeigen sich die Pferde im St. Gallener Psalter leichter und edler mit aufgewölbtem Hals, feinen Köpfen und konkavem Profil. Auch der langobardische Mönch Paulus Diaconus (ca. 720–799) berichtet von Herden *edler* Stuten, die die Franken besaßen; und Ermoldus Nigellus († ca. 838), Vertrauter von Pippin I. (797–838), dem Enkel Karls des Großen, beschreibt in einem Gedicht idealisierend ihre hervorragend gebauten Pferde, »deren Rücken kaum zu erklimmen sind« (Deacon 1932: 1116–1117 und 1126–1127). Obwohl Ermoldus die außergewöhnliche Größe der Pferde anspricht, zeigen die meisten Illustrationen der Zeit relativ kleine Pferde. Auch die karolingische Bronzestatuette aus dem Dom zu Metz, die lange Zeit als Reiterstatue Karls des Großen galt, zeigt einen im Vergleich zu seinem Reiter kleinen, kräftigen Hengst mit buschigem Schweif und voller Mähne (Die Entstehungszeit dieser Statue wurde lange diskutiert, wird heute aber auf etwa 870 datiert und gilt als Darstellung Karls des Kahlen, Enkel Karls des Großen. Vgl. Hack 2008). Pferdeskelletfunde im fränkischen Gebiet bestätigen, dass die Mehrzahl der Pferde verhältnismäßig klein und mit 130 bis 150 Zentimeter Widerristhöhe von schlankem bis mittelschlankem Wuchs war (Müller-Lhotska 1984: 226; Rieckhoff 2004: 153). Müller-Lhotska weist darauf hin, dass regional aber Unterschiede festzustellen sind, sodass beispielsweise Pferdeskelette aus dem burgundischen Teil der Schweiz eher auf eine Größe von 145 Zentimeter und einen schwereren Wuchs schließen lassen während die rätisch-alamannischen Pferde schlank bis mittelschlank und zwischen 128 und 148 Zentimeter groß waren (Müller-Lhotska 1984: 221). Die Knochen, die in der karolingischen Salzsödersiedlung von Bad Nauheim (Hessen) gefunden wurden, zeigen, dass es auch edle Pferde mit einem Stockmaß von 152 bis 164 Zentimeter gab, die am ehesten den schlankwüchsigen, feingliedrigen Pferden ähneln, die im St. Gallener Psalterium dargestellt sind (Ebd.

245). Neben diesen Nachweisen zum Stockmaß der Pferde belegen Ausgrabungen – nicht im fränkische Kernland, wohl aber in einem Teil des von Karl dem Großen während der Sachsenkriege eroberten sächsischen Gebietes – auch die Existenz von züchterischen Tendenzen. Ilona Becker weist anhand ihrer Forschungen zu den Pferden des während der Sachsenkriege belegten sächsischen Gräberfelds Rullstorf nach, dass diese die Größe von Fjordpferden[2] hatten, aber schlanker gebaut waren und zudem viel schrägere Schultern hatten als die slawisch-awarischen Pferde (Becker 2007: 16). Die schrägere Schulter hatte Einfluss auf die Gänge der Pferde (Eine lange, schräge Schulter des Pferdes begünstigt weiche, schwungvolle Gänge mit viel Raumgriff), die sicher – neben Erscheinungsbild, Ausdruck und Rittigkeit – auch damals schon von Interesse waren. Dass aber nicht nur das Aussehen der Pferde eine Rolle spielte, beschrieb schon im 5. Jhdt. der römische Kriegstheoretiker Vegetius mit den Worten »Ad bellum Huniscorum longe prima docetur utilitas patientiae, laboris, frigoris, famis;« (Vegetius 1903: 6). Der Wert des Streitrosses wurde demnach vor allem an dessen Leistungsfähigkeit, Ausdauer, Genügsamkeit und Charakter gemessen. Auch wenn Vegetius bereits im 5. Jhdt. die hunnischen Pferde diesbezüglich als erstrangig würdigte, wurden diese Wesenszüge und Fähigkeiten gewiss auch im 8./9. Jhdt. noch an Pferden, die im Kampf eingesetzt wurden, hoch geschätzt.

»Die Amtmänner haben unsere Stuten (*iumenta*) gut zu pflegen« (CdV, Kap.14)

Prägend für die Ausbildung des Charakters eines Pferdes, das in menschlicher Obhut aufwächst, ist neben der Erziehung durch seine Mutter, seine Herde und gegebenenfalls die Menschen auch die Art und Weise, wie es gehalten wird. Über die Haltung der Pferde zur Zeit Karls des Großen geben insbesondere die bereits erwähnte *Capitulare de villis*, die karolingische Verordnung über die Krongüter und Reichshöfe und die Überlieferungen des um 720 gegründeten Klosters St. Gallen Auf-

2 Fjordpferde und Islandpferde werden zu den Rassen gezählt, die bis heute ihre ursprünglichen Merkmale behalten haben und die wohl in der Zeit von 800 bis 1100 n.Chr. begannen, eben diese Rassemerkmale auszubilden. (Vgl. Babo 2004: 153).

schluss. Das Gallus-Kloster bot mit seiner zweckmäßigen personellen Struktur, den Benediktinerregeln, Stallanlagen und ausgedehnten Ländereien beste Voraussetzung für die Pferdehaltung. Auf dem St.Gallener Klosterplan (1.H. 9.Jhdt.) ist die Stuterei mit zwei Stallgebäuden eingezeichnet. In einem lebten die Zuchthengste, Reit- und Arbeitspferde und in dem anderen die trächtigen Stuten und Mutterstuten mit ihren Fohlen. Ihre Zahl schätzt Müller-Lhotska anhand des Klosterplans und eines Formelbuchs insgesamt auf 40; weitere Pferde, vor allem Jungpferde, wurden im freien Weidegang gehalten (Müller-Lhotska 1984: 245–246). Der Bau der Stallungen in St.Gallen mit 1,60m breiten Boxen für die Hengste war offensichtlich nach römischem Vorbild konzipiert, was darauf hindeutet, dass die tiermedizinischen Schriften der Antike, die zahlreiche Anweisungen zur Haltung von Pferden enthielten, im 8. und 9. Jhdt. bekannt waren (Gladitz bemerkt, dass die Ideen der klassischen bzw. römischen Autoren im mittelalterlichen Gestütswesen durchaus nicht irrelevant waren. Vgl.: Gladitz 1997: 210). Die Ställe der Pferde sollten nach Süden zeigen, auch gegen Norden Fenster haben und viel Licht und Luft hereinlassen. Sie sollten mit reichlich Spreu und einem trockenen Boden, möglichst aus frischen Eichenholzbohlen, ausgestattet sein, denn deren Festigkeit würde die Hufe härten, aber gleichzeitig angenehmes Liegen ermöglichen (Vegetius 1903: 11).

Um einerseits den Eigenbedarf an für Reisen unentbehrlichen Transporttieren abzudecken und andererseits Pferde für den Verkauf und als zu leistende Abgaben bereitstehen zu haben, war die Stuterei des Klosters bemüht, möglichst viele Fohlen, vor allem Hengstfohlen, aufzuziehen (Müller-Lhotska 1984: 235). Der jährliche Zins, den das Kloster um das Jahr 780 an den Bischof von Konstanz zahlen musste, betrug eine Unze Gold und ein Pferd im Wert von einem Pfund (rund 240 Denare. Vgl.: RI I n. 228; URKASG 1863; Brosien 2009: 121–123). Die Aufzuchtskosten für ein Pferd bis zum Alter von drei Jahren beliefen sich in St. Gallen auf ungefähr 60 Denare, die Kosten für Heu, Weidenutzung, Hirten und Ausbildungs- bzw. Bereiterkosten nicht mit eingerechnet. Der zu investierende Aufwand an Arbeitsleistungen, Ausstattung und Futter für das Gestütswesen war im Vergleich zur Haltung von Rindern ausnehmend groß. Dementsprechend hoch waren auch die Preise für Pferde. Dem Kloster gelang es aber offenbar, die Pferde gewinnbringend für durchschnittlich das Dreifache, 180 Denare, zu verkaufen (Müller-Lhotska 1984: 246). Die Klöster hatten sich schon im Frühmittelalter zu Zentren gehobener Großviehzucht entwickelt, sodass sie in der Lage waren, die vermögende Oberschicht mit Reit- und Arbeitspferden zu versorgen. Der Pferdezucht des einflussreichen St. Gallener Klosters kam dessen Bedeutung als kulturelles und religiöses Zentrum zugute, denn die wertvollen Pferde der Zucht und der Gäste des Klosters wurden hier durch Kauf, Tausch oder als Geschenk in andere Hände übergeben (Ebd. 237).

Daneben gab es in dieser Zeit auch die Stutereien edel- und gemeinfreier Hofbauern. Ihre Pferdeherden, durch die die Bauern ihren Bedarf an Pferden abdecken und ihre Zinsleistungen zahlen konnten, lebten oft halbwild. Auch in der *Capitulare de villis* (CdV: 15) sind Pferde als Abgaben genannt. Das Kapitular verdeutlicht für die karolingische Zeit einerseits den ansteigenden Wert der Pferdezucht, der sich wiederum aus der zunehmenden Bedeutung des Reiterdienstes ergab. Andererseits weist es auch auf das Interesse Karls des Großen selbst an der Pferdezucht hin. Pferde spielten eine wichtige Rolle auf den königlichen Domänen. Die Bestimmungen für das Gestütswesen auf den königlichen Ländereien zeichnen ein klares Bild von der zentralisierten Organisation der königlichen Stutereien im Frankenreich. Die Gestütsverwalter hatten laut der Verordnung »für die Zuchthengste (*waraniones*) gut zu sorgen« und

> »durften keinesfalls dulden, dass sie zu lange stehen[3], damit sie dadurch nicht verdürben; ist ein Hengst untüchtig und alt geworden oder von uns gegangen, so haben uns die Amtmänner dies rechtzeitig zu melden bevor die Hengste zu den Stuten gelassen werden« (CdV: 13).

Eine weitere Anweisung betrifft die Stuten (*iumenta*): »Die Amtmänner haben unsere Stuten gut zu pflegen und die Hengstfohlen beizeiten abzusetzen; haben die Stutfohlen eine hinreichende Zahl erreicht, so soll man auch sie absondern und für sich vereinigen« (Ebd. 14). Es lag im Ermessen der Amtmänner, »wieviele Hengstfohlen in einem Stall stehen können« und von wievielen Pferdeknechten sie versorgt werden müssen. Die Hengstfohlen sollten zudem bis zum St. Martinsfest zur Königspfalz gesandt werden (Ebd. 15 und 50). Diese Regelungen lassen erkennen, dass der Pflege der Hengste und Mutterstuten besondere Aufmerksam-

3 Zwei Interpretationen sind hier möglich: entweder ist das lange Stehen im Stall ohne Bewegung, wodurch die Hengste immer unbändiger wurden, oder der Aufenthalt an einem Ort bzw. in einer Stutenherde gemeint.

keit zukam. Erstere wurden offenbar gemeinsam im Herdenverband gehalten. In der Decksaison, die im späten April, frühen Mai, wenn genug Gras wuchs und die Tage länger wurden, begann (Hyland 1999: 12), wurden sie dann jeweils ausgewählt und rotierend zu den verschiedenen Stutenherden gestellt, sodass tatsächlich von Zucht gesprochen werden kann. Auch die Stuten lebten entweder in gemischten oder reinen Stutenherden, je nach Alter der Pferde. Anzunehmen ist, dass sie jährlich gedeckt wurden. Über den Gesundheitszustand der wertvollen Hengste hatten die Gestütsverwalter regelmäßig Bericht abzulegen, sodass sie gute Kenntnis des Zuchtbestandes gehabt haben müssen (CdV: 13).

Das Senden zur Pfalz am Martinstag betraf vor allem die Hengstfohlen, die als Streitpferde für die berittenen Truppen ausgebildet werden sollten. Sicher entsprach jedoch nicht jedes dieser ausgewählten Fohlen letztlich den an Streitpferde gestellten Erwartungen, sodass sie später ihren Dienst als Reit- oder Packpferd antraten (Hyland 1999: 12). Da der Martinstag auf den 11. November fällt, wurden die Fohlen in karolingischer Zeit offensichtlich ähnlich wie heute aufgezogen und mit sechs bis acht Monaten abgesetzt. Während für die Hengstfohlen dann die Ausbildung zu Reitpferden begann, blieben die Stutfohlen für die weitere Zucht in den Gestüten. Gute Zuchterfolge waren wichtig in einer Zeit, in der die Kavallerie zunehmend an Bedeutung gewann. Im Hinblick auf die Bedeutung der karolingischen Reiterei, für die Reitpferde, Streithengste, aber auch Pack- und teilweise Zugpferde benötigt wurden, wollte Karl der Große mit diesen Regelungen die Leistungsfähigkeit seiner Gestüte steigern. Diese war zu einem großen Teil von der Fruchtbarkeit der Stuten abhängig (die Erfolgsrate in Bezug auf die Fruchtbarkeit liegt bei Pferden bei ca. 60–70 Prozent und ist damit eher niedrig). Da in den karolingischen Gestüten offenbar die natürliche Methode des Deckens auf der Weide üblich war und Hengst und Stute selbst über den besten Zeitpunkt für einen erfolgversprechenden Deckakt entscheiden konnten, waren die Zuchterfolge sicher relativ hoch. Dass Zuchterfolge und die Zucht guter Pferde von Bedeutung waren, zeigt auch ein Dekret Karls des Großen von 781, welches – neben der Ausfuhr von Sklavinnen und allerlei Arten von Waffen – auch den Export von Hengsten verbot (Kapitular von Mantua: 190). Innerhalb des Reiches standen aber einige der auf den königlichen Anwesen gezogenen Hengst- und Stutfohlen, *de poledris et putrellis,* durchaus zum Verkauf (CdV: 62). Damit die Stut- und Hengstfohlen ohne Schaden zu nehmen ein Alter erreichten, in dem sie verkauft oder genutzt werden konnten, mussten nicht nur die Verwalter der Gestüte, ihre Bediensteten, Pferdeknechte und Stallburschen, auf die Gesundheit der Pferde (Ebd. 13 und 23) und auf Sauberkeit des Geländes (Ebd. 24, 34, 41 und 48) achten und Zäune, Wiesen und die Ländereien in Ordnung halten – die Pferde wurden regelmäßig umgekoppelt, um die Weiden nicht durch zu hohen Parasiten- und Unkrautbefall oder durch Überweidung unbrauchbar werden zu lassen (Ebd. 13). Zusätzlich wurden, vor allem in der Zuchtsaison und für die weiter abgelegenen Koppeln, Pferdehirten rekrutiert, die die Pferde bewachen sollten – vor Diebstahl sicher ebenso wie vor Wildtieren, insbesondere Wölfen, die vergiftet oder in Fallen mit Haken, Gruben oder Hunden gefangen werden sollten (Ebd. 69).

Es kann davon ausgegangen werden, dass auch auf den Ländereien der kleinen adligen Oberschicht in ähnlicher, wenn auch weniger aufwendiger Weise, Pferde gezüchtet wurden (Hyland 1999: 12; Müller-Lhotska 1984: 247) wie auf den königlichen Anwesen, auf denen teilweise um die 100 Pferde standen (Hyland 1999: 90). Dass Pferde teilweise in Pferchen gehalten (Lex Thuringorum: 129) und zum Weidegang mit Fußstricken angepflockt wurden (Lex Gundobada: 45), kann aus verschiedenen Gesetzestexten geschlossen werden. Dies betraf sicher vor allem die Pferde, die häufig gebraucht wurden und täglich arbeiten mussten. Stutenherden, die hauptsächlich der Zucht dienten, lebten, wie oben bereits erwähnt, mit ihrem Nachwuchs, oft halbwild auf Waldweiden und Brachen (Müller-Lhotska 1984: 215 und 226). Aus dem 5./6. Jhdt. ist überliefert, dass die Pferde, damit sie nicht verloren gingen oder verwechselt wurden, Schellen um den Hals trugen (Lex Gundobada 4.1.5), die in merowingischer Zeit vielleicht auch dem Marescalcus halfen, sie wiederzufinden (Müller-Lhotska 1984: 215). Die Aufgabe des Marescalcus oder *comes stabuli* (Der Ursprung des Wortes Marescalcus liegt in zwei germanischen Worten, marchaz und skalkaz, Pferd und Diener. Vgl.: Davis 1989: 73) und seiner Knechte bestand ursprünglich in der Zucht, der Pflege, dem Einreiten und der Ausbildung der Pferde (Müller-Lhotska 1984: 215). Sie wurde mit der steigenden Anzahl und Bedeutung der Pferde am karolingischen Königshof und auf den Höfen der Großen des Reiches zu einem neuen Hofamt erhoben, das die Verantwortung für den Marstall, die Rüstkammer und die Reisetätigkeit des Hofes barg (Ebd. 246). Auch diese Entwicklung veranschaulicht, dass die Haltung von Pferden im Frühmittelalter eng mit der vornehmen

Oberschicht und einem land- und viehbesitzenden, freien Bauerntum verbunden war (Ebd. 212). Pferde waren bis ins 11./12. Jhdt. keine Nutztiere der einfachen Bauernschaft, sondern dienten der relativ kleinen Schicht der Aristokraten als Reit- und Transporttiere.

Hafer, Heu und Hülsenfrüchte

Wie oben beschrieben, konnten die meisten Pferde im Frühmittelalter in den Sommermonaten das Gras auf den Weiden genießen. In den Wintermonaten erhielten sie je nach Ernteertrag Heurationen und sicher auch Stroh. Als Kraftfutter wurde ihnen Hafer (Davis 1989: 44) gefüttert, der nun aufgrund des ansteigenden Bedarfs an Pferden vermehrt angebaut wurde (Pearson 1997). Da in der Antike Gerste, Bohnen, Weizen und Kleie gefüttert wurden (Schneider 1985: 494) und im 14. Jhdt. Hafer, Bohnen und Erbsen (Davis 1989: 44), ist anzunehmen, dass auch die karolingischen Pferden Hülsenfrüchte und Gerste bekamen. Da die Schriften der klassischen Autoren wenigstens teilweise bekannt waren, wie die bauliche Konzeption der Stallanlagen in St. Gallen zu beweisen scheinen, wurden wenigstens die Pferde der karolingischen Großen, die ihre Zeit in Ställen verbringen mussten, möglicherweise in kleinen Portionen mehrmals über den Tag gefüttert und mit klarem und kühlem Wasser getränkt, wie es Vegetius empfiehlt (Vegetius 1903: 11).

Andererseits kann nicht immer von einer guten Versorgung ausgegangen werden, vor allem, weil gerade im 9. Jhdt. relativ häufig Hungersnöte auftraten: Dürre, ungewöhnlich schwere Niederschläge oder Heuschreckenschwärme zerstörten die Ernten (Annalista Saxo: 572 und 577; Annales Sangallenses maiores: 76; Annales Einsidlenses: 140) ebenso wie Kriegszüge (Scholz 1970; Annalista Saxo: 560–563). Und so wie diese Krisen das Leben und die Gesundheit der Menschen in Mitleidenschaft zogen, werden sie auch die Pferde betroffen haben.

Mit Essig, Wein und Zaubersprüchen

Über die Zeit von 500 n. Chr. bis zum 13. Jhdt. liegen keine Zeugnisse über die veterinärkundliche Entwicklung im Okzident vor. Aber die tiermedizinischen Schriften der Antike bieten zahlreiche Anweisungen zu Behandlungen (z. B. Palladius Chiron, Apsyrtus, Pelagonios und Publius Vegetius Renatus. Vgl.: Schneider 1985: 496). Vegetius empfahl beispielsweise das zweimalige Putzen der Pferde pro Tag, um ihren Sanftmut und ihr Allgemeinbefinden zu fördern. Zur allgemeinen Stärkung empfahl er den Pferden ein Gemisch aus Wein und Öl zu geben (Vegetius 1903: 11, 15 und 21). Für die Behandlung von Druckstellen am Widerrist wurde Gerstenmehl mit Blattsprossen oder Kohl in gleichen Teilen zerstoßen und lau aufgelegt (Vegetius 1903: 60; Pelagonios 1980: 169). Wenn auch nicht mit Sicherheit gesagt werden kann, in welchem Maß diese Schriften im 8. und 9. Jhdt. bekannt waren und inwieweit die Pferde nach ihnen behandelt wurden – sicher ist, dass die Pferde auch in dieser Zeit an den darin erwähnten Erkrankungen litten. Diese reichen von Schürfwunden, Satteldruck und schmerzhaften Rückenproblemen zu Verstauchungen, Knochenbrüchen und schwersten Hufverletzungen. An den Knochen einiger jüngerer Pferde, die bei den Rullstorfer und Dantrumer Grabungen gefunden wurden, konnten Spat, Osteochondrose, Schmelzbechernekrose und Veränderungen am Gebiss festgestellt werden. Die Veränderungen am Gebiss, so Becker, weisen möglicherweise auf eine zu starke Zügeleinwirkung hin, während die degenerativen Veränderungen an den Gelenken Anzeichen für Aufzucht- oder Haltungsfehler und Überlastung sein könnten.[4] Bei Hufleiden, die durch Überanstrengung auf steinigen Wegen entstanden, riet Pelagonius, die Hufe (Die Römer kannten keine genagelten Hufeisen, nur Hipposandalen. Vgl. Rech 2006: 211)[5] mit heißem Essig zu pflegen und dann mit einem Gemisch von Andorn, Schweinefett und

4 Schmelzbechernekrose verursacht Schmerzen beim Kauen und Spat ist eine Erkrankung des Sprunggelenks, oft verbunden mit einer gering- bis mittelgradigen Stützbeinlahmheit. Osteochondrosis ist eine Störung der Umwandlung von Knorpel zu Knochen im normalen Wachstumsprozess (Vgl. Babo 2004: 150–152; Becker 2007: 31 und 36).

5 Hufeisen verbreiteten sich ab dem 9.Jhdt. in Europa, wodurch die Zucht größerer, schwererer Pferde möglich wurde. Das Größenwachstum bedingte eine Hufvergrößerung und wiederum eine Auflockerung des Hufhorngewebes, wodurch die Hufe weicher werden und sich schneller abnutzen. Die Hufeisen schützten die Hufe vor übermäßigen Abnutzung und damit verbundenen Schmerzen.

Wermut einzureiben (Pelagonios 1980: XVI 235, XVI 249, 254, 264; Vegetius 1903: 54). Nach jedem Weg sollten die Hufe geräumt und bis zum Sprunggelenk abgewaschen werden (Vegetius 1903: 31). Wenigstens ein Teil dieser Anweisungen wird überliefert gewesen sein, denn Erfahrungswissen und Hausmittel wurden mündlich von Generation zu Generation weitergegeben (Schneider 1985: 52). Zudem wurden bei der Behandlung kranker und verletzter Tiere ungeachtet der Ausbreitung des Christentums magische Formeln und Zeremonien eingesetzt (Dinzelsbacher 2000: 213). Einer der bekanntesten Zaubersprüche ist der zweite Merseburger Zauberspruch aus dem 9./10.Jhdt., der die Heilung eines Pferdes durch Besprechung behandelt.[6]

Nicht geheilt werden konnten jedoch die Pferde, mit denen sich Karl der Große mit fränkischen, friesischen und sächsischen Gefolgsleuten 791 auf dem Rückmarsch aus Pannonien befand. Unter ihnen machte sich eine verheerende Seuche – möglicherweise die Pferdegrippe oder Druse – breit, die nur zehn Prozent der Pferde überlebten (RI I n. 316c).

Rösser, Reisen, Reiterkönigtum

Die karolingischen Herrscher verbrachten einen Großteil ihrer Zeit im Sattel ihrer Pferde, die sie von Pfalz zu Pfalz trugen. Auf ihrer Reise wurden sie teilweise von mehreren 100 Gefolgsleuten zumeist zu Pferde begleitet. Wo immer Karl der Große Hof hielt, war er von kirchlichen und weltlichen Großen, von Vasallen, Bittstellern oder Gesandtschaften des byzantinischen Kaisers, des Kalifen von Bagdad, der mohammedanischen Emire Spaniens, der angelsächsischen Könige oder skandinavischer Stammesführer umgeben. All diese reisten größtenteils zu Pferde und mit Packpferden an. Die Königshöfe und ländlichen Pfalzen – mit einem Palatium ausgestattete Wirtschaftshöfe, die Bauern, Handwerker, Geistliche und Amtsleute beherbergten und den König und sein Gefolge auf ihrem Weg durch das Reich einige Wochen oder Monate aufnehmen

6 Vgl.: Zweiter Merseburger Zauberspruch: /Zitat/ »Phol und Wodan ritten ins Holz. Da wurde dem Fohlen Balders der Fuß verrenkt. Da besprach ihn Sinthgunt der Sunna,ihre Schwester. Da besprach ihn Frija, der Volla, ihre Schwester. Da besprach ihn Wodan, wie nur er es verstand: Sei es Knochenverrenkung, sei es Blutverrenkung, sei es Gliedverrenkung: Knochen zu Knochen, Blut zu Blut, Glied zu Gliedern, so seien sie fest gefügt.«

sollten – dienten als Aufenthaltsort bei Kirchenfesten, Jagden, Reichsversammlungen oder zur Vorbereitung eines Kriegszuges mit Truppenaufgebot (Riché 2009: 61). Bedenkt man, dass je nach Stand des Reisenden sowie Zweck und Länge der Reise mit mehreren Pferden pro Person gereist wurde, war nicht nur zu diesen Anlässen eine große Anzahl von Pferden in den zur Pfalz gehörenden Stallungen und Weiden eingestellt. Aus einer Urkunde des Klosters St. Gallen ist ersichtlich, dass ein mittlerer Adliger aus der Hochrheinregion im 8.Jhdt. für eine längere Reise seine Reitpferde und wenigstens fünf Packpferde bei sich hatte (Schneider 1985: 531; URKASG Nr. 10 AD 744 und Nr. 221 AD 221). Auf Reisen befanden sich neben dem König demnach auch in amtlichen und privaten Angelegenheiten reisende weltliche und geistliche Aristokraten, Kaufleute und Pilger – kurz gesagt, im fränkischen Reich wurde viel gereist, wobei die Pferde als Reit- und Lastentiere eine essentielle Aufgabe zu erfüllen hatten. Die Reisegeschwindigkeit war zum größten Teil von der Leistungsfähigkeit der Pferde abhängig, wobei auch die Beschaffenheit der Wege, zu überwindende Höhenunterschiede, die Erschlossenheit der Region und die Witterung Einflussgrößen waren. Anzunehmen ist daher, dass ca. 15 bis 40 km pro Tag zurückgelegt werden konnten. Für die Reiter mit ihren Pferden im anglonormannischen Königreich hat Ann Hyland für das 14.Jhdt. die Spitzenreisegeschwindigkeit von bis zu 56 Kilometern pro Tag ermittelt. Ihre Untersuchungen ergaben, dass bis zu elf Kilometer pro Stunde zurückgelegt werden konnten, wenn den Pferden wenigstens eine Rast erlaubt war. Hohe Tagesleistungen wurden somit wohl auch über mehrere Tage hinweg abverlangt (Hyland 1988: 110–112; Hyland 1999: 177–179). Diese Zahlen werden sich zu denen des 9.Jhdt. nicht sehr unterscheiden, geben sicher aber einen Eindruck von der Leistung, die die Pferde erbrachten. Auf ihre Schnelligkeit waren speziell Boten angewiesen, die Nachrichten überbringen sollten. Zu Pferde waren beispielsweise die *missi dominici* unterwegs – Königsboten auf wichtiger königlicher Mission. Von Charlemagne jährlich ernannt und mit weitreichenden, allgemeingültigen Vollmachten ausgestattet, traten sie mit ihren Pferden viermal im Jahr eine Rundreise durch sein Reich an mit dem Auftrag, das Recht zu pflegen und das Richteramt auszuüben (Bauer 1974: 72). Das heißt, dass die Vertreter des Königs, angefangen bei den einfachen Kurieren, die immer in Bereitschaft standen, eine Botschaft zu überbringen, bis zu den *missi dominici* ständig zu Pferd unterwegs waren. Doch schon damals war Reisen teuer, vor allem die Unterkunft und Verpflegung der Pferde musste sicher gestellt sein. Im Kapitel 27 der *Capitulare de villis* ist verordnet, dass Königsboten oder Gesandtschaften nicht auf Hofgütern beherbergt werden dürfen, sondern deren Verpflegung und Ausstattung mit Pferden Aufgabe der Gaugrafen sei (CdV: 27). Karl der Kahle, Enkel Karls des Großen, bestimmte 844, dass die Goten und einige seiner hispanischen Untertanen, Gesandte und Königsboten mit Lebensmitteln und Pferden zu versorgen hätten. Diese gestellten Pferde müssten zurückgegeben werden, sollten sie jedoch durch Nachlässigkeit verloren gehen oder sterben, so müssten sie den Eigentümern erstattet werden (RI I, 2, 1 n. 426). Königliche Boten und Gesandte hatten also Anspruch auf königliche Transportrechte (*tractoriae*), ein Recht auf Unterkunft und ausreichend Verpflegung – für sich und die von ihnen genutzten Pferde (Walser 2004: 7–9). Zudem gab es lehnsrechtliche Bestimmungen sowohl bei Klosterlehen als auch bei weltlichen Herrschaften, die es Abhängigen auferlegten, für ihre jeweiligen Herren Botendienste zu Pferde zu verrichten (Im Urbar des Klosters Prüm, entstanden nach 882/892 und in Abschrift von 1222 erhalten, sind viele Eintragungen zu finden, die die Pflicht zu berittenen Transportleistungen im Auftrag des Klosters aufzeigen. Vgl. hierzu und zu dem Absatz: Walser 2004: 15–16; Brunner 1928: 233). Diese Boten mussten auf der Reise selbst für ihre Pferde sorgen. Doch das war vor allem über längere Strecken in den Zeiten der Karolinger nicht einfach, denn es war nicht nur mit den alltäglichen Strapazen verbunden, sondern barg noch weitere Gefahren. Die Pferde kamen völlig erschöpft am Zielort an oder brachen vorher bereits überansprucht zusammen, sie wurden gestohlen oder von Bären oder Wölfen gerissen oder sie waren die Ursache für Streitigkeiten, wenn unbefugt Weiden genutzt wurden (Walser 2004: 17 und 24; Schneider 1985: 528).

Pferde in der Strafrechtspflege

Seitdem Pferde vom Menschen als wertvoll betrachtet werden, gibt es das Phänomen des Pferdediebstahls und schon früh wurde dieses Delikt mit erheblichen Bußen belegt. In den alemannischen Rechtsaufzeichnungen der *Lex Alamannorum* (717–719) finden sich Angaben zu Bußgeldern, die für den Diebstahl bestimmter Pferde zu zahlen waren, woraus gleichzeitig der Wert des jeweiligen Pferdes erkennbar ist. Stahl jemand ein Streitross oder einen Zuchthengst (*amissarius*) und ließ sich erwischen, musste er 12 solidi/Schilling zahlen. Dasselbe galt für das Stehlen der Leitstute einer Herde (*ductrix de troppo*). Für eine Mutterstute (*iumentum quae lactante est*) und eine mittelmäßige Stute (*pactus mediana est*) büßte man mit 6 Schiling (Lex Almanorum: 130). Die *Lex Salica*, die allerdings schon im 6. Jhdt. aufgesetzt wurde, führt als Buße für das Stehlen des Königshengstes (*waranio regis*) 90 Schilling (Lex Salica: 137) auf und 15 Schilling für das Kastrieren eines fremden Hengstes ohne Zustimmung des Besitzers (Hierzu und zum gesamten Kapitel bis hierher vgl. auch Müller-Lhotska 1984: 214; Das Kastrieren von Hengsten war bereits üblich. Vgl. Rech 2006: 173). In der *Lex Thuringorum* (802/803) ist zu lesen, »wer eine Herde Stuten aus einem Pferch stiehlt, büße dreifach« (Lex Thuringorum: 129), und die *Lex Gundobada* legt fest »wer von einem angepflockten Gaul den Fusstrick wegnimmt, muss ein gleichwertiges Pferd erstatten« (Lex Gundobada: 45). Pferde waren aber nicht nur der Gegenstand eines Verbrechens, sondern wurden im Mittelalter auch als Mittel in der Strafrechtspflege eingesetzt. Sie mussten ihren Dienst leisten, wenn Delinquenten zum Tod durch Zertrampeln, Vierteilen oder Schleifen verurteilt wurden. Vorstellbar ist, dass die Pferde dabei bereits in Mitleidenschaft gezogen wurden. Direkte physische Schmerzen wurden ihnen jedoch zugefügt, wenn die Feindschaft und Schmähung von Personen darin zum Ausdruck gebracht wurde, dass vor allem ihren Reittieren, egal ob Pferd, Maultier oder Esel, Ohren oder Schweife abgeschnitten, Augen ausgestochen oder Nasen gespalten wurden (Schneider 1985: 528; Lex Salica: 141; Lex Baiuvariorum: 243).

Ausnahmsweise wurden auch gerichtliche Zweikämpfe zum Erkennen des Schuldigen zu Pferde ausgetragen, wie Ermoldus Nigellus schildert; allerdings schien es nach Einschätzung des Dichters entgegen fränkischer Gewohnheit zu sein, dass die zwei adligen Goten ihr Duell im Garten der Aachener Pfalz auf dem Rücken der Pferde austrugen (Riché 2009: 306).

Pferde für Jagd und Vergnügen

Für ein Duell auf dem Rücken der Pferde mussten sowohl diese als auch deren Reiter gut ausgebildet sein. Zur Ausbildung der Pferde im Karolingerreich ist die Quellenlage mehr als desolat. Dass es aber eine Ausbildung für die Jungen in den Häusern der Großen gab, beweist, wie der Gelehrte Hrabanus Maurus (ca. 780–856) sagt, »ein uns bekanntes volkstümliches Sprichwort [...] ›Wer nicht bis zur Pubertät im Reiterkampf fertig ausgebildet ist, wird diese Fähigkeit in höherem Alter, wenn überhaupt, nur mit großer Mühe erlangen‹« (Dümmler 1872: 444). Aus seiner Kurzfassung des Militärhandbuchs *De Re Militari* von Vegetius für den Urenkel Karls des Großen König Lothar II. sind Techniken überliefert, die im 9.Jhdt. noch üblich waren. Dazu zählte eine Beschreibung, wie gelehrt wurde, auf- und abzusteigen: »Hölzerne Pferde wurden im Winter unter ein Dach und im Sommer auf ein Feld gestellt«, und dann übten die jungen Reiter von links, rechts und von hinten auf das Pferd aufzuspringen, zunächst unbewaffnet, dann bewaffnet und letztlich sogar mit gezogenem Schwert. Obwohl diese Art des Auf- und Absteigens laut Hrabanus unter den Franken weit verbreitet war, beherrschte sie nicht jeder. Da das Reiten mit Steigbügeln sich jedoch noch nicht durchgesetzt hatte, waren auf den Vorplätzen der Gutshöfe Steine zum Aufsteigen aufgestellt (Schneider 1985: 524). Nachdem die jungen Reiter nun diesen Teil ihrer Ausbildung durchlaufen hatten, übten sie ihre eigene Geschicklichkeit und die ihrer Pferde durch Scheinkämpfe, Zielschießen mit Pfeil und Bogen oder die Jagd. Notker schrieb in seiner anektodischen *Gesta Karoli Magni*, dass Karl der Große auf einem temperamentvollen Pferd zu Ostern beispielsweise Bisons und Auerochsen jagte – begleitet von einer persischen Gesandtschaft, die furchtbare Angst vor den großen Tieren hatte (Notker 1969: 8–9; Für die königliche Jagd waren dem karolingischen Herrscher bestimmte Jagdreservate vorbehalten. Um jederzeit genügend Tiere für die Jagd zu haben, legten schon die Karolinger eingefriedete Jagdreservoire an. Vgl. Fenske 1997: 56–58).

Die Jagd zu Pferde war Vergnügen und Anlass, die Gewandtheit im Umgang mit Waffen und Pferden zu trainieren und einer breiten Öffentlichkeit vorzuführen. Sie wurde somit als Vorbereitung auf den militärischen Kampf gesehen, und ihr wurde vergleichsweise viel Zeit, vor allem zu Friedenzeiten, gewidmet. Sie war für Pferd und Reiter eine anspruchsvolle Aufgabe: Die Pferde mussten gut ausgebildet sein und schnell und korrekt auf die Hilfen ihrer Reiter reagieren, um den Jagderfolg nicht in Gefahr zu bringen. Zudem mussten sie auf unebenen und unterschiedlichen Bodenverhältnissen trittsicher sein und die schnellen und unerwarteten Bewegungen ihrer Reiter auf ihren Rücken, ausgelöst als notwendige Reaktionen auf mögliche Aktionen oder Richtungswechsel des zu jagenden Tieres, sicher ausbalancieren. Jagdpferde hatten dementsprechend und aufgrund der Jagd als Vergnügen des Adels einen hohen Wert und galten als Prestigeobjekt und Statussymbol. Jagd und Kriegsführung gaben Gelegenheit, die Pracht der Pferde und der Waffen vorzuführen und so Reichtum und soziale Stellung zu demonstrieren (Jarnut 1985: 772).

Dass Pferde neben der Jagd auch zu anderweitigem Zeitvertreib willkommen waren, beschreibt Nithard in seinem *Historiarum Libri IV*. Anlässlich des Friedensschlusses 842 zwischen Karl dem Kahlen und Ludwig dem Deutschen, beide Enkel Karls des Großen, wurden Reiterspiele durchgeführt, in denen Kampfgetümmel nachgestellt wurde. Nithard beschreibt, dass das Ganze diszipliniert und ohne Verletzungen ablief, was sonst bei ähnlichen Veranstaltungen viel zu häufig der Fall war (Nithard 1972). Es scheint, dass solche Reiterspiele am Hofe Gang und Gäbe waren – und auch Mitglieder des Klerus fanden offensichtlich Gefallen daran, Pferde nicht nur zu reiten, wenn sie, wie es für Äbte und Bischöfe geboten war, dem Heerbann Folge leisteten. Ein etwas früheres Beispiel aus dem angelsächsischen Raum belegt, dass Vertreter des niederen Klerus ihre Maultiere und Pferde zum Vergnügen ritten. Beda Venerabilis (672/3–735) beschreibt ein Pferderennen zwischen zwei jungen Klerikern ausgelöst von Herebald, der sein »splendid horse« ausprobieren wollte (Colgrave/Mynors 1969: 466; Weniger harmlos waren andere Vergnügungen, die außerhalb der Grenzen des Fränkischen Reichs stattfanden. In Norwegen und Island waren Zweikämpfe zwischen Hengsten – mit Stangen gegeneinander angestachelt – beliebt; zu gewinnen erhöhte das Prestige des Besitzers). Für das fränkische Reich bestätigt wird dies durch ein Karolingisches Capitular, das gegen die übermäßige Beschäftigung der Geistlichen mit Maultieren und Pferden vorgeht (MGH Leges, Cap. Reg. Franc. II: 117). Dass bei diesen und auch dienstlichen Ritten Unfälle an der Tagesordnung waren, belegen Berichte Ekkehards aus dem 10. Jhdt. Drei Vorsteher des Klosters St. Gallen fielen Reitunfällen zum Opfer: Ein Ross rutschte auf dem Eis aus, ein lebhafter Zelter quetschte seinen Reiter gegen einen Pfosten, und ein weiteres Reitpferd folgte seinem Herdentrieb und ging – überholenden Pferden folgend – durch. Die ersten beiden Reiter erlitten schwere Verletzungen, der dritte starb an Ort und Stelle (MGH SS, 2, Ekkehardi: 87; Schneider: 1985: 530). Diese Proteste der Pferde, gemeinhin sicher als Widersetzlichkeiten bezeichnet, waren wie ihre Anwesenheit eine Selbstverständlichkeit. Sie waren alltäglich in ihren vielen Facetten, denn während hier ein Packpferd sein Halfter zerriss und das Weite suchte, wich da ein Reitpferd beim Aufsteigen seinem Reiter aus oder entledigte sich dessen durch Buckeln, Durchgehen oder Steigen. Dass die Facetten, mit denen die Menschen darauf reagierten, ebenso vielfältig waren, ist vorstellbar – je nach Kenntnis, Charakter, Pferdeverstand und Einfühlungsvermögen. Wenn einem Pferd ein »Besitzer« geschenkt war, der viel davon besaß, konnte es sich glücklich schätzen.

Tribute, Geschenke und Opfergaben

Pferde waren, wie Waffen, Edelsteine, Silber oder Bücher, Geschenke der Macht – wertvolle Geschenke, die zwischen den Mitgliedern der Aristokratie, den Großen des Reiches und der Welt ausgetauscht wurden. Sie waren »a socially elevated form of gift associated with free birth, the right to bear arms, and honor« (Curta 2006: 685–687). Die Großen des Reiches verstanden den Symbolgehalt der machtvollen, vor allem politisch und weniger wirtschaftlich motivierten Geschenke, bei denen es um Loyalitätsbekundungen, Machtdemonstration und Machtgewinn ging, und sie definierten ihren Status durch die Teilnahme an den Ritualen des Schenkens und Beschenktwerdens (Ebd.). Die herausragende Stellung des Pferdes als Geschenk zeigt wiederum den hohen sowohl finanziellen als auch symbolischen Wert, der ihm beigemessen wurde. Nachdem Karl der Große kostbare Geschenke von Harun al-Raschid, dem Kalifen des arabischen Weltreiches, erhalten hatte, ließ er ihm als Gegengabe spanische Pferde und Maultiere – letztere waren demnach ähnlich wertvoll –, verschiedene friesische Gewänder und einige Jagdhunde überbringen. Die spanischen Pferde waren von höchstem Wert für Karl den Großen, allerdings zeigte Harun al-Raschid wohl vor allem Interesse an den Hunden, denn er saß näher an der Quelle zu feinsten arabischen Pferden (Notker 1969: 8–9). Neben derartigen Geschenken unter Herrschen war es unter den Betuchten des Reiches nicht unüblich, nach ihrem Ableben ihr Hab und Gut, einschließlich ihrer Pferde, den Klöstern zu vermachen. Aus den Aufzeichnungen von St. Gallen (8. Jhdt./9.Jhdt.) geht hervor, dass ein Gutsherr namens Posso seine Leibeigenen, genauer drei Hörige mit ihren Familien, zusätzlich sechs Joch Ochsen, eine ganze Sennerei und die Hälfte der Stuterei an das Kloster übertrug (URKASG II: 441). Der Edelfreie Adalhram vermachte St. Gallen nach seinem Tode die Reit- und Zugpferde, die er auf seinem Hof hielt und eine Herde ungezähmter Stuten, die auf seinen Weiden graste, mitsamt seiner übrigen beweglichen Habe. Genannt werden auch ein Schild und eine Lanze, die darauf hinweisen könnten, dass es sich um einen vornehmen Reiterkrieger handelte (Müller-Lhotska 1984: 216; URKASG I: 191).

Außerdem wurden Abgaben oft in Form von Pferden geleistet. Dass der jährliche Zins des St. Gallener Klosters an den Bischof von Konstanz ein Pferd im Wert von einem Pfund einschloss, haben wir oben bereits gesehen. Weiterhin sind in der *Lex Baiuvariorum* (6.-8.Jhdt.) »*parafretos*« als eine der Abgaben der abhängigen Bauern genannt (MGH LL nat. Germ. V: 288). Interessant ist auch ein Diplom Kaiser Arnulfs von Kärnten, in dem der Karolinger 896 dem Bischof von Worms königliche Dienstmannen und deren Abgaben und Leistungen schenkt, inklusive des Bereitstellens von Pferden mitsamt ihrer Ausrüstung für Reise- und Transportzwecke (MGH DD Arn. 158: 240).

Eine weitere Art von »Gaben«, die zu der Zeit üblich waren, sind Tributzahlungen. Nach dem Sieg über einen Teil der Sachsen 758 durch König Pippin, dem Vater Karls des Großen, wurden die Sachsen dazu verpflichtet, ihm jährlich einen Tribut von 300 Pferden zu zahlen (RI I n. 73a). Außerdem wurden Pferde dem König als ein Großteil der sogenannten »annua dona«, der Jahresgaben,[7] u.a. vor und nach Kriegszügen überreicht.

Ein weiterer Typus von Gaben betrifft die Bräuche der Germanen des Frühmittelalters – die Franken waren einer der germanischen Großstämme. Bei ihnen waren bis nach der Christianisierung Tieropfer im Götterkult und Grabbrauchtum üblich, wobei Pferde insbesondere dem

7 Bei den Jahresabgaben handelte es sich um Gaben an den König, die erst freiwillig waren, dann erwartet und letztlich zu Pflichtabgaben wurden. Vgl.: Pausch 1988: 52

Gott Wotan/Odin geopfert wurden. Das Pferd war auch hier generell Statussymbol, stellte eine Verbindung zur Götterwelt dar und hatte damit traditionell eine hohe Stellung. Dadurch ist anzunehmen, dass im fränkischen Reich auch unter Karl dem Großen und den Karolingern ungeachtet der fortschreitenden Christianisierung und der Verbote durch die Kirche weiterhin, insbesondere weiße Pferde als Gaben an die Götter geopfert wurden (Dinzelbacher 2000: 212; Auch Slawen und Kelten verehrten das Pferd als ein »wirkmächtiges Medium«. Vgl. Rech 2006: 211). Pferdeköpfe wurden auf Stangen angebracht, um Feinden Unglück zu bringen oder Bündnisse zu besiegeln, und beim Bau der karolingischen Wallanlage in Münster wurde ein Pferd als Bauopfer dargebracht (Rech 2006: 181 und 211; Müller-Lhotska 1984: 249). Auch Reitergräber aus dem 7. bis 9. Jhdt., die in verschiedenen Regionen des ehemaligen fränkischen Reiches, wie in Dantrum und Rullstorf gefunden wurden, zeugen von der engen Verbindung zwischen den germanischen adligen Kriegern und ihren Pferden. Die Tiere sollten die Verstorbenen nach Walhall begleiten, um ihren Reitern auch im Jenseits zu Diensten zu sein (vgl. zu dem Brauch der Pferde- und Reitergräber der Germanen: Benecke 1994: 288–290; Häßler 1991: 313; Babo 2004: 156).

Pferde in Handwerk, Handel und Transport

Der Pferdehandel spielte im Mittelalter eine wesentliche Rolle. Unter karolingischer Herrschaft waren deshalb Märkte, Jahrmärkte und Messen Handels- und Umschlagplätze auch für den Handel mit Pferden, z.B. in Haithabu an der Schlei, Truso an der Weichsel oder Jumne an der Odermündung (Bauer 1974: 100–102), von Bedeutung. Die Raffelstetter Zollordnung stellt eines der wichtigsten Dokumente für Zollwesen und Handel der Zeit dar. Zwar wurde sie um 904 in der spätkarolingischen Epoche erlassen und ist somit nicht exakt zutreffend für die Zeit Karls des Großen, jedoch lässt sich gewiss aus ihr eine Tendenz auch für seine Zeit erkennen. Die Zollordnung nennt als eines der Hauptimportgüter Pferde – neben Sklaven, Wachs und Salz. Die Pferde wurden von Sklavenhändlern aus Russland und Böhmen nach Raffelstetten an der Donau nahe Linz gebracht. Die Gebühr, die für einen Hengst erhoben wurde, war ein Tremissis, die gleiche wie für eine Sklavin. Für eine Stute wurde eine saiga verlangt, was dem Preis für einen Sklaven entsprach (MGH Cap. II, 253: 51; ein Tremissis entsprach zehn Pfennig, eine saiga fünf Pfennig). Zudem geben uns zum Pferdehandel überlieferte früh- und hochmittelalterliche Verträge über Pferdeverkäufe des Klosters St. Gallen einen Eindruck zu Wert und Bedeutung des Pferdes in dieser Epoche. Die Pferdeverkäufe wurden urkundlich verbrieft, da es sich bei den meisten um Tauschgeschäfte handelte (Müller-Lhotska 1984: 270). 744 beispielsweise verkaufte Beata, die Tochter Rachinberts und Gemahlin Landolds, ihre Eigengüter an das Kloster und erhielt dafür an Gold und Silber 70 Schilling und fünf Pferde (URKASG I: 10). Einige Jahre später übertrug ein Mann namens Reccho drei Hufe in der Mark Kuchelbach mit Wiese, Acker, Weinberg und einem Waldstück zu Kuchelbach an St. Gallen und empfing dagegen eine Hufe in Birnsdorf zu Lehen, ein Fuder Wein und ein Pferd (»unum caballum X solidos valentem,…«: URKASG II, 643).

Pferde im Karolingerreich waren somit wertvolles Handelsgut. Pferde, Esel und Maultiere (Schneider 1985: 539) waren aber gleichzeitig bedeutende Akteure für den Handel, wenn sie als Packtiere, seltener Zugtiere, auf langen und beschwerlichem Wege und teilweise schwer zu laufenden Pfaden und Straßen die Waren zu den Märkten transportierten. Saumpferde, die mit Filzdecke und Lastensattel – *filtrum* und *sagma* – ausgestattet waren, legten enorm lange Wege zurück. Aus den Zöllen von Raffelstetten ist zu schließen, dass die Saumtiere das Vierfache einer Männertraglast trugen und die Hälfte der Last eines Ochsenkarren (MGH LL Capit. II, 253: 249; Schneider 1985: 531). Auch die Belieferung des karolingischen Hofes erfolgte wesentlich mit Lastpferden (MGH LL Capit. I, 143: 294). Als Zugtiere wurden in dieser Zeit noch immer vor allem Ochsen eingesetzt. Wenn jedoch Schnelligkeit eine Rolle spielte, z.B. bei der Beförderung von Kranken, Alten und Schwachen oder beim Transport von schnell verderblichen Waren, wie Fisch, begannen Pferde zunehmend diese Rolle zu übernehmen (Schneider 1985: 533). Überdies verdient der Transport von Baumaterial genannt zu werden. Ohne die Pferde und Ochsen, die die für den Bau von Häusern, Burgen und Kathedralen benötigten riesigen Mengen an Holz und Stein transportierten, wären die großartigen Bauwerke der Zeit nicht entstanden (Für den Bau von Vale Royal Abbey nahe Middlewich in Cheshire (1278–80) wurden mehr als 35.000 Ladungen Stein aus ca.

5 Meilen Entfernung herangeschafft, ein Fünftel davon von zweispännigen Pferdewagen. Vgl.: Hewitt 1983: 50). Generell war eine Vielzahl von Handwerkern und Gewerken, die an Königshöfen und Klöstern ansässig waren, schon im Frühmittelalter mittelbar und unmittelbar von den Tieren und den ihnen abverlangten Leistungen abhängig: Ganz direkt ließen sich im Hinblick auf Pferde an erster Stelle Pferdeknechte, Roßunterkäufer und Hufschmiede aufzählen, an zweiter Stelle Fuhrleute, Sattler, Schmiede, Riemer, Sporer, Gerber, Lederer, Gürtler, Seiler und Abdecker, um nur einige zu nennen. Welche Präsenz Pferde in der Zeit hatten, wird auch aus dieser Liste deutlich.

Pferde in der karolingischen Landwirtschaft

Über die tägliche Arbeit der Pferde und ihren Tagesablauf in der Landwirtschaft fällt es schwer, Spuren nachzuverfolgen. Auch hier ist wenig überliefert. Die karolingische Wirtschaft basierte auf der Landwirtschaft, die sich in dieser Zeit begann[8], von der Zwei- zur Dreifelderwirtschaft zu entwickeln. Für den Aufschwung der Pferdehaltung war das insofern von Bedeutung, dass es Auswirkungen auf den Ernteertrag an Kraftfutter, speziell Hafer, für die Tiere hatte. Was die Arbeit auf dem Feld betraf, so wurden in karolingischer Zeit noch immer vorwiegend Ochsen, beispielsweise zum Pflügen, eingesetzt. Pferde wurden eher selten angespannt, was einerseits mit den höheren Kosten der Pferdehaltung, andererseits mit der Anspannungsart zusammenhing (Dinzelsbacher 2000: 194, Hyland 1999: 39; Rech 2006: 180). Mit deren Wandlung begann sich jedoch in der zweiten Hälfte des ersten Jahrtausends die Nutzung von Pferden als Zugtiere langsam auszuweiten. Die Anspannung, die bis dahin in Jochgabel oder Halsriemen bestand, wurde durch Kummet- und Sielenanspannung abgelöst. Als eine der frühesten Darstellung eines Kummets gilt eine Abbildung in der »Trierer Apokalypse«, die um 800 entstand. Die Sielenanspannung findet sich wohl erstmalig auf dem »Osebergteppich« (9. Jhdt.). Da speziell das Kummet, anders als die bisher üblichen Anspannungen auf den Schultern ruhte, bestand

8 Der Übergang von Zwei- zur Dreifelderwirtschaft war ein langer Prozess und endgültig erst im späten Mittelalter abgeschlossen.

nicht mehr die Gefahr des Würgens oder Verletzens. Zudem erlaubte es den Tieren durch die Schulter- und Brustlage einen besseren Krafteinsatz, was zur effizienteren Ausnutzung ihrer Zugkraft führte und ihre Arbeitskraft um das Vier- bis Fünffache steigerte (Hyland 1999: 39).

»... einige äßen wilde Pferde und sogar noch mehr äßen zahme ...«

Vor dem Beginn der Christianisierung war es sowohl für die Kelten des heutigen deutschen Raumes als auch für die Germanen selbstverständlich, Pferde nach ihrer Nutzung als Arbeitstiere zu schlachten bzw. Pferde als Fleischlieferanten zu halten, und auch für die Slawen kann dies angenommen werden (Zu den Kelten vgl.: Driesch 1992: 157–159; zu den Germanen vgl.: Benecke 1994: 64; zu den Slawen vgl.: Geppert: 1996: 1291). Dass Pferdefleisch nicht nur in Notzeiten als Nahrungsmittel verwendet wurde, belegt das Dekret Papst Gregors III. aus dem Jahr 732, welches das Essen von Pferdefleisch halbwilder und gezähmter Tiere aufgrund eines Berichts des bei den germanischen Volksgruppen missionierenden Erzbischofs Bonifatius verbot[9], ebenso wie die Erneuerung desselben um 752 durch Papst Zacharias (MGH Epistolae III, VI.: 370–371), um im Zuge der Christianisierungsbemühungen den Pferdeopferritualen für den heidnischen Gott Wotan Einhalt zu gebieten. Eine Segensformel, die noch im 11.Jhdt. Ekkehart IV. von St. Gallen (gest. 1036) überliefert und die durch das Kreuzeszeichen das Wildpferdefleisch munden lassen sollte, zeigt jedoch, dass die Bemühungen nur partiell erfolgreich waren (Voisenet: 1994: 166).

---

9 Papst Gregor III. schrieb an Bonifatius: »Unter anderem hast Du auch erwähnt, einige äßen wilde Pferde und sogar noch mehr äßen zahme Pferde. Unter keinen Umständen, heiliger Bruder, darfst Du erlauben, dass dergleichen jemals geschieht. Erlege ihnen vielmehr um alles in der Welt eine angemessene Strafe auf, durch die Du mit Christi Hilfe imstande bist, es zu verhindern. Denn dieses Tun ist unrein und verabscheuungswürdig.« MGH, Epistolae III, Epipstolae Merowingi et Karolingi aevi (I), VI. 279; Das Verbot beruft sich wohl auf eine Textstelle des Alten Testaments, in der zu lesen ist, dass vierfüßige, nichtwiederkäuende Tiere mit ungespaltenen Hufen als unrein und sündhaft gelten. Vgl.: 3. Buch Mose, 11: 3–7; Vgl. Müller-Lhotska 1984: 230

Zudem wurde Pferdefleisch als Futter für andere Tiere genutzt. In der *Capitulare de villis* werden die Amtsmänner angewiesen, für die Fütterung der Jagd- und Hofhunde Vieh zu stellen: namentlich lahmende Ochsen, Kühe und Pferde oder anderes kleineres Vieh; die Fütterung mit räudigen Tieren wird ausdrücklich untersagt (CdV 23: 183).

Marschpferd und Streitross – Pferde im Tross und auf dem Schlachtfeld

Im 8.Jhdt. nahm die Anzahl der Pferde in den Heeren deutlich zu, was gravierende militärstrategische Veränderungen mit sich brachte. So hatte bereits der Vater Karls des Großen, Pipin III., 755 eine Verschiebung der traditionell im März stattfindenden Heeresversammlung auf den Mai angeordnet, weil im Sommer das erforderliche Futter für die Pferde der nunmehr zahlreichen Reiterei leichter zu beschaffen und das Gras nahrhafter war als noch im März (Fleckenstein 1993: 113). Überdies war die Verpflegungsfrage der Pferde Hauptgrund für den weiteren Verzicht auf militärische Aktionen im Winter. Der zahlenmäßige Anstieg der berittenen Krieger gegenüber den Fußtruppen in der Kriegsführung der Franken zwischen dem frühen 8. und der Mitte des 9.Jhdt. wird von der Forschung als eine Grundlage für die Entstehung des Lehnswesens und damit als eine der bedeutendsten Entwicklungen in der europäischen Geschichte gesehen (Dinzelsbacher 2000: 198; Verbruggen 1997: 19). Als Auslöser dafür wird Karl Martells Begegnung mit den Arabischen Eroberern in Poitiers 733 angenommen, die ihm die strategische Bedeutung berittener Truppen für das endgültige Zurückdrängen der Muslime deutlich machte (Kelenka 2009: 238). Mit der Zunahme der berittenen Einheiten in den Heeren stieg die Notwendigkeit, Reiter und Pferde für diese Truppen zu sichern. Es mussten damit mehr Pferde gezüchtet und gehalten werden. Um dieses Ziel zu erreichen, belehnte der fränkische König freie Männer, Vasallen, – aus dieser Schicht rekrutierte sich dann die Reiterei – mit einem als wirtschaftliche Basis für den Kriegsdienst dienenden Beneficum. Auf diesem Land konnten nun Pferde gehalten, Futtergetreide angebaut oder Mittel erwirtschaftet werden, die notwendig waren, um die teure Ausrüstung für den Kampf zu zahlen (Hyland 1994: 62). Alle Freien schuldeten dem Reich Heerdienst; aufgrund der

Kostspieligkeit der Ausstattung änderte Karl der Große jedoch 807/808 das Gesetz, sodass der Kriegsdienst je nach Besitz geleistet werden musste. Während 807 noch alle Freien, die wenigsten drei Mansen/Hufen (eine Manse entspricht zehn bis 15 Hektar) besaßen, zum Truppenaufgebot gerufen wurden, waren es 808 die Besitzer von mindestens vier Mansen, die dem Heerbann Folge leisten sollten – wer weniger besaß, musste sich mit anderen zusammenschließen, sodass die Kosten für die Abstellung eines Kriegers aufgeteilt wurden. Wer beispielsweise drei Hufen besaß, erhielt Hilfe durch einen Bauern, der über eine Hufe verfügte. Von Zweihüfnern hatte der Fähigere ins Feld zu ziehen und von Einhüfnern schickten drei den Dritten. (Vgl. Bauer 1974: 86). Wer sich weigerte, dem Heerbann zu folgen, wurde mit der hohen Buße von 60 Schillingen belegt – was dem Preis von 20 Stuten entsprach (Hyland 1994: 60; Riché 2009: 95; Bachrach 1985: 716–718; Contamine 1984: 24). Die Ausrüstung für den Reiterkrieger kostete sechs Solidi für den Helm, zwölf Solidi für den Riemenpanzer, Schwert und Schwertscheide kosteten sieben, die lederne Beinschienen sechs, Lanze und Schild je zwei und das Pferd zwölf Solidi (Lex Ribuaria V, 231). Nicht mit aufgezählt ist dabei die Ausrüstung des Pferdes, die mindestens aus Sattel, Trense und möglicherweise Vorder- und Hinterzeug bestand. Lot bemerkt, dass nur ein Lehnsmann, der zwölf Hufen/Mansen besaß, die Kosten für die gesamte Ausstattung des Reiterkriegers inklusive einem Kriegspferd, das vom Knappen als Handpferd mitgeführt wurde und erst im Kampf zum Einsatz kam, einem Marschpferd, das der Reiterkrieger außerhalb des Kampfes ritt, der Ausrüstung der Pferde, der Bewaffnung und Rüstung, einem Packpferd, einem Pferd für den Knappen und des Proviants für Männer und Pferde für drei Monate, wie es gefordert war, aufbringen konnte (Lot 1946: 93; Dinzelsbacher 2000: 199; Davis 1989: 24).

Insgesamt gehen die Schätzungen über die zahlenmäßige Stärke des karolingischen Heeres weit auseinander. Während Bauer von 3.000 Reitern und 6.000 bis 10.000 Fußsoldaten ausging, schätzt Contamine die fränkische Kavallerie auf 35.000 Mann (Contamine 1984: 25; Riché 2009: 95; Bauer 1974: 33). Klar ist jedoch, so Hyland, dass das fränkische Königreich wenigstens um 782 gut mit Kriegspferden ausgestattet gewesen sein muss, da laut der Königlich-Fränkischen Annalen in diesem Jahr dreimal eine berittene Streitmacht rekrutiert wurde (Hyland 1994: 62). Auch gesichert ist, dass es eine leichte Kavallerie gab und daneben ein relativ kleines Kontingent an schwerer gepanzerter Reiterei, die *scara francisca*, die einer schnellen Eingreiftruppe gleich kam (Bauer 1974: 33; Verbruggen 1997: 421–422). Diese »schwere Kavallerie« war allerdings nur leicht gepanzert und ihre Pferde waren ungeschützt.

Während der Feldzüge wurden den Pferden hohe Leistungen abverlangt. Für 783 ist in den Annalen eine Route für eine Kampagne gegen die Sachsen beschrieben, die von Ostern bis Weihnachten dauerte und über 1.200 Kilometer von Thionville an der Mosel zur Elbe und zurück nach Herstal führte (MGH SS rer. Germ. VI: 65; Hyland 1994: 64). Die Pferde lebten während der Feldzüge vom mitgeführten Proviant und dem, was das Land hergab. Dies zeigt das Gebot an den Abt Fulrad von Altaich 806, Heerfolge zu leisten und zur Musterung auf dem Maifeld zu erscheinen. Auf dem Weg dahin, so das Gebot, »you shall do no damage to our subjects, and touch nothing but water, wood, and grass. Your men shall march along with the carts and the horses, and not leave them till your reach the muster-place, so that they may not scatter to do mischief« (zit. nach Hyland 1994: 64; Oman 1953: 81–82). Das Plündern war bis zum Erreichen des Feindeslandes im Grunde verboten und jeder Krieger war verantwortlich für alle Schäden, die seine Pferde auf der Ackerflur anrichteten. Doch auf den Kriegszügen musste Proviant für Männer und Pferde herangeschafft werden und dafür wurde gejagt und geraubt. Außerdem ließ Karl der Große Garnisonen errichten, durch deren bevorzugte Lage an Flüsse auch große Mengen an Futtergetreide und Proviant bereitgestellt werden konnten.

Auf dem Schlachtfeld selbst wurden nur die wertvollen Hengste geritten (Davis 1989: 18). Aber für den Transport der Ausrüstung, des Proviants und die Zugarbeit im Tross waren vor allem weniger »wertvolle«, »einfache« Pferde wichtig. Auf ihren Rücken wurde zusätzlicher Nahrungsvorrat aus der Umgebung herangeschafft. Hewitt bemerkt treffend, dass »[t]he courage of the cavalry, the endurance of the archers, the quality of the arms and skills in using them – all are important, but the horse and his function of bringing in food for man and beast, are central to the task of leadership« (Hewitt 1983: 59). Und auch die Mobilität des Heeres wurde von den Pferden und Ochsen des Trosses bestimmt. Sie nahmen durch ihre Bedürfnisse Einfluss auf dessen Schnelligkeit und Beweglichkeit (Bachrach 1985: 716–718). Pferde fielen dem Glatteis und anderen Unbilden des Wetters zum Opfer (RI I n. 910a), und sie brauchten angemessene Ruhepausen (RI I n. 1084a). Auch das Übersetzen der Pferde über die Seine brachte Verzögerungen, sodass Karl und die Seinen die fliehenden Anhänger Lothars I. nicht verfolgen konnten (RI I, 2, 1 n. 161). Auch Karl der Kahle konnte 841 seinen Gegnern nicht folgen, da sowohl seine Leute als auch die Pferde zu erschöpft waren (RI I, 2, 1 n. 175).

Zudem berichten die Chroniken vom Mangel an Pferden während der Heerfahrten (RI I n. 1369–1370). Denn die Kämpfe brachten nicht nur den Reitern Verletzungen, Schmerz und Tod, sondern auch den Pferden. Gute Kriegspferde waren generell nicht im Überfluss zu finden, denn sie mussten groß genug sein, die Reiter lange im Galopp zu tragen, ausgeglichen und nervenstark genug, um im Kampfgetümmel nicht in Panik zu geraten, mutig genug, um in diesem überhaupt vorwärts zu gehen und stark genug, um Schmerz zu ertragen. Die Hengste mussten charakterlich so veranlagt sein, ihre Aggressivität in der Schlacht im richtigen Maße einzusetzen, ohne dabei ihre natürliche Agilität zu verlieren. Das Steigen, Beißen, Schlagen, Überrennen und »darniederritten« eines Gegners machte sie selbst zur Waffe (Dinzelsbacher 2000: 200; Ackermann-Arlt 1990: 258; Lehnart 1993: 145). Wallache wurden in Westeuropa vor Ende des Mittelalters kaum auf dem Schlachtfeld eingesetzt, weil es diesen, so glaubte man, an Würde und Mut fehle. Stuten wurden nur für Frauen und Priester als angemessene Reittiere empfunden und waren vor allem für die Zucht wichtig (Wallache wurden als gute Reitpferde und Schlachtrosse in Westeuropa bis zum 16.Jhdt. kaum genutzt. Türken und Araber allerdings setzten sie ebenso wie Stuten ein. Vgl. Davis 1989: 135). Schonung gab es für die Hengste im mittelalterlichen Kampf nicht. Denn obwohl die gegnerischen Pferde als Beute interessant waren und der direkte Angriff auf das Pferd als unritterlich galt, war letzterer keineswegs unüblich, sondern eher selbstverständlich (Ackermann-Arlt1990: 259; Morillo 1994: 140 und 157–158; Dinzelsbacher 2000: 20; Comnena 1969: 171, 349 und 416). Der Schlachtruf zu Anfang des 14.Jhdt. lautete eher »Bodelt al man ende pard!« (Durchstecht alle Männer und Pferde!, Van Velthem 1979; 27 und 407; Dinzelsbacher 2000: 201). Nicht anders wird es im 8. und 9. Jhdt. gewesen sein.

Gesattelt und getrenst

Funde von Trensengebissen, Steigbügeln, metallenen Beschlägen und Sporen legen Zeugnis davon ab, dass Pferde in der Karolingerzeit vor allem als Reit- und Packtiere eingesetzt wurden. Gebraucht wurden wohl vor allem Ringtrensen mit eiserner, einfach gebrochenen Gebisstangen, aber auch Knebeltrensen (Müller-Lhotska 1984: 199; Rech 2006: 188), die bei starker einseitiger Zügeleinwirkung ein Herausziehen des Trensengebisses aus dem Pferdemaul verhindern, da dies für das Pferd noch größere Schmerzen und für den Reiter den (teilweisen) Verlust seiner Einwirkung bedeuten würde. Erstere wurden in Mitteleuropa wenigstens seit dem 9. Jhdt. v. Chr. genutzt, letztere seit dem 8.Jhdt. v. Chr. (Rech 2006: 188). Darstellungen von Reitern im St. Gallener und Stuttgarter Psalter zeigen vor allem Pferde, die mit Ringtrensen ausgestattet sind, die aus Genick- und Backenstück, Stirnriemen mit Zügeln bestehen. Nur selten sind sie mit Nasenriemen versehen. Die Pferde tragen Sättel mit gleichhohem Vorder- und Hinterzwiesel – wahrscheinlich hölzerne Trachtensättel (Ebd. 172) – und teilweise verziertes Vorder- und Hinterzeug. Währen die Darstellungen im St. Gallener Psalterium mit Steigbügeln reitende Krieger (St. Gallener Psalter: 140–141) präsentieren, zeigen die Abbildungen im Stuttgarter Psalter, dass noch parallel das bügellose Reiten üblich war (Stuttgarter Psalter: 214–104v und 182–88v.; Hyland 1994: 61). Die Verwendung des Steigbügels, der von den Awaren übernommen wurde, war in Mitteleuropa spätestens wohl seit dem 7. Jhdt. bekannt (Die früheste Erwähnung des Steigbügels stammt aus einer chinesischen Quelle von 477. In der christlichen Literatur sind Steigbügel das erste Mal in Maurice's Strategikon aus dem 6.Jhdt.erwähnt. Vgl. Bivar 1955: 61–65; Im 10.Jhdt. waren sie normaler Teil der Ausrüstung. Vgl. Hyland 1994: 11). Ein Reitergrab, das bei Hamburg-Schnesen gefunden und in die 2. Hälfte des 8. Jhdt. datiert wurde, enthielt eiserne Beschläge für hölzerne Steigbügel mit Gurtaufhängung, zwei Gurtschnallen zum Verkürzen und Verlängern derselben und zwei Beschläge für deren Befestigung am Sattel (Rech: 2006: 173). Typisch für den damaligen Reitstil ohne Steigbügel war das angewinkelte Bein des Reiters, wodurch dieses in seiner Gesamtheit direkt am Pferd lag. Mit Steigbügeln wurde dagegen mit fast gestrecktem Bein geritten (Dagegen ritten die orientalischen Reiter des Mittelalters mit kurzen Steigbügeln und angewinkelten Beinen. Vgl. Hyland 1994: 7). Für die

Sicherheit von Reiter und Pferd war generell, aber natürlich insbesondere im Kampf, wichtig, dass gutes Ledermaterial bei der Fertigung der Sättel verwendet wurde, damit sie unter hohen Belastungen nicht zu Bruch gingen und Pferd und Reiter zu Schaden kamen. Zudem konnten Streitpferde mit Satteldruck, der auch durch schlecht sitzende Sättel entstehen kann, nicht eingesetzt werden, da das Pferd durch die damit verbundenen Schmerzen möglicherweise anders als gewünscht reagieren und damit gefährlich werden konnte. Die Sättel mussten also passen bzw. gut gepolstert sein. Auch wenn dies nicht direkt für das fränkische Reich unter Karl dem Großen nachgewiesen ist, so ist eine Gesetzgebung aus dem walisischen Gebiet des 9.Jhdt. aufschlussreich. Unter dem walisischen Herrscher Hywel Dda (um 950) wurde Satteldruck ohne offene Wunde bei einem Pferd mit vier Pence bestraft; bei durch das Zaumzeug verursachten offenen Scheuerstellen erhöhte sich die Bußzahlung auf das Vierfache. Da der Wert eines guten Pferdes 120 Pence betrug, belief sich die Strafe auf ein Achtel des Wertes des Pferdes, was wiederum zeigt, wie wichtig es war, ein Kriegspferd gesund zu erhalten (Vernam 1964: 134).

Wie oben bereits festgestellt, hatten die Pferde im Vergleich zu ihrer Körpergröße und heutigen mitteleuropäischen Verhältnissen, relativ große Reiter zu tragen. Dass sie sowohl auf Zügel- als auch auf Schenkelhilfen geritten wurden, ist aufgrund der Trensen- und Sporenfunde offensichtlich; dass Gewichtshilfen eingesetzt wurden, ist wahrscheinlich, da Pferde prinzipiell auf diese reagieren, um sich unter dem Reiter auszubalancieren. Die Abbildungen im St. Gallener und im Stuttgarter Psalter zeigen die Reiter mit relativ loser, einhändiger, manchmal freihändiger Zügelführung. Letzteres lässt auf den Einsatz von Gewichtshilfen schließen. Die Benutzung von Sporen ist durch die Darstellungen in den Psalterien nicht nachweisbar, allerdings belegen unterschiedliche Funde[10] aus dem 8. und 9. Jhdt. ihre Verwendung (kleine Sporen wurden in kelto-römischer Epoche direkt auf die Schuhferse aufgenietet. Vgl. Müller-Lhotska 1984: 199 und 219; Rech 2006: 176 und 179).

10 Funde aus Grabungen beispielsweise in der frühmittelalterlichen Wallburg Gaulskopf bei Warburg-Ossendorf, Kreis Höxter, aus karolingischen Bestattungen in Bendorf, Kreis Rendburg-Eckernförde oder der Abtei Liesborn (Vgl. Rech 2006: 176).

Zusammenfassung

Pferde waren unentbehrlicher Bestandteil des Lebens Karls des Großen; seine Regierungszeit war geprägt von Reiterkönigtum und Reiterkriegern. Und laut seines Biographen Einhard war auch Karls Tod mittelbar mit einem Sturz seines Pferdes verbunden. Denn während seines letzten Feldzugs gegen König Gottfried von Dänemark scheute sein Pferd vor einem plötzlich am Himmel erscheinenden hellleuchtenden Feuerball, was als Vorzeichen für seinen baldigen Tod gedeutet wurde (Einhardi 61911: 36–37).

Das soziale Gefüge des Frühmittelalters war durch das Pferd als konstitutivem Faktor der sich entfaltenden feudalen Lebenswelt geprägt. Deckhengste und Zuchtstuten, Pack- und Zugtiere, Jagd-, Streit- und Reitpferde spielten eine nicht wegzudenkende, wichtige und einflussreiche, (inter)aktive Rolle in der karolingischen Gesellschaft und Kultur. Diese war geprägt von dem Verhältnis zu den Pferden vor allem als Statussymbol und als zentrales Transport- und Fortbewegungsmittel, wodurch sie in jeder Minute präsent waren: Durch ihr in allen Lautstärken zu hörendes Wiehern und Schnauben, durch den Geruch ihres Felles, wenn sie schwitzten oder den unangenehmen Geruch, den das Gerben von Leder für die Herstellung von Zaumzeug verursachte, durch Pferdeäpfel, durch das Klappern von Trensengebissen, das Knarren von Sätteln oder durch den Klang der Hufe auf schlammigen Wegen oder den noch aus römischen Zeiten bestehenden Pflasterstraßen.

Obwohl auch weniger Betuchte Pferde als Last- und Reittiere nutzten, war der Besitz von Pferden aufgrund ihrer hohen Haltungskosten und ihres vorrangigen Einsatzes als Reittiere vornehmlich unter den Großen des Reiches und in der reicheren Oberschicht des Frankenreichs verbreitet – für diese waren Pferde wertvolle, aus guter Zucht stammende Prestigeobjekte, Standesattribut und Zeichen der Herrschaft. Das Privileg des Reitens und Jagens hoch zu Ross ebenso wie das Ritual des Schenkens von Pferden war Machtdemonstration und diente dem Anzeigen von Statuspositionen und -relationen. Die erhöhte Position des Reiters auf dem Pferd manifestierte räumlich den Standesunterschied und sozialen Abstand zwischen Aristokratie und Untergebenen. So sehr wie das Pferd auf diese Weise als Mittel zur Abgrenzung zwischen Ober- und Unterschicht diente, so sehr stellte es gleichzeitig eine Verbindung zwischen ihnen her. Denn direkten Kontakt zu einem Pferd hatte nicht nur der Graf, Bischof oder Abt, der es ritt, sondern auch der Stallbursche, der es pflegte. Das Pferd war zur Zeit der Karolinger zentral für das Aufkommen der Panzerreiter, des berittenen Kriegers. Sein Entstehen zog ungeahnte sozial- und kulturhistorische Veränderungen nach sich; es mündete in eine bedeutungsvolle Umstrukturierung hin zu einem ausgeprägten Feudalsystem und führte letztlich zur Entwicklung des Rittertums im Hochmittelalter. Die Pferde wurden in diesem gesamten Gefüge der karolingischen Gesellschaft instrumentalisiert als Transportmittel, als wirtschaftliches Kapital, als Waffen, als politische Machtfaktoren und als soziales Unterscheidungsmerkmal. Auf den ersten Blick waren sie nur Werkzeug, Sklaven und Diener, die, obwohl ihnen von ihrem Standpunkt aus gesehen wohl der größte Teil des menschlichen Verhaltens ausgesprochen seltsam erscheinen musste, den menschlichen Anweisungen folgten und ihre Arbeit verrichteten – willig oder widerstrebend, gemächlich oder übereifrig, gleichmütig, zufrieden, beherrscht oder unter starkem Protest. Auf den zweiten Blick beeinflussten sie genau mit diesen jeweils ganz eigenen Wesenszügen und aufgrund ihrer individuell ausgeprägten Lern-, Kognitions-, Anpassungs- und Leistungsfähigkeit, ihrer subjektiven Wahrnehmung, ihres Instinktes, ihrer Stärke und ihrer Verletzlichkeit bewusst und unbewusst die Menschen, die sie umgaben. Nur durch diese Interaktion zwischen Pferden und Menschen konnte das Reiterkönigtum Karls des Großen Wirklichkeit werden.

Quellen

Beda Venerabilis (1969), *Bede's Ecclesiastical History of the English People*, hrsg. v. Betram Colgrave/R. A. B. Mynors, Oxford .

Cassiodorus (1886), *The Letters of Cassiodorus* IV, Var. 4.1, hrsg. v. Thomas Hodgkin. London, S. 507–511, 03.03.2013, http://gallica.bnf.fr/ark:/12148/bpt6k731112/f264.image.

Comena, Anna (1960), *The Alexiad of Anna Comnena*, Harmondsworth.

Einhard (1960), *The Life of Charlemagne*, hsrg. v. Ann Arbor, Michigan.

Ernoul le noir (1932), *Poéme sur Louis le Pieux, et épÎtres au Roi Pépin*, hrsg.von E.Faral, Paris.

Gareis, Karl (Hrsg.) (1895), *Die Landgüterordnung Kaiser Karls des Großen*, Berlin.

Goldene Psalter von St.Gallen: Cod. Sang 22, um 860 begonnen und in St.Gallen zwischen 870 und 900 fortgesetzt, 03.03.2013, http://www.e-codices.unifr.ch/de/csg/0022/140/small.

Holder-Egger, Oswald (Hrsg.) (61911), *Einhardi Vita Karoli Magni*, in: MGH SS rer. Germ. 25, Hannover.

Lex Alamannorum (717–719), in: MGH, Leges, LL nat. Germ., 03.03.2013, www.dmgh.de.

Lex Baiuvariorum, in: MGH, Leges (in Folio), (LL), 03.03.2013, www.dmgh.de.

Le Gundobada, (474–516), in: MGH, Leges, LL nat. Germ., 03.03.2013, www.dmgh.de.

Lex Ribuaria: MGH, Leges, V, 03.03.2013, http://www.geschichtsquellen.de/repOpus_03237.html.

Lex Salica, (507- 511), in: MGH, Leges, LL nat. Germ., 03.03.2013, www.dmgh.de.

Lex Thuringorum (802–803), in: MGH, Leges (in Folio), LL, 03.03.2013, www.dmgh.de.

Merseburger Zaubersprüche, 03.03.2013, http://www.merseburg.de/de/zauber-sprueche.html.

MGH – *Monumenta Germaniae Historica* MGH, 03.03.2013, http://www.dmgh.de/.

MGH, *Epistolae (in Quart) (Epp.), III, Epipstolae Merowingi et Karolingi aevi (I), VI,* 03.03.2013, http://www.dmgh.de/.

MGH, *Leges, Capitulare regum Francorum (Capit.) II, XVI*, 03.03.2013, http://www.dmgh.de/.

MGH, Scriptores (in Folio) (SS), Band 1, *Annales et chronica aevi Carolini: Annales Sangallenses, Augienses et Weingartensis*, 03.03.2013, http://www.dmgh.de/.

MGH: Scriptores 6 (Chronica et annales aevi Salici), *Annalista Saxo*, 03.03.2013, http://www.dmgh.de/.

Notker, the Stammerer (1969), »Charlemagne«, in: Thorpe, Lewis: *Two Lives of Charlemagne*, Harmondsworth.

Paul, the Deacon (1878), *Historia Langobardorum II. 13.* hrsg. v. L. Bethmann and G. Waitz, MGH SS Rerum Langobardicarum et Italicarum, Hannover.

Pelagonios (1980), *Pelagonii Ars veterinaria*, hrsg. v. Fischer, Klaus-Dietrich, Leipzig.

RI I n. 910a, in: Regesta Imperii Online (RIO), 03.03.2013, http://www.regesta-imperii.de/id/0832–00–00_1_0_1_1_0_1961_910a.

RI I n. 1084a, in: RIO, 03.03.2013, http://www.regesta-imperii.de/id/0841–00–00_1_0_1_1_0_2378_1084a.

RI I, 2, 1 n. 161, in: RIO, 03.03.2013, http://www.regesta-imperii.de/id/0841–04–01_2_0_1_2_1_161_161.

RI I, 2, 1 n. 175, in: RIO, 03.03.2013, http://www.regesta-imperii.de/id/0841–04–13_3_0_1_2_1_175_175.
RI I n. 1369f, in: RIO, 03.03.2013, http://www.regesta-imperii.de/id/0841–00–00_2_0_1_1_0_3049_1369f.
RI I n. 73a, in: RIO, 03.03.2013, http://www.regesta-imperii.de/id/0753–00–00_1_0_1_1_0_237_73a.
RI I, 2, 1 n. 426, in: RIO, 03.03.2013, http://www.regesta-imperii.de/id/0844–06–11_1_0_1_2_1_426_426.
RI I n. 316c, in: RIO, 03.03.2013, http://www.regesta-imperii.de/id/0791–00–00_3_0_1_1_0_849_316c.
RI I n. 228, in: RIO, 03.03.2013, http://www.regesta-imperii.de/id/0780–03–08_2_0_1_1_0_639_228.
Scholz, Bernard Walter (Hrsg.) (1972), *Carolingian Chronicles: Royal Frankish annals and Nithard's Histories*, Michigan.
St. Gallener Klosterplan, 03.03.2013, http://www.stgallplan.org/de/index_plan.html.
Stuttgarter Psalter, *cod. Bibl.fol.23*, Saint-Germain-des-Prés, 1. Hälfte 9. Jahrh., 03.03.2013, http://digital.wlb-stuttgart.de/digitale-sammlungen/seitenansicht/?no_cache=1&tx_dlf%5Bid%5D=1517&tx_dlf%5Bpage%5D=1.
Vegetius Renatus, Flavius (1903), *P. Vegeti Renati Digestorum Artis mulomedicinae libri*, in: Lommatzsch, Ernst (Hrsg.), *Accedit Gargili Martialis de curis boum fragmentum*, Leipzig.
Wartmann, H. (Hrsg.) (1863–1866), *Urkundenbuch der Abtei St. Gallen*, 700–920, Zürich.
Zollweistum von Raffelstetten: MGH, *Capitularia II, Nr. 253*, 03.03.2013, http://www.dmgh.de/.

Literatur

Ackermann-Arlt, Beate (1990), *Das Pferd und seine epische Funktion im Mittelhochdt.* Berlin – New York.
Babo, Verena Freiin von (2004), *Pferdebestattungen auf dem frühmittelalterlichen Gräberfeld Drantumer Mühle, Aus dem Anatom. Inst. der Tierärztl. Hochschule Hannover und Landesmuseum für Natur und Mensch Oldenburg*, 03.03.2013, babov_ws04.pdf.
Bachrach, Bernard (1985), Animals and Warfare in Early Medieval Europa, in: *Settimane* 1985, S. 707–764.
Bauer, Hans (1974), *Reise in die Karolingerzeit*, Leipzig.

Bautier, Robert-Henri u. a. (1976), »Contribution à l'histoire du cheval au Moyen Age«, in: *Bulletin Philologique et Histique du Comité des Travaux historiques et scientifiques*, Paris, S. 204–249.

Bautier, Robert-Henri u. a. (1978), »Contribution à l'histoire du cheval au Moyen Age«, in: *Bulletin Philologique et Histique du Comité des Travaux historiques et scientifiques*, Paris, S. 9–75.

Becker, Ilona (2007), Die Pferde aus dem sächsischen Gräberfeld Rullstorf (Ldkr. Lüneburg) – eine anatomisch-paläopathologische Untersuchung und ein Vergleich mit rezenten Pferdepopulationen, in: *Leipziger online-Beiträge zur Ur- u.Frühgesch. Arch. 27*, 03.03.2013, ONlBei27.pdf.

Benecke, Norbert (1994), *Der Mensch und seine Haustiere. Die Geschichte einer jahrtausendealten Beziehung*, Stuttgart.

Bivar, A. D. (1955), »The Stirrup and its Origin«, in: *Oriental Arts, New Series 1/2*, S. 61–65.

Brosien, Hermann (1885), *Karl der Große*. Leipzig, hier: Reprint-Ausgabe (2009), Holzminden.

Brunner, Heinrich (21928), *Deutsche Rechtsgeschichte*, hrsg.vom Frh. v. Schwerin, Leipzig.

Clark, John (Hrsg.) (1995), *The Mediaeval Horse and its Equipment c.1150-c.1450*, London.

Contamine, Philippe (1984), *War in the Middle Ages*, hrsg. v. Jones, Michael, Oxford.

Curta, Florin (2006), Merovingian and Carolingian Gift Giving, in: *Speculum, Vol. 81, No. 3*, S. 671–699, 03.03.2013, Medieval Academy of America, http://www.jstor.org/stable/20463826.

Davis, Ralph Henry Carlees (1989), *The Medieval Warhorse, Origin, Development and Redevelopment*, London.

Dinzelsbacher, Peter (Hrsg.) (2000), *Mensch und Tier in der Geschichte Europas*, Stuttgart.

Driesch, Angela von den/Peters, Joris/Storck, Marlies (1992): 7000 Jahre Nutztierhaltung in Bayern, in: *Bauern in Bayern. Von der Römerzeit bis zur Gegenwart, Ktlg. Gäubodenmuseum Straubing*, H. 19, Straubing.

Dümmler, Ernst (Hrsg.) (1872), De procinctu romanae militae, in: *Zeitschrift für dt.Altertum*, H.15, S. 443–451.

Fenske, Lutz (1997), Jagd und Jäger im früheren Mittelalter, in: Rösener, Werner (Hrsg.), *Jagd und höfische Kultur im Mittelalter*, Göttingen, S. 29–93.

Fleckenstein, Josef (1993), Maifeld, in: *LexMA*, 6, München.

Geppert, Pia/Eisgruber, Hartmut/Stolle, Andreas (1996), Schlachtung von Pferden in: *Entwicklung und gegenwärtiger Stand Fleischwirtschaft* Jg. 76, H. 12), S. 1291–1299.

Gladitz, Charles (1997), *Horse Breeding in the Medieval World*, Dublin.

Hack, Achim Thomas (2008), Karl der Große hoch zu Ross, Zur Geschichte einer (historisch falschen) Bildtradition, in: Gersmann, Gudrun (Hrsg),

Francia – Forschungen zur westeuropäischen Geschichte, Bd. 35, Ostfildern, 03.03.2013, hack_karl-der-grosse.pdf.

Häßler, Hans-Jürgen (1991), *Ur- und Frühgeschichte in Niedersachsen*, Stuttgart.

Heitt, Herbert James (1983), *The Horse in Mediaeval England*, London.

Hirschberg, Ruth Maria (2010), Haustiere im Mittelalter: Das Pferd – Streitross, Lasttier, Opfergabe, in: *Karfunkel – Zeitschrift für erlebbare Geschichte* 90, S. 100–106.

Hyland, Ann (1988), *The Endurance Horse. A World Survey from Ancient Civilisations to Modern Competition*, London.

Hyland, Ann (1999), *The Horse in the Middle Ages*, Gloucestershire.

Hyland, Ann (1994), *The Medieval Warhorse from Byzantium to the Crusades*, Gloucestershire.

Jarnut, Jörg (1985), Die frühmittelalterliche Jagd unter rechts- und sozialhistorischen Aspekten, in: *SETTIMANE* 1985, S. 765–808.

Kelenka, Pita (2009), *The Horse in Human History*, Cambridge.

Lehnart, Ulrich (1993), *Die Schlacht von Worringen 1288, Kriegsführung im Mittelalter*, Frankfurt am Main.

Lot, Ferdinand (21946), *L'Art militaire et les armées au moyen ageen Europe et dans la proche orient*, Paris.

Morillo, Stephen (1994), *Warfare under the Anglo-Norman Kings, 1066–1153*, Woodbridge.

Müller-Lhotska, Urs Alfred (1984), *Das Pferd in der Schweiz – Von der Prähistorie bis zum ausgehenden Mittelalter*, Zürich.

Nobis, Günter (1960), Das Hauspferd, in: Herre, Wolf (Hrsg.), *Die Haustiere von Haitabu und ihre Bedeutung. Die Ausgrabungen in Haitabu*, 3, Neumünster, S. 73–79.

Oman, Sir Charles William Chadwick (1953), *The Art of War in the Middle Ages: A.D. 378–1515*, New York.

Pausch, Jutta und Alfons (1988), *Kleine Weltgeschichte der Steuerzahler*, Köln.

Pearson, Kathy (1997), Nutrition and the Early-Medieval Diet, in: *Speculum* 72, H. 1 (Jan., 1997), S. 1–32, 03.03.2013, http://www.jstor.org/stable/2865862.

Rech, Manfred (2006), Pferd und Wagen im Frühen und Hohen Mittelalter, In: Rech, Manfred (Hrsg.), *Pferdeopfer – Reiterkrieger*, Bd. 4, Bonn, S. 171–216.

Riché, Pierre (32009), *Die Welt der Karolinger*, Stuttgart.

Schneider, Wolfgang Christian (1985), Animal Laborans. Das Arbeitstier und sein Einsatz in Transport und Verkehr der Spätantike und des frühen Mittelalters, in: *SETTIMANE* 1985, S.457–578.

Solheim, Svale (1961), Hestekamp, in: *KLNM* 6, S. 538–540.

Velthem, Lodewijk van (1979), *De Guldensporenslag*, hrsg. v. Waterschoot, Walter, Den Haag.

Verbruggen, Jean François (31967), L'armée at la stratégie de Charlemagne, in: Beumann, Helmut (Hrsg.), *Karl der Große. Lebenswerk und Nachleben*, Bd. 1, S. 420–436.

Verbruggen, Jean François (1997), *The Art of Warfare in Western Europe during the Middle Ages*, Woodbridge.

Vernam, Glenn (1964), *Man on Horseback*, New York.

Voisenet, Jacques (1994), *Bestiaire chrétien. L'imagerie animale des auteurs du Haut Moyen Age*, Toulouse.

Walser, Robert (2004), *Lasst uns ohne nachricht nit. Botenwesen und Informationsbeschaffung unter der Regierung des Markgrafen Albrecht Achilles von Brandenburg*, München.

Bedeutung des Pferdes für die landwirtschaftliche Struktur des Mittelalters

Jana Arloth

Einleitung

Mit dem Beginn der Pflugbewirtschaftung von Feldern im Zuge der Menschheitsgeschichte entwickelten sich ebenfalls Formen der Tierhaltung, die es dem Menschen ermöglichten, die Arbeitskraft der Tiere für die Feldbearbeitung zu nutzen. In Mesopotamien und Ägypten, den Siedlungsräumen von zwei der ältesten Kulturen der Welt also, wurden bereits zwischen dem ausgehenden vierten und der Mitte des dritten Jahrtausends v.Chr. Arbeitsgeräte erfunden, die ohne den Einsatz von Tieren nicht brauchbar gewesen wären. (Knittler 1999: 208) Gezogen wurden diese vorwiegend von Halbeseln – Kreuzungen aus Eseln und Onagern – und Rindern. Pferde, Esel, Maultiere und Kamele wurden erst später und in deutlich geringerem Maße eingesetzt. (Benecke 1994) Geographisch war der Einsatz von Rindern und Pferden vor dem Pflug im Norden durch die Taiga, die die klimatisch bedingte Anbaugrenze für Getreide darstellte, begrenzt. Im Süden bildete die nördliche Linie des Tropenwalds mit dem Habitat der Tsetsefliege die Grenze (Ebd.). Im Süden und Osten dieses Gebietes behielt das Rind die Monopolstellung als Zugtier. In der mittel-, west- und nordeuropäischen Zone aber wurden Pferde und Rinder teilweise gleichzeitig, zeitlich versetzt oder auch in gemischter Anspannung genutzt. Der Vorrang des Rindes als Zugtier auf den landwirtschaftlichen Feldern blieb jedoch auch in Mittel-, West- und Südeuropa noch lange bestehen und für den Ackerbau in römischer Zeit ist beinahe ausnahmslos das Rind als Zugtier belegt (Knittler 1999: 208).

Wendet man sich nun gedanklich dem Mittelalter zu, fällt jedem bei dem Stichwort »Pferd« zuerst das ritterliche Streitross ein. Doch eine gleichermaßen bedeutende Rolle fiel den Pferden im Alltag dieser Zeit zu – als Reitpferde, als Saumtiere beim Transport von Waren oder als

Zugtiere für die Beförderung von beispielsweise Baumaterial. Doch inwieweit betraf ihr Einsatz auch den mittelalterlichen Ackerbau in West- und Mitteleuropa? Welchen Einfluss hatte die Arbeitskraft der Pferde auf die mittelalterliche Landwirtschaft und ihre Struktur?

Um dieser Fragestellung auf den Grund zu gehen und unterschiedliche Entwicklungen leichter einordnen zu können, wird im vorliegenden Artikel eine zeitliche Einteilung vorgenommen, um Früh-, Hoch- und Spätmittelalter nacheinander zu betrachten.

Frühmittelalter (500 – 1050 n. Chr.)

Im frühmittelalterlichen Europa lebten die Menschen überwiegend von der Landwirtschaft. Ihr Alltag war von den Tieren, die mit ihnen lebten und deren Arbeitskraft sie nutzten, geprägt. Das bezeugen zum Beispiel Gesetzestexte, die sich auf alltägliche Konfliktsituationen beziehen, wie der folgende Passus aus den Germanenrechten zeigt: »Wälzt sich ein Pferd, wühlt ein Schwein auf einem bestandenen Acker, vergelte man dafür gleiche Frucht, wie darauf gesät ist, einen Scheffel für jedes dritte Wälzen oder jedes dritte Wühlen« (Dinzelsbacher 2000: 195).

In dieser Zeit wurden fast ausschließlich Rinder als Zugtiere vor Pflügen, Wagen und Fuhrwerken eingesetzt. Da sie jedoch nur langsam vorankamen, wurden im Transportwesen, wo Geschwindigkeit eine Rolle spielte, Packpferde verwendet (Hyland 1999: 39). Was landwirtschaftliche Arbeit betrifft, wird angenommen, dass Eggen zum Teil schon von Pferden gezogen wurden (Dinzelsbacher 2000: 194). Aber in der *Capitulare de villis*, einer Landgüterverordnung, die Karl der Große (747/48–814) als detaillierte Anweisung zur Verwaltung seiner Krongüter erließ und die eine Vielzahl von landwirtschaftlichen Bereichen abdeckt, werden an keiner Stelle Pferde erwähnt, die entweder für Zugzwecke gezüchtet oder für die landwirtschaftliche Nutzung gebraucht wurden. Wie in der römischen Antike standen Pferde damit im Vergleich zu den Arbeitsleistungen, die Ochsen in der Landwirtschaft dieser Zeit erbrachten, erheblich zurück (Knittler 1999: 210). Das beruhte auf der Tatsache, dass Pferde weitaus höhere Ansprüche an Pflege und Futter haben als Rinder und anfälliger für Krankheiten sind. Ein weiterer Grund war das direkte Konkurrenzverhältnis, das in Hinsicht auf den

Bedarf an Getreide für die Ernährung zwischen Menschen und Pferden bestand (Ebd.).

Zudem schränkten zu Beginn des Frühmittelalters noch technische Hindernisse mit Blick auf die Anschirrungsmethoden den Arbeitseinsatz des Pferdes ein (Schneider 1985: 533). Die gebräuchlichsten Anspannungen waren das Joch, der Halsriemen und Brustgurte. Durch diese konnte die Zugleistung des Pferdes jedoch nur zu einem geringen Prozentsatz genutzt werden. Außerdem verursachten sie den Tieren Schmerzen und beeinträchtigten ihre Atmung. Wie unzureichend diese Anspannungsmöglichkeiten waren, zeigt ein frühmittelalterlicher norwegischer Gesetzestext, der sich auf den Fall bezog, dass ein Tier durch ein Holzgeschirr erstickte (Salibury 1994: 20).

Doch in der zweiten Hälfte des Frühmittelalters waren Veränderungen spürbar, die allmählich auch den Anstieg der Nutzung von Pferden in der Landwirtschaft nach sich zogen. Diese neuen Entwicklungen und Erfindungen im landwirtschaftlichen Bereich hatten ihre Wurzeln im frühen Mittelalter und werden in der Forschung oft als »frühmittelalterliche Agrarrevolution« bezeichnet. Ihre Verbreitung vollzog sich dennoch über einen langen Zeitraum und mit unterschiedlicher Ausprägung und Geschwindigkeit in den verschiedenen Teilen Europas – je nach klimatischen und geographischen Gegebenheiten, sodass diese Neuerungen regional bereits Ende des Frühmittelalters Früchte trugen, jedoch erst im Hochmittelalter zu voller Entfaltung gelangten.

Eine dieser Innovationen, die sich in den folgenden Jahrhunderten nach und nach ausbreiten sollte, war die Einführung der rotierenden Bodennutzung, der Dreifelderwirtschaft (Rösener 1985: 33 und 55–57). Durch die wechselweise Aufeinanderfolge von Herbst- und Frühjahrssaat auf je zwei Dritteln des Feldes und Brachen auf dem verbleibenden Teil des Bodens wurde die gleichzeitige Bodennutzung für Ackerbau, Weideland oder Heugewinnung bewerkstelligt, wobei letzteres wiederum das Aufstallen von Pferden (und Rindern) im Winter ermöglichte. Die karolingische Wirtschaft, die auf der Landwirtschaft basierte, begann sich im 8. Jahrhundert somit langsam von der Zweifelderwirtschaft, die den Boden schnell erschöpfte und damit immer neue Rodungen erforderte, zu lösen, was letztlich eine qualitative und quantitative Verbesserung der Ernährungssituation für die Menschen und Tiere mit sich brachte.

Damit einher ging ein grundlegender Strukturwandel im Anbau von Getreide (Rösch 1998: 4). Der Anbau von Hafer (und Roggen) wurde vor allem nördlich der Alpen zunehmend intensiviert, während die Bedeutung von Emmer, Einkorn und Gerste nachließ (Mitterauer 2000: 423–425). Für den Aufschwung der Pferdehaltung war das insofern wichtig, dass der höhere Ernteertrag an Hafer ein Mehr an Kraftfutter für die Pferde bedeutete (Clutton-Brock 1992: 154). Allerdings wurde dieses vor allem zur Versorgung für die steigende Anzahl der Pferde, die im Heerwesen eingesetzt wurden, benötigt, dessen Entwicklung im frühen Mittelalter durch das Aufkommen der karolingischen Panzerreiter charakterisiert ist (Mitterauer 2000: 430). Die Entstehung dieser Reiterei und der Wandel der Militärverfassung im Fränkischen Reich war folglich eng an landwirtschaftliche Entwicklungen geknüpft, von denen eine die aufblühende Pferdezucht und -haltung unter Karl dem Großen war.

Im Vergleich zur steigenden Anzahl der für Aufgaben im Heereswesen vorgesehenen Pferde, blieb ihre Zahl mit Blick auf den Einsatz bei landwirtschaftlichen Arbeiten im Frühmittelalter allerdings weiterhin verhältnismäßig gering.

Hochmittelalter (1050 – 1250 n. Chr.)

Im Hochmittelalter gelangten die zuvor begonnenen agrarwirtschaftlichen Neuerungen zu voller Blüte. Vor allem zwischen dem ausgehenden 11. und dem Beginn des 13. Jahrhunderts intensivierte und beschleunigte sich der Wandel hinsichtlich des Einsatzes der Arbeitskraft von Pferden und der Nutzung von Ochsen in der Landwirtschaft. Die langsamen Rinder wurden zunehmend durch die schnelleren, ausdauernderen und zuverlässigeren Pferde ersetzt. Der Gebrauch einer neuen Anschirrungsmethode, namentlich des Kummets – speziell im nördlichen Europa – war Voraussetzung für diese Veränderung. Dieses ruhte – anders als das bisher übliche Joch oder die Halsgurte – auf den Schultern der Tiere, wodurch nicht mehr die Gefahr des Würgens oder Verletzens bestand. Zudem erlaubte seine Schulterlage den Pferden einen effektiveren Krafteinsatz, was in der effizienteren Nutzung ihrer Zug- und Arbeitskraft resultierte. Die Verwendung des Kummets ermöglichte das Anspannen von Pferden vor schwere Pflüge und Schwerfuhrwerke (Knittler 1999: 207 und 212), denn es steigerte die Arbeitskraft der Tiere um das Vier- bis Fünffache (Hewitt 1983: 52; Hyland 1999: 39; White: 1962). Außerdem erlaubte sie ihnen rückwärts zu gehen und bergab eine gewisse Bremskraft einzusetzen (Hyland 1999: 39). Obwohl das Kummet in Europa bereits früher belegt ist, begann es wohl (gemeinsam mit dem Sielengeschirr) erst in der zweiten Hälfte des ersten Jahrtausends Jochgabel und Halsriemen abzulösen, um sie im Hochmittelalter als Anspannungsart für Pferde gänzlich zu verdrängen (Als eine der ersten Darstellungen eines Kummets gilt eine Abbildung in der »Trierer Apokalypse«, die um 800 entstand. Das Gleiche gilt für die Sielenanspannung auf dem »Osebergteppich« aus dem 9. Jahrhundert). Die Kummetanschirrung wurde anfangs jedoch hauptsächlich für die Beförderung von Personen und Lasten genutzt, bevor sie in der Landwirtschaft und speziell für Ackergeräte zum Einsatz kam (Knittler 1999: 212). Wahrscheinlich ist, dass das Pferd auch als Zugtier vor allem dort schnellere Verbreitung fand, wo Geschwindigkeit eine Rolle spielte. Denn durch seine Schnelligkeit war die Arbeitsleistung des Pferdes etwa um die Hälfte größer als die der Rinder (Ebd. 213–214). Während die Pferde zunächst vor die verschiedenen für Handel und Marktverkehr genutzten Wagentypen gespannt wurden, könnte der Ackerwagen den Übergang zu den landwirtschaftlichen Gerätschaften geebnet haben (Bentzien 1980: 48). John Langdon beschreibt, dass es beispielsweise in England bereits zu Beginn des 12. Jahrhunderts erste Anzeichen dafür gab, dass Pferde die Ochsen als Zugtiere vor Wagen verdrängen würden. Zwischen 1150 und 1250 wurde dieser Wechsel immanent, sodass Pferde spätestens in der zweiten Hälfte des 13. Jahrhunderts über drei Viertel der gesamten Zugarbeit vor Wagen auf Kleinbauernhöfen und auf großen Besitztümern ausübten (Langdon 1989).

Sicher ist, dass die Pferde zeitlich gesehen viel früher zum Eggen herangezogen wurden als zum Pflügen, da das Eggen, zum Zerkleinern der Schollen und zum Abdecken der Einsaat mit Erde, ein höheres Arbeitstempo verlangte. Für England ist durch das Domesday-Book von 1086 belegt, dass zu dieser Zeit das Eggen den Pferden oblag, das Pflügen und das Ziehen von Wagen aber den Ochsen (Langdon 1986: 31–32).

Interessant ist auch, dass bereits für Mitte des 12. Jahrhunderts die klösterliche Zucht von Arbeitspferden als einträgliches Geschäft belegt ist. Bei den Zisterziensern wurden in dieser Zeit schon Regeln für den

Pferdehandel festgeschrieben, denn dieser drohte offenbar, aus dem Ruder zu laufen. So wurde beispielsweise bestimmt, dass der Verkauf eines Pferdes nur innerhalb des Klosterbezirks oder der Grenzen der Ackerhöfe stattzufinden habe und ein Fohlen erst verkauft werden solle, wenn es bereits vier Zähne gewechselt hätte (Thompson 1920: 84–85). Für die verkauften Pferde solle vertraglich festgelegt werden, dass sie zu »Nutzthieren, nicht zu Rennern, Ritterpferden oder Prachtrossen verwendet werden« (Winter 1868: 113).

Der verstärkte Einsatz und die dadurch bedingte zahlenmäßige Zunahme der Pferde führte zu einem erhöhten Anbau von Hafer, was im Hochmittelalter wiederum der weiteren sukzessiven Ausbreitung der Dreifelderwirtschaft und der Erweiterung der agrarischen Nutzflächen zugutekam. Dass die Möglichkeit der Kultivierung höherwertiger Getreidesorten, wie Hafer, eine Voraussetzung für die expandierende Nutzung von Pferden war, zeigt ein Blick in Richtung der Mittelmeerregion. Dort war es aufgrund des fehlenden Sommerregens schwer, entsprechende Getreidesorten anzubauen, weshalb weiterhin Esel, Maultiere oder seltener Maulesel, die ihrem Futter gegenüber anspruchsloser sind, für die Arbeit herangezogen wurden (Knittler 1999: 216).

Eine weitere Rolle für die hochmittelalterliche Verbreitung des Zugpferdes in der Landwirtschaft spielten technische Veränderungen von Ackergeräten (Hägermann/Schneider 1991: 380–392 u. a.). Hier begannen die teilweise aus Eisen bestehenden Beetpflüge, die häufig mit einem Radvorgestell versehen waren und daher oft als Räderpflüge bezeichnet werden, die einfachen, antiken Hakenpflüge aus Holz zu ersetzen. Sie erwiesen sich in den schweren, nassen Böden Nord- und Mitteleuropas als wesentlich effektiver, hatten aber ein vergleichsweise hohes Eigengewicht, sodass ihr Einsatz tierischer Zugkraft bedurfte, aber gleichzeitig dazu befähigte, die Effektivität zu steigern und eine große Arbeitsersparnis zu gewährleisten. Auch der Räder-/Beetpflug wurde bereits teilweise unter der Herrschaft der Karolinger eingesetzt, aber er wurde in dieser Zeit noch von Ochsen gezogen, so wie es für Landarbeit und Transport üblich war, denn die Pferde dienten fast ausschließlich als Reit- und Streitpferde des Adels und im Heer. Die Kraft der Ochsen reichte jedoch für die effektivste Ausnutzung des schweren Beetpflugs, der teilweise von sechs bis acht Ochsen gezogen wurde, nicht aus. Erst durch den Einsatz der Pferde und deren Anspannung mit dem Kummet war dies möglich (Knittler 1999: 218).

Der Wechsel vom Ochsen zum Pferd als agrarisch eingesetztem Zugtier vor dem Pflug war ein langer und je nach Region sehr unterschiedlich verlaufender Prozess. Teilweise wurden sie gemeinsam in »gemischten Teams« angespannt (Hyland 1999: 42; Langdon 1986: 53). John Langdon beschreibt z. B. für England, dass Zugpferde die Rinder ab dem 12. Jahrhundert zunehmend ersetzten – wobei dieser Wechsel kein vollständiger war. In der ersten Hälfte des 12. Jahrhunderts wurden die Pferde sehr häufig noch gemeinsam mit Ochsen zum Pflügen angespannt. Rein aus Pferden bestehende Pflugkombinationen wurden erst später vor allem aber auf Kleinbauernhöfen und weniger auf herrschaftlichen Anwesen eingesetzt (Langdon 1984: 37–66, besonders 46). Ein gänzlich von Pferden gezogener Pflug ist in Frankreich für das Jahr 1260 belegt, wo dem Erzbischof von Rouen bei einem Ausritt am Tag des Apostels und Evangelisten Matthäus eben diese Pflüger mit ihren Pferden ins Auge fielen, »wherefore he caused the horses to be brought to Meulan, seeing that they (the ploghmen) presumed irreverently to labour on the day of so great a saint« (Coulton 1960: 256–257, zit. nach Hyland 1999: 42). In Meulan mussten die Pflüger für die Bußzahlungen Bürgen finden, die der Erzbischof ihnen dafür auferlegte, dass sie mit ihren Pferden an einem Feiertag gearbeitet hatten (Ebd.).

Bisher deutlich geworden ist also, dass bereits am Ende des 1. Jahrtausends n. Chr. Pferde vermehrt als Zugtiere vor Wagen, Fuhrwerk, Egge und Pflug in der landwirtschaftlichen Arbeit eingesetzt wurden (Langdon 1984: 40). Der Egger »hercarius« ist in vielen Dokumenten genannt und Pack- und Wagenpferde trugen Waren auf die Märkte, Dünger und Saat auf das Feld oder Korn zu den Mühlen, die teilweise selbst von Pferden angetrieben wurden (Hyland 1999: 44). Das Pferd behauptete sich als Arbeitstier in der Landwirtschaft zum Ziehen von Wagen und Egge früher als vor dem Pflug, und es wurden, abhängig von den jeweiligen örtlichen Gegebenheiten sowie je nach Region, weiterhin sowohl Ochsen und Pferden als auch Haken und Pflug in der landwirtschaftlichen Arbeit eingesetzt. So bearbeiteten in Mecklenburg beispielsweise bis ins 18. Jahrhundert hinein Ochsen nur vor dem Hakenpflug die Felder während Pferde ausschließlich vor den Beetpflug gespannt wurden (Bentzien 1964: 21). Anhand einer Studie der englischen Verhältnisse im Mittelalter hat John Langdon anschaulich nachgewiesen, dass Faktoren wie Bodenqualität, Relief, Klima, das Angebot an Futter, Produktions- und Marktverhältnisse, Ausdehnung und Größe des

Grundbesitzes oder Anwesens, die Herrschaftsstruktur oder psychologische Gründe, wie Traditionalismus, Einfluss auf den Einsatz von Ochsen oder/und Pferden sowie die Art ihrer Anspannung hatten, ohne dass es dabei möglich wäre, eine genaue Wertigkeit zu ermitteln (Langdon 1984: 37–66). So wenig linear die Entwicklung des vielfältigeren und stärkeren Einspannens von Pferden in der Landwirtschaft auch verlief – feststellbar ist, dass dieser vermehrte Einsatz und der technische Fortschritt mit moderneren landwirtschaftlichen Geräten und der fundamentalen Verbesserung in der Pferdetraktion, die neben der Herstellung von besserem Geschirr auch die zunehmende Nutzung von Hufeisen beinhaltete, einander wohl wechselseitig bedingten (Knittler 1999: 218). Das entscheidende Resultat dieser Entwicklungen war die gesteigerte Leistung der Pferde, eine größere Effektivität der Pferdezugarbeit und damit die Beschleunigung der Feldarbeit (White 1962: 57–69; White 1971: 151).

Wurde ursprünglich davon ausgegangen, dass zwei Pferde gemeinsam wenig mehr als eine halbe Tonne ziehen würden (Leighton 1972: 72; Burford 1960: 4–5), vergrößerte sich diese Gewichtsangabe über das Hochmittelalter hinaus, sodass im 14. Jahrhundert von einem Maximalgewicht von über einer Tonne gesprochen wurde, die ein einzelnes Pferd allein bewegen konnte (Langdon 1984: 40).

Die Pferde trugen mit ihrer erbrachten Arbeitsleistung zu Veränderungen und zum Fortschritt in der mittelalterlichen Landwirtschaft bei. Neben vielen anderen wesentlichen Einflüssen, wie der Einführung der Dreifelderwirtschaft und technischen Verbesserungen landwirtschaftlicher Gerätschaften, waren sie ein bedeutender Faktor dafür, dass der Prozess der »mittelalterlichen Agrarrevolution«, der im Frühmittelalter begonnen hatte, im Hochmittelalter sein volles Ausmaß erreichen konnte – ein Ausmaß, das weit über den Bereich der Landwirtschaft hinausging, gesellschaftliche Verhältnisse veränderte und bis ins Spätmittelalter gesellschaftliche Entwicklungen beeinflusste (Diamond 1998). Da jeder Versuch einer detaillierteren Erklärung dieser hochkomplexen gesellschaftlichen Umgestaltung an dieser Stelle den Rahmen des vorliegenden Aufsatzes sprengen würde, seien an dieser Stelle nur erinnernd einzelne wesentliche Stichpunkte genannt: das Anwachsen der Bevölkerung (für West- und Mitteleuropa wird für die Zeit von 650 bis 1000 ein Wachstum von 5 Millionen auf 12 Millionen angenommen, bis 1340 sogar auf 35,5., vgl. Russel: 1983: 21), eine erstmalige Überproduktion landwirtschaftlicher Erzeugnisse, eine sich ausbildende spezifische Gewerbeentwicklung und eine zunehmende Ausdifferenzierung der Handwerkerberufe, das Entstehen von Städten, deren Bewohner von dem Mehr an in der Landwirtschaft erzeugten Produkten lebten und dadurch Handel und Geldwirtschaft förderten. All dies führte letztlich zur vollen Entfaltung des Feudalsystems und kann als entscheidende Voraussetzung für die kulturelle Blüte West- und Mitteleuropas im Spätmittelalter betrachtet werden.

Spätmittelalter (1250–1500)

Für das Spätmittelalter ist hinsichtlich der Wahl der Arbeitstiere in der Landwirtschaft eine deutliche Tendenz in Richtung Pferd zu erkennen (Dinzelbacher 2000: 194). Die rasche Verbreitung der Anspannung von Pferden ist für das 13. Jahrhundert anhand schriftlicher Quellen belegbar. In England erhöhte sich die Anzahl der Pferde sukzessive bald schon auf die Hälfte aller Zugtiere. Ähnlich sah es in Irland, Nordfrankreich und im norddeutschen Flachland aus, wo die Pferdegespanne die bisher zahlreichen Ochsenzüge fast gänzlich ersetzten (Knittler 1993: 1; Langdon 1986; Hägermann 1993: 2030; Knittler 1999: 214). Trotzdem blieben im spätmittelalterlichen Europa regionale Unterschiede bezüglich des Einsatzes von Ochsen oder Pferden bestehen. Im süddeutschen Gebiet wurde, so ist im Sachsenspiegel aus dem 13. Jahrhundert zu lesen, weiterhin mit Rindern gearbeitet, während im Südosten von Sachsen Ackerpferde (*veltperde*) und Zugochsen (*tochossen*) nebeneinander angespannt wurden (Bentzien 1980: 83). Im 14. und 15. Jahrhundert hatte sich, mit einigen regionalen Ausnahmen, nördlich der Alpen das Pferd als Pflugtier durchgesetzt, während im südalpinen Raum aufgrund der für den Haferanbau wenig geeigneten Böden weiterhin Ochsen dominierten oder, wie im nördlichen Italien, teilweise gemischte Gespanne eingesetzt wurden (Castelnuovo 1986: 170–171 und 182–183).

Detailliertere Angaben liegen aufgrund der Studien von John Langdon und Ann Hyland für das spätmittelalterliche England vor. Ende des 13. Jahrhunderts hatte sich auf den großen englischen Gütern ebenso wie auf Kleinbauernhöfen das Anspannen von Pferden zu einem wichtigen Aspekt des Transportwesens entwickelt und ersetzte einen großen

Teil des vorher mit Packpferden erledigten Warentransports. Auf den großen Anwesen wurden in der zweiten Hälfte des 13. Jahrhunderts mindestens drei Viertel dieser Zugarbeit von Pferden geleistet (Langdon 1984: 58–59; Langdon 1982: 148 und 286), was die Anzahl der Pferde ansteigen ließ, obwohl ihre Haltung teurer war als die von Ochsen. Auf Gutsherrschaften beispielsweise kostete es durchschnittlich fast 24 Schilling pro Jahr ein Zugpferd zu halten, die Haltung eines Ochsen dagegen nur 7 Schilling (Langdon 1982: 37; Langdon 1984: 62). Pferde waren jedoch viel flexibler einsetzbar, und konnten nicht nur vor Wagen oder Kutschen gespannt, sondern auch zum Ernten, Eggen, Pflügen, Reiten und als Packtiere genutzt werden. Insbesondere für die weniger begüterten englischen Kleinbauern war das außerordentlich zweckdienlich (Langdon 1982: 40). Viel wichtiger aber war, dass mit Hilfe der Wagenpferde weiter entfernt liegende Märkte einfacher und schneller erreichbar waren. Die Pferde legten eine Strecke doppelt so schnell zurück wie Ochsen, sodass zum einen Zeit gespart wurde und zum anderen auch weiter entfernte Ziele erreicht werden konnten.

Bezüglich des Einsatzes der Pferde auf dem Feld war abgesehen vom schnelleren Vorwärtskommen ebenso von Vorteil, dass im Gegensatz zu Rindern ein einzelnes Pferd angespannt (und gehalten) werden konnte, was zwar nicht die Produktion steigerte, aber eine Kostenreduzierung bedeutete. Die Tiere hatten beim Eggen und Pflügen zudem einen kleineren Wendekreis, was die Bearbeitung von kleineren Feldstücken ermöglichte. Sie ließen sich besser als Ochsen von einem Mann allein lenken und auf dem Weg zu weiter abgelegenen Feldern konnten sie geritten werden. Die Pferde waren arbeitswilliger, ausdauernder und zuverlässiger (Langdon 1982: 40). Wenn Ochsen die Arbeit schon lange verweigerten, indem sie stehen blieben oder sich einfach hinlegten, weil ihnen zu viel abverlangt wurde, arbeiteten die Pferde noch weiter. Zudem relativierte sich der Kostenunterschied zwischen Ochsen und Pferden, wenn letztere von Gras leben konnten und wenig Kraftfutter zugefüttert werden musste, was auf Kleinbauernfarmen häufig der Fall war, da die Pferde hier weniger beansprucht wurden als auf großen Gutshöfen (Langdon 1989). Wenn Pferde beispielsweise fast ausschließlich als Pflugpferde eingesetzt wurden, verbrauchten sie dreimal weniger Hafer im Jahr als Wagenpferde, da nicht das gesamte Jahr über gepflügt wurde und sie in der restlichen Zeit des Jahres nur hin und wieder leichte Arbeiten verrichten mussten. Das war auf Kleinbauernfarmen durchaus üblich und so hatten die Kleinbauernpferde wohl teilweise ein etwas leichteres Leben als die Arbeitspferde auf den Gutsherrschaften, wodurch erstere weniger Futter benötigten, somit also ihre Unterhaltskosten gesenkt wurden (Langdon 1982: 33 und 38).

Darüber hinaus waren Pferde in ihrer Anschaffung nicht zwingend teurer als Rinder, denn während Ochsen als Fleischlieferanten ihren Verkaufswert behielten, verloren Pferde diesen sukzessive je älter sie wurden. Wem also das nötige Kleingeld für den Kauf eines jungen Pferdes fehlte, erwarb eine ältere Stute oder einen älteren Wallach, die preiswerter zu erstehen waren und trotzdem noch die für sie vorgesehenen Arbeiten vor Wagen, Pflug oder Egge verrichten konnten (Langdon 1982: 40; Farmer 1991: 457).

Für englische Gutsherrschaften und herrschaftliche Anwesen war es Mitte des 13. Jahrhunderts üblich, eine stattliche Anzahl von Arbeitspferden zu beschäftigen. So besaßen um 1240 die Gutshöfe Thurgarton, Hoveton und Ludham im Osten Norfolks, die zum St. Benet‘s Abbeys gehörten, je fünf, sechs und acht Pferde. Ende des 13. Jahrhunderts gab es in dieser Gegend fast keine Gutsherrschaft mehr, die nicht wenigstens zwei Pferde besaß (Campbell 1983: 36). Zu der Arbeit, die Pferde auf herrschaftlichen Anwesen in Wales zu verrichten hatten, sind Aufzeichnungen von 1282 aus der Bauzeit von Rhuddlan Castle (um 1277), zeitweise königliche Residenz, aufschlussreich. Für die Beförderung des Reisegepäcks der königlichen Familie ebenso wie für den Transport von Luxusartikeln wie Mandeln, Kerzenwachs, Feigen und Rosinen oder Baumaterial, Proviant sowie militärischer Ausrüstung wurden Gespanne von zwei bis fünf Pferden verwendet, wobei Dreier- und Zweiergespanne am häufigsten waren. Ein Bäckermeister namens Huddle nutzte Dreiergespanne, um enorme Mengen an Weizen und Mehl zu transportieren (Hyland 1999: 45–46). Die meiste Zeit waren die Pferde jedoch mit Heutransporten beschäftigt (Lysons 1812: 32–89). Das heißt, dass sie wohl vorzugsweise als Wagenpferde eingesetzt wurden. Die Feldarbeit wurde gerade auf großen Anwesen auch weiter mit Ochsen oder gemischten Gespannen erledigt (Campbell 1983: 52). Denn deren Gebrauch hatte nicht nur Nachteile gegenüber dem Einsatz von Pferden. Der Engländer Walter of Henley befürwortete im 13. Jahrhundert die Arbeit mit Rindern, weil das Fleisch des Ochsen, der nach Beendigung seines Arbeitslebens einen Sommer auf der Weide stand, zu gutem Preis verkauft werden konnte. Außerdem war nach seiner Rechnung das Futter für die Ochsen preiswerter. Sie wurden, ebenso wie die Pferde, zwischen 18. Oktober (St. Lukastag) und 3. Mai (Heiligkreuztag) im Stall mit Winterfutter versorgt, während sie den Rest des Jahres entweder auf der Weide verbrachten oder frisch gehauenes Gras gefüttert bekamen. Das Winterfutter für die Rinder kostete seiner Aussage nach nur ca. ein Drittel des Pferdefutters, da Pferde Hafer und Ochsen nur Haferstroh (mit einigen darin verbliebenen Haferkörnern) erhielten (Lamond 1890: 11–13). Neben Heu und Hafer wurde den Pferden im 14. Jahrhundert auch Bohnen, Erbsen und Stroh angeboten (Davis 1989: 43–44).

Wenn nun aber Arbeitspferde angeschafft würden, so riet Walter of Henley, tragende Stuten zu kaufen, deren Fohlen zusätzlich Gewinn brächten. Die jungen Pferde könnten preiswert aufgezogen werden, während die älteren Pferde wieder verkauft werden sollten, bevor sie zu alt seien (Lamond 1890: 23). Da sich diese Beschreibung wohl eher an einem herrschaftlichen Gutshof orientierte, kann davon ausgegangen werden, dass nicht jedem Ackerpferd das oben erwähnte Maß an Hafer zustand. Viele der alten, ausgezehrten Egg- und Pflugpferde mittelloser Kleinbauern wurden eher schlecht gefüttert und mussten sicher mit einer kleineren Menge an qualitativ minderwertigerem Futter auskommen (Langdon 1982: 250; Davis 1989: 43). Je weniger die Menschen selber zu essen hatten, desto mehr mussten auch die Pferde Hunger leiden – das entsprach in wirtschaftlich schlechten Zeiten, wie dem 14. Jahrhundert, wohl eher dem Alltag der weniger betuchten Bevölkerungsschichten.

Das Stichwort »wenig betucht« gibt uns Gelegenheit, noch einmal auf den Verkaufspreis von Ackerpferden zurückzukommen. Wie oben bereits erwähnt konnten auch verhältnismäßig gering begüterte Bauern sich diese leisten; sie mussten demnach erschwinglich gewesen sein. Im Vergleich zu anderen Pferden kosteten landwirtschaftlich genutzte Tiere tatsächlich bedeutend weniger. Hinsichtlich des englischen Raums hat Ralph Henry Davis für die Zeit zwischen 1250 und 1350 einige Preisangaben aus unterschiedlichen Quellen zusammengestellt, die recht aufschlussreich und in ihrem Verhältnis in ähnlicher Form sicher auf Mittel- und Westeuropa übertragbar sind. Während die edlen Herren für ein Streitross (*dextrarius*) zwischen 50 und 100 Pfund Sterling (teilweise noch mehr), für ein Ritterpferd (*runcinus*) etwa 5 Pfund bis 10 Pfund und für ein gutes Reit- (*palfridus*) oder Jagdpferd (*cursarius/fugator*) 10 bis 50 Pfund zahlen mussten, hatte der Kleinbauer für ein gutes Packpferd (*summarius)* lediglich sieben oder acht Schilling, für ein Ackerpferd aber nur zwei Schilling und sechs Pence (Denarii) aufzubringen (Davis 1989: 67). Ein Pfund Sterling entsprach damals ca. 20 Schilling, also240 Pence. In einem Vergleich, den D.L. Farmer zu Viehpreisen von 1300 bis 1500 angestellt hat, ist ersichtlich, dass Pflugpferde wenigstens in England immer preiswerter waren als Wagenpferde, zeitweise sogar preisgünstiger als Ochsen. Sowohl die Preise für Wagen- als auch Pflugpferde, die er auflistet, liegen jedoch ausnahmslos höher als die von Davis angegebenen Zahlen. Zwischen 1300 und 1310 beispielsweise belief sich der Kaufpreis für ein Pflugpferd auf elf Schilling 56 Denarii und für ein Zugpferd auf 19 Schilling 75 Denarii (Farmer 1991: 457).

Doch wie hoch die Verkaufspreise für Arbeits- und Ackerpferde auch immer lagen, der Bedarf an diesen Pferden war im Spätmittelalter stark gestiegen. Dass dies nicht nur für England galt, sondern ebenso für andere Teile Europas, macht spätestens die ab 1400 einsetzende Entstehung sogenannter »Ackergestüte« im Gebiet des Deutschen Ordens in Ostpreußen deutlich. Hier wurden, völlig unabhängig von den Ritterpferden, Tiere des alten preußischen Landschlags für den Einsatz als Gebrauchspferde u.a. für die Landwirtschaft gezüchtet. Durch das aufkeimende Interesse an der Zucht landwirtschaftlicher Gebrauchspferde begannen sich regional auch relativ einheitliche Landpferdeschläge herauszubilden.

Doch obwohl die Anzahl und das Angebot an Pferden wuchsen, war es nicht jedermann erlaubt, ein solches zu besitzen. Denn es gab auf der lokalen Ebene landesherrliche Bestimmungen, wie viele Pferde einem Bauern zu halten erlaubt waren. Das ist beispielsweise für das Jahr 1478 mit Blick auf die Verhältnisse in Bayern überliefert. Hier regelte ein fürstliches Landgebot für das bayrische Herzogtum, dass einem ganzen Hof drei bis fünf Pferde, einem halben Hof (Hube) zwei und einem Viertelhof (Lehen) nur ein »Ross« gestattet war. Es war den Bauern folglich verboten, mehr als fünf Pferde zu halten. Gütlern, Söldnern und Häuslern war die Haltung von Pferden generell verwehrt. Diese Anordnung wurde aufgrund des hohen Haferverbrauchs für die Fütterung der Pferde, durch die der einfachen Bevölkerung eines ihrer Grundnahrungsmittel streitig gemacht wurde, erlassen. Derartige Regelungen sorgten dafür, dass das Pferd zunehmend als wertvolles Prestigeobjekt der Bauern angesehen wurde (Heimrath 1993: 14). Dass folglich im 14. Jahrhundert zumindest den Wagenpferden ein bestimmter Wert zugemessen wurde, den es zu schützen galt, zeigt eine Textstelle im *Senechaucie*, der Abhandlung eines heute unbekannten Autors:

> »The wagoner ought to know his trade, to keep the horses and curry them, and to load and carry without danger to his horses, that they may not be overloaded or overworked, or overdriven, or hurt, [...]. And the bailiff and provost ought to see and know how many times the wagoners can go in a day to carry marl or manure, or hay or corn, or timber or firewood, without great stress [...]. No wagoner shall cause a carthorse or aver to be flayn without inspection and the command of his superior, until it be known why and for what default it died, [...]. And no wagoner shall carry fire or candle into the stables, unless the candle be in a lantern, and this for great need, and then it must be carried and watched by another than himself. Each wagoner shall sleep every night with his horses and keep such guard as he shall wish to answer for without damage.« (Lamond 1890: 111)

Es lässt sich sicher darüber streiten, was dieser Passus über die Beziehung zwischen den miteinander arbeitenden Pferden und Menschen aussagt: Lässt er lediglich erkennen, dass Arbeitspferde einen wirtschaftlichen Wert für ihre Halter darstellten, den die Kutscher unter allen Umständen zu bewahren hatten? Oder zeigt er auf, dass zumindest bei einigen Menschen der damaligen Zeit ein Bewusstsein dafür existierte, dass diejenigen, die mit den Pferden arbeiteten, ihnen gegenüber eine gewisse Verantwortung und Pflichten besaßen? Die Zeilen scheinen Letzteres anklingen zu lassen, das Urteil darüber sei jedoch in letzter Instanz dem Leser überlassen.

Zusammenfassung

Neben ihrem Einsatz als Reit-, Jagd-, Streitpferde, transportierten Pferde im Mittelalter Gepäck, Waren und landwirtschaftliche Erzeugnisse. Sie zogen Karren, Fuhrwerke und Kutschen und wurden vor Eggen und Pflüge gespannt, um die Felder zu bearbeiten. Sie drehten Mühlräder, rückten Holz und droschen Getreide. Die Pferde teilten das harte Leben der unfreien, grundhörigen oder leibeigenen Bauern, der Pferdeknechte, der Kutscher, der Kleinbauernfamilien, kurz: der Menschen, mit denen sie arbeiteten. Und sie nahmen diesen Menschen durch ihre Arbeitsleistung vor Pflug, Egge und Wagen einen großen Teil ihres schweren landwirtschaftlichen Tagewerks ab. Eben diese Arbeit der Pferde in der Landwirtschaft war jedoch zu profan, ihr alltägliches Leben zu belanglos, als dass es als wert empfunden wurde, davon zu berichten. Und so finden wir heute nur einen Flickenteppich an Informationen vor, dessen Teile es zusammenzusetzen gilt, um einen Eindruck davon zu erhalten, wie die Pferde damals im Feldbau eingesetzt wurden und welchen Einfluss dieser Einsatz auf die Landwirtschaft hatte.

Dabei wird einmal mehr deutlich, dass die damalige Gesellschaft – ebenso wie unsere heutige – nicht nur aus Menschen und ihrer Arbeit, ihren Anstrengungen und Aktivitäten bestand. Die Tiere, in unserem Fall die Pferde, waren unweigerlich und untrennbar in eine Vielzahl gesellschaftlicher Abläufe und Entwicklungen involviert und so wurden auch landwirtschaftliche Prozesse sowie Strukturen von ihrem Einsatz als Arbeitstiere beeinflusst. Ob der vermehrte Gebrauch von Pferden in der mittelalterlichen Landwirtschaft jedoch revolutionäre Züge bezüglich der weiteren gesellschaftlichen Entwicklung hatte, ist viel diskutiert und bisher nicht einheitlich beantwortet worden. Feststellen lässt sich jedoch, dass die Anspannung von Pferden, die mit einer Widerristhöhe von um die 125/130 bis 145 Zentimeter und einem Gewicht von 250 bis 300 Kilogramm eher klein waren, vor schweren landwirtschaftlichen Geräten und Lasten im Hochmittelalter begann, allmählich Verbreitung zu finden. Den einzelnen, mit ihnen arbeitenden Menschen brachten die Arbeits- und Ackerpferde eine enorme Erleichterung in ihrer alltäglichen landwirtschaftlichen Tätigkeit, und das nicht nur auf dem Feld. Zumindest in den Gebieten, wo die teilweise oder vollständige Umstellung von Ochsen auf Pferde als Zugtiere von Vorteil war und sich demzufolge durchsetzte, beschleunigten und vereinfachten sie die Feldarbeit und den für die Bauern enorm wichtigen Zugang zu den Märkten. Wirtschaftliche Aspekte spielten also in der Landwirtschaft eine Hauptrolle für die Zunahme der Nutzung von Pferden anstelle von Ochsen. Die Arbeit mit Pferden, die flexibler einsetzbar, zuverlässiger und ausdauernder waren, wirkte sich nicht notwendigerweise direkt auf eine höhere landwirtschaftliche Produktion aus, aber je nach Region senkte sie für die einen die Kosten, für andere gestattete sie den Anbau von Getreide auf Flächen, die vorher nicht nutzbar waren. Dritten wiederum ermöglichte sie, ihre Produkte zügiger zu verarbeiten, schneller zu transportieren und damit häufiger auf dem Markt anzubieten. In Kombination und gegenseitiger Wechselwirkung mit anderen damaligen agrarwirtschaftlichen Neuerungen, wie beispielsweise der Einführung der Dreifelderwirtschaft und besserer Anspannungsmethoden, lag hier das Potential der Pferde dazu beizutragen, Produktivität und Produktion in der Agrarwirtschaft zu erhöhen und damit landwirtschaftliche und letztlich auch gesellschaftliche Strukturen zu beeinflussen.

Literatur

Benecke, Norbert (1994), *Der Mensch und seine Haustiere, die Geschichte einer jahrtausendealten Beziehung*, Stuttgart.

Bentzien, Ulrich (1964), Pferde und Ochsen als Spannvieh in der mecklenburgischen Landschaft vor dem Dreißigjährigen Krieg, in: *Zeitschrift für Agrargeschichte und Agrarsoziologie* Bd. 12, S. 21–28.

Bentzien, Ulrich (1980), *Bauernarbeit im Feudalismus. Landwirtschaftliche Arbeitsgeräte und -verfahren in Deutschland vor der Mitte des ersten Jahrtausends u.Z. bis um 1800*, Berlin.

Braudel, Fernand (1985), *Sozialgeschichte des 15.-18. Jahrhunderts*, München.

Burford, Alison (1960): Heavy Transport in Classical Antiquity, in: *The Economic History Review,* New Series, Heft 13, Nr. 1 (1960), S. 1–18, 27.05.2012, http://www.jstor.org/stable/2591403.

Campbell, Bruce (1983): Agricultural Progress in Medieval England: Some Evidence from Eastern Norfolk, in: *The Economic History Review*, New Series, Heft 36, Nr. 1, S. 26–46, 27.08.2012, http://www.jstor.org/stable/2598896.

Castelnuovo, Enrico (1986): *I mesi di Trento, Gli affreschi di Torre Acquila* e *il gotico internazionale*, Trento.

Clutton-Brock, Juliet (1992): *Horse Power, A history of the horse and the donkey in human societies,* Cambridge Massachusetts.

Coulton, George Gordon (1960): *Medieval Village, Manor and Monastery*, New York.

Davis, Ralph Henry Carless (1989): *The Medieval Warhorse, Origin, Development and Redevelopment*, London.

Diamond, Jared (1998): *Arm und Reich. Die Schicksale menschlicher Gesellschaften*, Frankfurt am Main.

Dinzelsbacher, Peter (2000): *Mensch und Tier in der Geschichte Europas*, Stuttgart.

Dinzelsbacher, Peter (2000): Mittelalter, in: Dinzelsbacher, Peter (Hg.), *Mensch und Tier in der Geschichte Europas*, Stuttgart, S. 181–292.

Farmer, David L. (1991): Prices and Wages, in: Miller, Edward (Hg.), *The Agrarian History of England and Wales*, Vol. 3, S. 1348–1500.

Hägermann, Dieter /Schneider, Helmut (1991), *Landbau und Handwerk 750 v. Chr. bis 1000 n. Chr.*, Propyläen Technikgeschichte 1, Frankfurt a. M./ Berlin.

Heimrath, Ralf (1993): Der Bauer und sein Roß, Das Pferd in der Landwirtschaft, in: *Jexhof Blätter* 7, Schöngeising.

Hewitt, Herbert James (1983): *The Horse in Mediaeval England*, London.

Hyland, Ann (1999): *The Horse in the Middle Ages*, Stroud/Gloucestershire.

Hyland, Ann (1994): *The Medieval Warhorse from Byzantium to the Crusades*, Stroud/Gloucestershire.

Knittler, Herbert: Tiere vor Pflug und Wagen, in: *Beiträge zur historischen Sozialkunde*, Jg. 22, Heft 1, S. 9–15.

Knittler, Herbert (1999): Tierische Zugkräfte in der Mittelalterlichen Landwirtschaft, in: *Beiträge zur Mittelalterarchäologie in Österreich* 15, S. 207–221.

Lamond, Elizabeth (Hg.) (1890), *Walter of Henley's Husbandry, together with an Anonymous Husbandry, Senechaucie and Robert Grosseteste's Rules, Royal Historical Society*, London.

Langdon, John (1989): A quiet revolution – the horse in agriculture, 1100 – 1500, in: *History today*, Vol. 39, Issue 7.

Langdon, John (1984): Horse Hauling: A Revolution in Vehicle Transport in Twelfth- and Thirteenth-Century England, in: *Past & Present*, No. 103, S. 37–66, 27.08.2012 http://www.jstor.org/stable/650724.

Langdon, John (1982): The Economics of Horses and Oxen in Medieval England, in: *The Agricultural History Review*, S. 31- 40.

Langdon, John (1986): *Horses, Oxen and Technological Innovation. The Use of Draught Animals in English Farming from 1066–1500*, Cambridge/London.

Lefebvre des Noettes, R. (1931): *L'Attelage. Le cheval de selle à travers les âges: Contribution à l'histoire de l'esclavage*. Paris.

Leighton, Albert (1972): *Transport and Communication in Early Medieval Europe*, New York.

Lysons, Samuel/Brand, John (1812): Copy of a Roll of Expenses of King Edward I at Rhuddlan Castle, in Wales, in the 10th and 11th years of his reign, in: *Archaeologia* Vol. 16, S. 32–79.

Mitterauer, Michael (2000): Die Landwirtschaft und der »Aufstieg Europas«, in: *Historische Anthropologie* 8.

Röch, M. (1998): Getreide, in: *Reallexikon der germanischen Altertumskunde* 12, Berlin.

Rösener, Werner (1985): *Bauern im Mittelalter*, München.

Rösener, Werner (1997): *Einführung in die Agrargeschichte*, Darmstadt.

Russell, Jane (1983): Die Bevölkerung Europas 500–1500, in: Carlo Cipolla (Hg.), *Europäische Wirtschaftsgeschichte* 1.

Salibury, Joyce (1994): *The Beast Within. Animals in the Middle Ages*, New York.

Schneider, Wolfgang Christian (1985): Animal laborans. Das Arbeitstier und sein Einsatz in Transport und Verkehr des Spätantike und des frühen Mittelalters, in: *L'uomo di fronte al mondo animale nell'alto medioevo. Settimane di studio del centro italiano di studi sull'alto medioevo* Vol. 31/2, S. 457–578.

Schwerin, Claudius Frh. v. (1935): *Germanenrechte*, Bd.7, Weimar.

Thompson, James Westfall (1920): The Cistercian Order and Colonization in Mediaeval Germany, in: *The American Journal of Theology*, Vol. 24, No. 1, S. 67–93, 27.08.2012 http://www.jstor.org/stable/3155939.

White Jr., Lynn T. (1962): *Medieval Technology and Social Change in the Middle Ages*, Oxford.

White Jr., Lynn T. (1971): The Expansion of Technology 500–1500, in: Carlo M. Cipolla (Hg.), *Fontana economic history of Europe, Middle Ages.*

Winter, Franz (1868–1871): *Die Cistercienser des nördlichen Deutschlands – Ein Beitrag zur Kirchen- und Kulturgeschichte des deutschen Mittelalters, Teil I: Die Zisterzienser des nördlichen Deutschlands bis zum Auftreten der Bettelorden*, Gotha.

Carosse Coupée und Kepfbuschen vs. Pack-Kalesche und Bierwägelein – Über alltägliche und repräsentative Kutschen, Geschirre sowie Wagenpferde an fränkischen Fürstenhöfen des 17. und 18. Jahrhunderts

Magdalena Bayreuther

Im Jahr 1729 heiratete der Ansbacher Erbprinz Karl Wilhelm Friedrich (reg. 1723–1757) am Berliner Hof die preußische Königstochter Friederike Louise. Im Zuge dieser Hochzeit erhielt er von ihrem Vater, König Friedrich Wilhelm I. (1713–1740), neben zahlreichen anderen Präsenten zwei Kutschen mit Pferden und Bedienten geschenkt:

> einen schönen Zug Braune Engelländer, nebst neuen Geschirren, und eine neue Carosse von rothem Tuch mit goldenen Dressen bordirt sowie einen schönen braunen Zug Preußische Pferde, nebst einer neuen Carosse, einem Leib-Gutscher, und einem Beylauffer, die mit der Anspachischen Livreé bekleidet waren. Auf Wunsch des Königs fuhr der ansbachische Erbprinz zusammen mit dem preußischen Kronprinzen Friedrich in dem neuen Wagen, mit denen Engl[ischen] Pferden sogleich spazieren (StAN Rep. 103 a III Nr. 36).

Wie aus dieser Begebenheit hervorgeht, gehörten zu einer fürstlichen Equipage in der Frühen Neuzeit ein Wagen mit einem gleichfarbigen Pferdegespann, passendes Geschirr und entsprechendes Personal, die stets zusammen in einen repräsentativen oder vergnüglichen Anlass eingebunden waren.

Diesem festen Ensemble wurde in der bisherigen Forschung wenig Bedeutung beigemessen. Vielmehr stand die technische Entwicklung der Kutschen im Vordergrund, die anhand erhaltener Exemplare europäischer und deutscher Wagensammlungen, etwa in der Wagenburg im Wiener Schloss Schönbrunn oder im Marstallmuseum Schloss Nymphenburg in München, detailliert bearbeitet wurde.[1] Eine auf Archivmaterial gestützte Aufarbeitung zu Einsatz und equinem sowie personellem Umfeld der Wägen spielte dabei eine eher nebensächliche Rolle. Auch die museale Aufbereitung kann dieses Defizit zumeist nicht beheben, da hier die isolierte Aufstellung der Fahrzeuge überwiegt.[2] Zwar wurden vereinzelt und vor allem in jüngster Zeit bei der Bearbeitung der Kutschengeschichte Wagen- und Marstallinventare berücksichtigt oder Überlegungen zu Fahrzeugsicherheit und -komfort angestellt[3], das

1 Literatur zu Wagensammlungen im deutschsprachigen Raum: Georg Kugler: Die Wagenburg in Schönbrunn. Hofwagenburg, Reiche Sattel- und Geschirrkammer der Kaiser von Österreich. Graz 1977. – Louisa Hager; Elmar D. Schmid: Marstallmuseum Schloß Nymphenburg in München. Hofwagenburg und Sattelkammer der bayerischen Herzöge, Kurfürsten und Könige. München 121992. – Meisterwerke auf Kufen und Rädern. Kutschen und Schlitten aus fröhlichen Tagen aus dem Marstallmuseum in München. Köln-Bickendorf / Würzburg 1954. – Für die Bestände des preußischen Königshof siehe Claudia Meckel: Kutschen, Schlitten, Sänften. Berlin 2013. – Allgemein zur (Technik)Geschichte der Kutsche: László Tarr: Karren, Kutsche, Karosse. Eine Geschichte des Wagens. Berlin 21978. – Rudolf H. Wackernagel: Zur Geschichte der Kutsche bis zum Ende des 17. Jahrhunderts. In: Achse, Rad und Wagen. Fünftausend Jahre Kultur- und Technikgeschichte. Hg. von Wilhelm Treue. Göttingen 1986, 197–235. – Georg Kugler: Die Kutsche von Beginn des 18. Jahrhunderts bis zum Auftreten des Automobils. In: Ebd., 236–278. – Als (fast) zeitgenössische Literatur ist der einschlägige Band einer mehrbändigen Publikation des Bayerisch-Königlichen Wagenbauinspektors Johann Christian Ginzrot, »Die Wagen und Fahrwerke der verschiedenen Völker des Mittelalters und der Kutschenbau neuester Zeiten nebst der Bespannung, Zäumung und Verzierung ihrer Zug- Reit- und Lastthiere« (München 1830), zu nennen. – Speziell zu Krönungswägen: Elmar D. Schmid; Christiane Ott-Berger: Der Krönungswagen Kaiser Karls VII. Wahl und Krönung in Frankfurt am Main, 1742. Dachau 1992. – Rudolf H. Wackernagel: Der französische Krönungswagen von 1696–1825. Ein Beitrag zur Geschichte des repräsentativen Zeremonienwagens. Berlin 1966 (Neue Münchner Beiträge zur Kunstgeschichte 7).

2 Sowohl im Marstallmuseum von Schloss Nymphenburg als auch auf Schloss Sondershausen in Thüringen ist jeweils eine barocke Paradekutsche mit Anspannung – Holzpferde mit Originalgeschirren – ausgestellt (zu Sonderhausen siehe Bettina Bärnighausen; Hendrik Bärnighausen: Die Goldene Kutsche von Schloß Sondershausen. München 2001 (Amtlicher Führer / Stiftung Thüringer Schlösser und Gärten Special)).

3 Die Kutscheninventare des bayerischen Hofes beispielsweise wurden von Louisa Hager ausgewertet (Zur Geschichte der Bayerischen Hofwagenburg. In: Hager / Schmid 1992: 7–25). – Ähnliche, auf Quellen gestützte Beiträge in Rudolf H. Wackernagel: Staats- und Galawagen der Wittelsbacher. Kutschen, Schlitten und Sänften aus dem Marstallmuseum Schloss Nymphenburg. 2 Bände. Stuttgart 2002, zum Beispiel Brigitte Volk-Knüttel: Das Oberstallmeisteramt am Münchner Hof. Bd. 2, 48–52, und Axel Gelbhaar: Herrschaftliche Gestüte, Wagenpferde, Geschirre und Anspannung, Bd. 2, 61–71. – Rudolf H. Wackernagel: Fahr- und Fahrzeugsicherheit: Zum Fahrkomfort barocken Reisens. In: Naturwissenschaften und Technik im Barock. Innovation, Repräsentation, Diffusion. Hg.

Thema ist jedoch in der deutschsprachigen Forschung immer noch unzureichend bearbeitet – im Gegensatz etwa zu Frankreich, wo bei der Beschäftigung mit der Kutsche die Pferdeanspannung und der Verwendungskontext eine größere Rolle spielen und sie enger in den kulturgeschichtlichen sowie politischen Kontext der Zeit gestellt wird.[4]

Insbesondere kleinere Fürstenhöfe, deren Gefährte oftmals die Zeitläufte nicht überstanden, dafür aber aus archivalischen Quellen rekonstruierbar sind, sowie hierbei insbesondere die nicht-repräsentativen Gefährte der Hofökonomie für Reise- und Alltagszwecke harren einer eingehenderen Beschäftigung.[5] Der vorliegende Beitrag versucht, dieser Forschungslücke auf der Grundlage einer umfassenden Quellenbasis zu begegnen. Sie bietet Material zu den vier landesfürstlichen Höfen des fränkischen Reichskreises: den beiden Fürstbistümern Bamberg und

von Uta Lindgren. Weimar / Wien 1997, 157–189. – Zur Entwicklung der Fahrkompetenz siehe Andres Furger: Fahrkunst. Mensch, Pferd und Wagen von 1700 bis heute. Hildesheim 2009 (Documenta hippologica).

4 Beispielsweise im Sammelband von Daniel Roche: Voitures, chevaux et attelages du XVIe au XIXe siècle. Paris 2000, in dem Jean-René Trochet Nutzfahrzeuge im ländlichen Frankreich beforscht (127–140) und Isabelle Richefort der unterschiedlichen Verwendung der Kutschen von Ludwig XIV. von Frankreich nachgeht (295–308). – Zu Kutschpromenaden in französischen Hafenstädten des 17. Jahrhunderts siehe Sandra Pascalis: Promenade équestre et parade en carrosse aux XVIIe siècles. L'exemple de trois ports français (Rouen, Marseille, Bordeaux). In: Architecture équestre. Hauts lieux dédiés au cheval en Europe. Actes du 9e Congrès de l'École nationale d'équitation, Saumur, 21, 22 et 23 juin 2006. Hg. von Pascal Liévaux und Patrice Franchet d'Espèrey. [Arles] 2010 (Arts équestres), 259–272. – Königskutschen des 18. Jahrhunderts in ihrem Einsatzumfeld behandelt u.a. der Ausstellungskatalog von Christopher C. Augerson und Béatrix Saule: Roulez carrosses! Le Château de Versailles à Arras. À l'occasion de l'exposition «Roulez carrosses!» [...] du Musée et du Domaine Nationale de Versailles [...] au Musée des Beaux-Arts d'Arras du 17 mars 2012 au 10 novembre 2013. Paris 2012. – Sowohl Begrifflichkeiten zu Technik und Typologie als auch Hinweise zu Pferde- und Personalvokabular rund um die Kutsche gibt ein eigenes Kutschen-Lexikon von Jean-Louis Libourel: Voitures hippomobiles. Vocabulaire typologique et technique. Paris 2005.

5 Für die Frühe Neuzeit gibt es keine eigenständige Publikation über alltägliche Fuhrwerke. Einige Hinweise finden sich jedoch bei Karl Hielscher: Zur Geschichte der Pferdegeschirre und der Fuhrwerke. In. Zeitschrift für Agrargeschichte und Agrarsoziologie 33 (1985), 164–178. – Die Entwicklung des Karrens und des Leiterwagens wird bei Tarr (1978) kurz behandelt. – Zur Veranschaulichung der unterschiedlichen Fuhrwerke können zwei Veröffentlichungen herangezogen werden, die ländliche Wägen im österreichischen Mühlenviertel und in Westfalen um 1900 behandeln und reich bebildert sind: Olaf Bockhorn: Wagen und Schlitten im Mühlviertel. 2. Bde. Linz 1978 (Beiträge zur Landeskunde von Oberösterreich, Historische Reihe I/3) und Katharina Schlimmgen-Ehmke: Wagen und Karren in Minden-Ravensberg. Münster 1988 (Westfälische Volkskunde in Bildern 2).

Würzburg sowie den weltlichen, von einer hohenzollerschen Nebenlinie regierten Markgraftümern Brandenburg-Ansbach und Brandenburg-Bayreuth. Über die dort im 17. und 18. Jahrhundert praktizierte Kutschen- und Fahrkultur geben Inventare der Marställe, Wagenhäuser und Geschirrkammern, die Korrespondenz zwischen Oberstallmeisteramt und Fürst sowie vereinzelte Abbildungen von Kutschen detaillierten Einblick. Hierbei werden nicht nur repräsentative Fahrzeuge wie Gala- und Leibkutschen berücksichtigt,[6] sondern auch die Nutzfahrzeuge, die für Reisen oder für alltägliche Fahrten wie Heu- und Holzfuhren verwendet wurden.

Repräsentative Kutschen

Die Kutsche war in der Spätantike ein Reisegefährt für die obere Gesellschaftsschicht. Der Verfall des römischen Straßennetzes jedoch machte das Reisen im Wagen beschwerlich und unbequem, so dass nur noch Frauen und Greise per Kutsche reisten. Während in der Antike bereits eine Dämpfung durch das Aufhängen der Fahrgastzelle an kleinen Säulen (Kipfen) auf den vorderen und hinteren Achsstöcken gängig war, gab es bis ins Hochmittelalter nur ungefederte Fahrzeuge, wie den Ko-

---

6 Nicht alle zu repräsentativen Zwecken eingesetzte Gefährte können dabei bedacht werden. So muss auf eine Behandlung der Prunk- und Rennschlitten, von denen insbesondere der Ansbacher Hof im 17. Jahrhundert eine beachtliche Sammlung vorweisen konnte, verzichtet werden, ebenso wie auf die sogenannten Inventions- oder Einzugswägen für festliche Umzüge sowie auf die Parkwägen und Gartenkaleschen zum Spazierenfahren in den fürstlichen Gartenanlagen. – Zu den 40 Ansbacher Rennschlitten mit Tierdarstellungen von Schwänen, Adlern, Löwen oder Pelikanen sowie Figuren der Fortuna, der Venus, der Andromeda und des Merkur von 1686 siehe StAN Rep. 103 a III Nr. 71: 1353–1427. Dort sind auch drei Parkwägen *mit Kobeln und 3. beschlagenen Nebenkästen* verzeichnet. – Zahlreiche erhaltene fränkische Prunkschlitten gibt es in den Kunstsammlungen der Veste Coburg, bearbeitet von Heino Maedebach: Die Caroussel- oder Rennschlitten in den Kunstsammlungen der Veste Coburg. In: Jahrbuch der Coburger Landesstiftung 9 (1964), 59–86. – Ein offener Kinder-Gartenwagen des Kurprinzen Friedrich Wilhelm (um 1690) für zwei Ponies mit aufgemaltem Brandenburgischem Adler und ein Parkwagen Friedrichs des Großen von 1764 mit Goldbemalung und Brokatbaldachin für 393 Rthl. befinden sich im Besitz der Stiftung Preußische Schlösser und Gärten (abgebildet bei Claudia Meckel: Höfische Wagenbaukunst in Preußen im 18. Jahrhundert. In: Preußen. Kunst und Architektur, Hg. von Gert Streidt und Peter Feierabend. Köln 1999, 258–261.)

belwagen, dessen Wagenkasten direkt auf dem Langbaum (Brancard) und damit dem Fahrwerk lagerte (Gelbhaar 2003: 5–8).[7] Nach der Zwischenform der Coche bzw. des ungarischen Gutschi-Wagens entwickelte sich in der zweiten Hälfte des 16. Jahrhunderts in Rom unter Papst Sixtus V. (1585–1590) die Karosse (Wackernagel 1986: 211–213; Krünitz 1773–1858, Bd. 7: 679).[8] Sie war »ein in Riemen hängender, bedeckter, zur Bequemlichkeit eingerichteter Wagen« (Krünitz 1773–1858, Bd. 7: 679) und besaß ein festes Dach sowie eine komplett geschlossene Fahrgastzelle mit Türen (Gelbhaar 2003: 12). Der neue Komfort dieses Reisewagentypus veranlasste auch wieder Männer zur Benutzung der Kutsche. Um 1650 erhielt die Karosse in Italien auch repräsentatives Potenzial, was sich an Entwurf und Gestaltung durch namhafte Architekten und Dekorationskünstler äußerte, die die Karossen oftmals mit geschnitzten und vergoldeten Figurengruppen in Lebensgröße ausstaffierten. Außerdem wurden die Öffnungen des Wagenkastens nun mit Glasfenstern anstelle der Vorhänge versehen und der Langbaum vorne hochgekrümmt. Das hierbei eingesetzte Stück Eisen nannte man aufgrund seiner Form Schwanenhals, der in Verbindung mit dem neuen Drehkranz, der an Stelle des hölzernen Reibscheites trat, das volle Einschlagen der Vorderräder und mehr Wendigkeit ermöglichte (Wackernagel 1986: 215–217).[9]

In England, Frankreich und Deutschland verbreitete sich das Fahren in der Kutsche erst ab der zweiten Hälfte des 16. Jahrhunderts (Ebd.). Am Hof Ludwigs XIV. von Frankreich (1643–1715) entwickelte sich dabei in den 1660er Jahren der Typ der ›Carosse Moderne‹. Der Wagenkasten wurde nicht mehr aufgehängt, sondern lag auf zwei gespannten Lederriemen, die an den Langbaum-Querstücken (Traversen) befestigt waren, und wurde zusätzlich durch vier an den unteren Ecken ange-

7 Ab ca. 1520 war im Süden Deutschlands der erweiterte Kobelwagen in Verwendung, der keinen tonnenförmigen Wagenkasten mehr besaß, sondern eine rechteckige, einem Kasten gleichende Fahrgastzelle, und auf die gleiche Art gefedert war wie sein antiker Vorläufer. Zwei seltene, einzigartige Brautkobelwagen aus dem späten 16. Jahrhundert befinden sich in den Kunstsammlungen der Veste Coburg (Gelbhaar 2003: 5–8).

8 Im Gegensatz zum italienischen und französischen Sprachgebrauch verstand man in Deutschland unter einer Karosse nicht jede Kutsche, sondern nur diejenigen »von der prächtigen Art« (Krünitz 1773–1858, Bd. 7: 679).

9 Der Pariser Wagenbau war ein sehr arbeitsteiliges Luxusgewerbe, an dem mehrere Zulieferer und bis zu 16 Handwerker beteiligt waren, unter anderem Stellmacher (Wagner), Wagentischler, Bildhauer, Schlosser, Maler, Lackierer und Sattler (Ebd.).

brachte, mehrblättrige Stahlfedern gedämpft, die aufgrund ihrer Form Krebsfedern genannt wurden (›ressorts à l‹écrivisse‘, ›double springs‹). Der Stellenwert von Kutschen wurde durch die Einführung einer neuen Hofetikette am französischen Königshof im Jahr 1680 erhöht. So musste etwa die königliche Leibkutsche bei jeder Ausfahrt – auch wenn sie leer fuhr – gegrüßt werden. Die Karosse war bis ins 18. Jahrhundert hinein die vorherrschende repräsentative Kutschenform (Wackernagel 1986: 222–229).[10]

Im 17. Jahrhundert entwickelte sich die Berline, ursprünglich ein reines Nutz- und Militärfahrzeug. Sie besaß zwei Langbäume, die in Verbindung mit einer leichteren Bauweise und einem kleineren Wagenkasten einen tieferen Schwerpunkt bildeten und somit erhöhte Stabilität gewährleisteten. Die Lederriemen, auf denen der Wagenkasten ruhte, konnten an der hinteren Traverse mittels einer Winde variabel gespannt werden, was eine bedarfsabhängige Federung ermöglichte (Gelbhaar 2003: 12–13). Seit den 1670er Jahren wurde die Berline als sicherer Reisewagen verwendet. Um 1700 tauchte sie als eleganter Stadtwagen der Aristokratie auf, und seit den 1720er Jahren wurde sie auch als Staatswagen und somit Repräsentationsfahrzeug eingesetzt.[11] In dieser Eigenschaft ersetzte sie allmählich die Karosse (Ebd. 174).[12] Als modischer Stadtwagen nahm die Berline unterschiedliche Formen an. Die normalerweise viersitzige Variante wurde zum zweisitzigen Coupé mit der Bezeichnung Berlingot, Halbberline oder Schwimmer abgewandelt. Das Vis-à-Vis war für zwei gegenübersitzende Personen konstruiert. Di-

10 Ein Beispiel für einen klassischen Krönungswagen des zwischen 1696 und 1763 gebauten Karossentyps ist der Imperial-Prachtwagen des Wiener Hofes von 1763/64, gleichzeitig der letzte dort im Typ der Karosse gebaute Krönungs- und Staatswagen des 18. Jahrhunderts (Ebd.).

11 Kugler 1986: 236–240. – Zur Berline als Galawagen siehe Wackernagel 1966: 174–179. Eine Berline als Gesandtschaftswagen tauchte in Frankreich erstmals 1728 auf. Ab diesem Zeitpunkt war sie hoffähig und kurz darauf auch in königlicher Verwendung (Ebd.). – Eine erhaltene Prunk-Berline ist der 1738 in Paris gebaute Goldene Wagen von Fürst Joseph Wenzel von Liechtenstein (1696–1772), der erstmalig im selben Jahr beim Einzug des Fürsten als kaiserlicher Botschafter in Paris verwendet wurde und heute in der Sala Terrena des Palais Liechtenstein in Wien steht (Johann Kräftner: Pferde, Wägen, Ställe. Pferdetradition im Haus Liechtenstein. Reiten, Fahren und die Jagd zu Pferd im Haus Liechtenstein. München 2006, 83f.; hier Abbildung des Wagens und des dazugehörigen Gala-Geschirrs).

12 Die Karosse als Staatswagen wurde in Frankreich um 1771 nur noch für Zeremonien des Königs oder hochrangiger Adliger verwendet (Ebd.).

ligence hieß ein leichtes Reise-Coupé und als Désobligance bezeichnete man eine besonders schmale Form für nur eine Person, wie sie etwa auf Schloss Löwenstein in Unterfranken erhalten ist (Kugler 1986: 240). Bis zur Mitte des 18. Jahrhunderts spricht man von der älteren Berline, ab circa 1750 entwickelte sich durch technische Fortschritte der neuere Berlinen-Typ.[13]

Abb. 1: Berline jüngeren Typs für eine Person (Desobligance) mit barockem Fahrgestell und Wagenkasten im Rokokostil, dessen Federsystem (vorne liegende Federn, hinten C-Federn) eine Datierung zwischen 1750 und 1770 erlaubt. Innen rote Samt- und Brokatsamtausstattung mit Stickereien und Fransen am Himmel. Äußere Bemalung hinten und an den Seiten nur fragmentarisch erhalten. Fränkische Provenienz (Foto. M. Bayreuther).

13 Beim älteren Typ finden sich keine Schwanenhälse. Vielmehr wurden die beiden Langbäume vorne nach oben geschwungen, damit die kleinen Vorderräder problemlos einschlagen konnten. Bei der jüngeren Berline dagegen gab es aus Eisen geschmiedete Langbäume und ebensolche Schwanenhälse. Außerdem wurde ab Mitte des 18. Jahrhunderts ein Federsystem eingesetzt. Die sogenannten S-Federn wurden in Paketen zu mindestens fünf schmalen Federblättern – anfangs nur hinten – verwendet. Dies veränderte das Aussehen: Die Federn standen hinten senkrecht hoch, wobei an ihrem oberen Ende die vorher flach laufenden Lederriemen befestigt waren. Um 1770 wurde eine weitere Federform erfunden, die C-Federn, die vor allem bei leichten Reisewägen benutzt wurden (Kugler 1986: 243–250).

Neben Karosse und Berline wurden im 17. und 18. Jahrhundert drei weitere Wagentypen verwendet: der Landauer, die Kalesche und die Chaise. Der in England bevorzugte Landauer war ein offener oder durch ein klappbares Verdeck zu schließendes Reisegefährt, dass zuerst im Karossentyp, später dann als Berline gebaut wurde. Unter einer Kalesche verstand man eine leicht gebaute, halb oder ganz offene Spazier-, Jagd- oder Stadtkutsche, die während des 17. Jahrhunderts im höfischen Bereich, ebenso wie die Berline, durch entsprechende (Aus-) Gestaltung aufgewertet wurde. Der Unterschied zu einem »gemeinen Wagen« bestand darin, »daß sie zierlicher und bequemer mit ordentlichen Sitzen gebauet, auch angestrichen« war (Krünitz 1773–1858, Bd. 32: 604–605).[14] Ebenso wie der Landauer war die Kalesche ein großräumiges Fahrzeug und beispielsweise als Jagdkalesche (Phaeton) für bis zu 12 Personen geeignet. Eine Chaise dagegen war eine leichte, zwei- oder vierrädrige Kutsche, die vor allem als Reisewagen (›chaise de poste‹) Verwendung fand und auch selbst kutschiert werden konnte (Kugler 1986: 240–242). Zeitgenössisch wurde sie als »eine halbe Kutsche [Coupé] […] ohne Türen und Vorderwände« definiert, die anstelle eines Daches ähnlich dem Klappverdeck des Landauers mit Leder oder Stoff überzogene Rundbögen (Spriegel) aus Holz oder Metall besaß. Mit aufklappbarem Verdeck nannte man sie ebenfalls Phaeton. Die Chaise war, ebenso wie die Berline, sehr wandlungsfähig und konnte für verschiedene Zwecke eingesetzt werden, zum Beispiel für die Jagd als sogenannter Wurstwagen, in dem sich zwischen zwei Chaisenkästen für die Damen ein langes Brett befand, auf dem sich rittlings die begleitenden Herren setzen konnten (Krünitz 1773–1858, Bd. 8: 4–6).[15]

Die Wagentypen der Karosse, Berline, Kalesche und Chaise sowie des Landauers waren auch an den fränkischen Fürstenhöfen in Ansbach, Bamberg, Bayreuth und Würzburg als Reise- und Galafahrzeuge in Gebrauch. Nicht immer kann jedoch aus den Erwähnungen in den Quellen auf den exakten Wagentyp geschlossen werden. Vor allem die Bezeichnung ›Chaise‹ verwendete man synonym für eine Kutsche im

14 »Calèche heißt auch eine Art leichter Kutschen, die in Frankreich zur Spatzierfahrt, besonders in Gärten, gebraucht werden, und vorn und an den seiten mit ledernen oder andern Vorhängen versehen sind« (Ebd.).

15 Wurstwägen gab es auch am Bayreuther Hof (StABa GAB Nr. 749).

Allgemeinen.[16] Generell wurde in Kutschen und Karossen als meist voll geschlossene und schwerere Wägen sowie in Chaisen und Kaleschen als häufig halb bzw. ganz offene, leichtere Fahrzeuge unterschieden, wie 1668 am Ansbacher Hof. Dort gab es elf Kutschen und zwei Kaleschen (StAN Rep. 103 a III Nr. 61: 1–119). Fast zwei Jahrzehnte später, 1686, wurde in Kutschen, die erstgenannt und somit wertvoller waren, sowie Kaleschen und Chaisen unterschieden (StAN Rep. 103 a III Nr. 71: 1353–1427). Bemerkenswert ist dabei der Anstieg der Fahrzeugzahl von 13 auf 47 Gefährte (inklusive der Nutzwägen wie Reise- oder Küchenkalesche) (Ebd.), der genau in die Zeit der ›Rangerhöhung‹ der Kutsche am französischen Hof fiel.

Im Fürstbistum Bamberg wurden unter Lothar Franz von Schönborn (1693–1729) Kutschen, Kutschlein, Chaisen und Halbchaisen inventarisiert (StABa Nr. 1305). Ein 1720 für ihn in Bamberg neu gebautes Gefährt wurde ebenfalls unspezifisch als *Leib Chaise* bezeichnet (StABa Nr. 1623: 19). Differenziertere Beschreibungen finden sich dagegen unter seinem Neffen und Nachfolger Friedrich Karl (1729–1746) – gleichzeitig Fürstbischof von Würzburg –, als dieser 1732 seinen Wagenpark aus Wien, wo er das Reichsvizekanzleramt innegehabt hatte, nach Franken brachte. Hier war der Einfluss des Wiener Hofes deutlich spürbar, der die aktuelle Wagenmode zeitnah aufgriff. Bei den gemeinschaftlichen Wägen für die beiden Hochstifte, die überbegrifflich ›Chaisen‹ genannt wurden, befanden sich eine in Wien angefertigte neue Berline als Reisewagen sowie eine ältere Berline und eine Landauer-Chaise (StABa Nr. 1315).

Dagegen muten die Kutschenbezeichnungen am Bayreuther Hof 1726 fast altmodisch an. Hier waren eine *Carosse Coupée*, also eine zweisitzige Karosse, und eine Karosse, die die »Nauendorff[ische] Chaise« genannt wurde, vertreten. Darüber hinaus gab es einige viersitzige sowie weitere unterschiedlich alte Chaisen, eine halboffene Chaise und eine *Chaise Roullande*, worunter man eine zweirädrige Jagd-Kalesche verstand (StABa GAB Nr. 749).[17] Berlinen, die man zweifellos extra kategorisiert hätte, waren nicht vorhanden.

16 In Würzburg sprach man bei der Gesamtheit des fahrenden Stalls etwa von »sämtl[ichen] [...] hofpferde[n] und chaisen«, nicht von Kutschen (StABa Nr. 1624).

17 Die Erklärung für ›Chaise roulante‹ stammt aus: Zedler 1732–1750/54, Bd. 5: 894.

Im Folgenden soll der Schwerpunkt auf diejenigen Kutschen im fürstlichen Wagenpark gelegt werden, die der Landesherr selbst benutzte und die deshalb per se repräsentativ sein mussten: Staats- bzw. Galakutschen für festliche und zeremonielle Anlässe, Leib- und Reisekutschen für Fahrten in der Stadt und über Land sowie Jagdkutschen oder Rennschlitten für höfische Vergnügungen. In kleineren Fürstentümern mit beschränkten finanziellen Mitteln wurden Kutschen auch multifunktional verwendet, etwa Staatswägen bei Besuchen von Gesandten und hohen Gästen.

Vor allem in den Hochstiften Bamberg und Würzburg war es für die regierenden Fürstbischöfe wichtig, bequeme und sichere Reisekutschen zu besitzen, da die beiden Fürstbistümer insbesondere im 18. Jahrhundert häufig in Personalunion regiert wurden und oftmals zwischen den Residenzstädten verkehrt wurde. Franz Ludwig von Erthal (1779–1795) ließ sich 1783 einen neuen, viersitzigen Reisewagen im Typ der jüngeren Berline mit den seit ca. 1770 im Wagenbau verwendeten C-Federn und einem Wagenkasten im englischen Stil (›à l'angloise‹) bauen.

Abb. 2: Entwurf für eine viersitzige Reisekutsche im Typ der jüngeren Berline im englischen Stil mit C-Federn für den Bamberger Fürstbischof Adam Friedrich von Seinsheim, 1783 (StABa Hochstift Bamberg, GK Nr. 1627).

Planung, Durchführung und Beaufsichtigung dieses Vorhabens lagen in der Hand des Bamberger Oberstallmeisteramtes, das zur Finanzierung der Reisekutsche zunächst alte Fahr- und Reitzubehörteile aus der fürstlichen Sattelkammer im Wert von 200 fl. verkaufte. Laut Voranschlag kostete der neue englische Reisewagen 645 fl., wobei der Vergolder und Maler mit 150 fl., der Schmied »für 4 fein polierte englische Federn, 4 Winden, einen eisernen Bock und Beschlagung des Gestell für 115 fl. und ein gnädigst zu bestimmender zweifärbiger Blösch [= Plüsch]« im Wert von 100 fl. die teuersten Posten darstellten. Von den verschiedenen Arten und Dessins des Plüschs lag eine Musterkarte bei, »von welchen Euer hochf[ürstlich] Gnaden einen zu erwehlen gnädigst geruhen wollen.« (StABa Nr. 1627: 146). Einer Entwurfsskizze des Wagens lagen französische Stichvorlagen zugrunde, eventuell von J. d. Tauzin aus dem Jahr 1779 (Wackernagel 1966) oder aus den weit verbreiteten »Cahiers de Six Berlines à l'Angloise«, die Teil einer Wagenstichfolge des Pariser Buch- und Stichzeichners Philippe Choffard (1730–1809) aus den 1780er Jahren waren.[18]

Die Ausstattung des Gefährtes war schlichter gehalten als bei einem Galawagen, dennoch finden sich auch bei dieser Reisekutsche repräsentative Elemente. Der für die Maler- und Vergoldungsarbeiten zuständige Bamberger Jakob Turban überzog den Wagenkasten der Kutsche zehn Mal mit Pariser Firnis, um ihn anschließend »glenzent […] wie ein[en] spiegel« abzuschleifen (Baumgärtel-Fleischmann 1995: 304). Er vergoldete auch die filigranen Holzschnitzereien um die Fenster und die Ränder des Wagenkastens. Insgesamt bot diese 1783 angefertigte Reisekutsche eine elegante und durchaus standesgemäße Erscheinung, ohne jedoch übertrieben ausstaffiert zu sein, wie es nach den Pariser Entwürfen möglich gewesen wäre. Dies war nicht ausschließlich ökonomischen Gesichtspunkten geschuldet, sondern lag auch im wenig prunkliebenden Führungsstil Erthals begründet. Ein Verzeichnis des fahrenden Stalls in Bamberg aus demselben Jahr bringt die relativ kleine Anzahl von fünf Hofzügen (entspricht 30 bis 35 Kutschpferden) zutage; der Kutschenbestand – inklusive der Wagen für Hofstaat und Hofökonomie – war mit 45 bis 50 Fahrzeugen ebenfalls eher niedrig angesetzt, wobei

18 Ausführlicher zu diesen Vorlagen Rudolf H. Wackernagel: Balthasar Neumanns Wagenbeschaffung in Paris (1723) und der Bamberger »englische Reisewagen« von 1783. In: Wackernagel 2002: 280–290, hier 289.

Jagdgefährte von Erthals jagdbegeistertem Vorgänger bereits ausgemustert waren (Wackernagel 2002: 288).

Im Gegensatz zur dezenten Gestaltung von Erthals englischem Reisewagen standen die Gala- und Staatskutschen, die zu repräsentativen Anlässen als ›fahrender Thron‹ benutzt wurden. Der Wagenexperte Rudolf H. Wackernagel unterschied ausgehend vom französischen Königshof unter Ludwig XIV. zwischen vier Typen: ›Carosses du Roi‹, ›Carosses des Ambassadeurs‹ (als Stellvertreter des Königs), Krönungswagen und Einzugswagen (Wackernagel 1966: 4f.). Die dabei verwendete volle Gala war gekennzeichnet durch Vergoldungen, prächtiges Schnitzwerk, heraldisch bedingte Farbwechsel, eine reich bestickte Gala-Bockdecke, Posamentierbehänge und Wappenornamente (Gelbhaar 2003: 14). Derartig prunkvolle Kutschen wurden an den Höfen langfristig aufbewahrt und weiterbenutzt.[19]

In den fränkischen Fürstentümern gab es ebenfalls Staatskutschen, auch wenn nach aktuellem Kenntnisstand kein Exemplar das Ende des Alten Reichs überdauert hat. Am Ansbacher Hof etwa waren in den 1660er Jahren mehrere Kutschen vorhanden, die einen vergoldeten Wagenkasten besaßen, was auf eine Verwendung als Galawagen hindeutet. Zwei der Wägen sind ausführlicher beschrieben. Das zuerst aufgeführte ältere Stück war eine Kutsche mit karmesinroter Samt-Polsterung, die an den Türen mit zwei- bzw. dreireihigen goldenen Galaunen (Borten, Tressen) eingefasst und mit 18 Paar silberner, goldener und rotseidener Quasten ausstaffiert war. Zur Innenausstattung gehörten ein großes Polster und zwei kleine Kissen. Der Kutschenhimmel, der seitlich mit dekorativem Beiwerk aus vergoldetem Metall beschlagen war, besaß silberne und goldene »frangen« (Fransen), und der Wagenkasten war vergoldet und bemalt, unter anderem mit dem brandenburgischen Wappen. Hier dürfte es sich beim Kutschentyp um eine Karosse gehandelt haben. Die neuere Kutsche war erst zwei Jahre alt und von Markgraf

19 Zum Beispiel die Goldene Kutsche in Schloss Sondershausen, eine Staatskarosse der Fürsten von Schwarzburg-Sondershausen. Sie wurde in Paris erbaut und kam in den 1730er Jahren nach Deutschland. Sie ist golden angemalt, reichhaltig mit Schnitzereien und Malereien verziert sowie innen mit blauem Ciselé-Seidensamt ausgepolstert, wonach sie auch ihre zeitgenössische Benennung, »Blauer Staatswagen«, erhielt (Bärnighausen/Bärnighausen 2001: 18f.; 22; 26; 30–33). – Eine nützliche Aufzählung erhaltener Gefährte bis zum 19. Jahrhundert findet sich bei Roche 2000 : 342–355 (»Guide des musées et collections de voitures hippomobiles en Europe«).

Albrecht II. von Brandenburg-Ansbach (1634–1667) für die Heimführung seiner dritten Ehefrau, Christine von Baden-Durlach, angefertigt worden. Ihre Ausstattung glich der älteren Kutsche, war aber weniger detailreich: Innen war sie mit karmesinrotem Samt und vier Vorhängen aus Taft versehen, im Wageninneren hingen silberne, goldene und seidene Fransen und das Kutschengestell sowie der Wagenkasten waren mit Bildwerk und dem brandenburgischen Wappen bemalt (StAN Rep. 103 a III Nr. 61: 1–119).

Über technische Details geben die Beschreibungen keinen Aufschluss, dafür über die Verwendung: Die neuere Kutsche wurde über ihren Ersteinsatz als Brautwagen hinaus noch im Trauerzug von Markgraf Albrecht eingesetzt und war hierfür komplett mit schwarzem ›Boy‹ überzogen, einem leichten, tuchartigen Stoff. Dies entsprach einer vor allem an kleineren Höfen gängigen Praxis, bei der die teuren Staatskutschen nicht nur für ein einziges festliches Ereignis wie eine Hochzeit benutzt wurden, sondern bei weiteren Anlässen als Gefährte dienten. Dazu wurden Farbe und Art der textilen Ausstattung geändert, Geschirre neu angefertigt oder Bemalungen, Holzschnitzereien und einzelne Teile der Technik (Federn etc.) umgestaltet, hinzugefügt oder weggenommen. So konnten die Staatswägen dem jeweiligen Anlass und in gewissem Umfang auch der jeweiligen Mode angepasst werden (Gelbhaar 2003: 23).

Eine neu angefertigte Brautkutsche, wohl bereits im neueren Wagentypus der *Carosse moderne* oder der älteren Berline, kam 1731 als Geschenk anlässlich einer Hochzeit an den Bayreuther Hof. Erbprinz Friedrich von Brandenburg-Bayreuth (reg. 1735–1763) hatte die preußische Königstochter Wilhelmine, eine Schwester des späteren Friedrichs des Großen, geehelicht und vom preußischen Hof eine Staatskutsche erhalten. Für ihre Anfertigung hatte der Hofsattler 40 Gesellen zusätzlich beschäftigen müssen, da sie den zeitgenössischen Angaben nach mit 550 Brillanten geschmückt war. Ihr Wert betrug 24.000 fl. (Müssel 1997: 67, 84).[20] Dass dies eine außergewöhnlich hohe Summe war, zeigt ein Vergleich mit dem 1756 am Berliner Königshof angefertigten Goldenen Wagen – ebenfalls ein Staatsgefährt –, der mit 10.733 Rthl. (ca. 16.100 fl.) deutlich weniger kostete (GStA PK Rep. 36 Nr. 2056). Bei der Bayreuther Hochzeitskutsche handelte es sich folglich um einen repräsentativen Staatswagen, der für eine Königstochter wie Wilhelmine

20 Ein Reichsthaler entspricht dabei dem 1,5fachen Wert eines rheinischen Guldens.

standesgemäß war und vermutlich das wertvollste Gefährt darstellte, das jemals in den Bayreuther Hofremisen stand. Die Abbildung eines fränkischen Hochzeitswagens und zahlreichen weiteren Gefährten im Brautzug ist für die Vermählung von Christian Friedrich Karl Alexander von Brandenburg-Ansbach-Bayreuth (1757–1791) mit Friederike Caroline von Sachsen-Coburg-Saalfeld überliefert (StABa GAB Nr. 6324).

Auch in den geistlichen Fürstentümern waren Staatswägen vorhanden und wurden für entsprechende Anlässe verwendet. Nach der Säkularisation des Hochstifts Würzburg 1802 wurden in den angefertigten Inventaren mehrere solcher Gefährte vermerkt, darunter an erster Stelle eine viersitzige Kutsche, die Kiliani-Wagen genannt wurde. Über seine Entstehungszeit ist nichts Genaues vermerkt, da aber die dazugehörigen, zeitgleich angefertigten Geschirre als sehr alt bezeichnet werden, kann es sich durchaus um eine Kutsche aus der ersten Hälfte des 18. Jahrhunderts handeln. Sie entsprach nicht mehr dem gängigen Geschmack, der bereits in vielen Bereichen an der englischen Mode orientiert war und auch den Kutschenbau betraf. Ab den 1780er Jahren nahmen die Engländer hier durch technische, materielle und stilistische Neuerungen eine führende Rolle ein (Wackernagel 1997: 177). Auch der letzte Würzburger Fürstbischof Georg Karl von Fechenbach (1795–1808) benutzte ein einfach gestaltetes Geschirr aus schwarzem, mit Messing beschlagenem Glattleder im englischen Stil (StAWü HV MS f.84: Nr. X).

Der Kiliani-Wagen dagegen besaß ein äußerst prunkvolles Erscheinungsbild, indem er mit zahlreichen Fransen behängt, außen »reich von Gold« und innen mit rotem Samt ausgeschlagen war. Dazu war das passende Geschirr für einen Sechserzug vorhanden. Der Kiliani-Wagen wurde mindestens einmal im Jahr zu einem der wichtigsten Festtermine in der fränkischen Residenzstadt verwendet. Am 8. Juni feierte man den Namenstag des Heiligen Kilians, des Stadtheiligen von Würzburg. An diesem Hochfest zog der Fürstbischof vom Portal des Ehrenhofes der Würzburger Residenz in einem prächtigen Festzug zum Dom. Eröffnet wurde der Zug durch den Hoffourier in seinem Amt als Zeremonienmeister, dem eine große Anzahl an Dienern, Kavalieren und den Inhabern der obersten Hofämter, die in sechsspännigen Wagen fuhren, folgte. Nach Läufern, Lakaien, Pagen und Edelleuten folgte der Höhepunkt des Festzuges, die sechsspännige Staatskutsche mit dem Fürstbischof, an deren Seite der Oberstallmeister und der Kommandant der Leibwache ritten, die wiederum von zwei Reihen der schweizerischen Leibgarde flankiert wurden (Freeden 1961: 57).

Bei den repräsentativen Kutschen wurde oftmals besonderer Wert auf die Herkunft gelegt, wobei Gefährte aus den europäischen Kutschenbauzentren Paris und Wien im 17. und bis ins 18. Jahrhundert hinein besonders nachgefragt waren. Nicht nur Auftragsarbeiten vor Ort wurden durchgeführt, vielmehr verbreiteten sich dort entworfene Modelle über Stichsammlungen, wie im Fall des bambergischen Reisewagens. Der Nachbau anhand von Stichvorlagen oder der Kauf gebrauchter Exemplare waren eine günstige Alternative, die sich insbesondere für die mittleren und kleinen Landesfürsten des Reiches anbot.

Balthasar Neumann etwa erwarb 1723 für den Würzburger Fürstbischof Johann Philipp Franz von Schönborn in Paris drei gebrauchte Kutschen und zehn Geschirre für 19.000 Livres (ca. 3600 Rthl.). Inklusive Generalüberholung, Verpackung, Fuhrlohn und Trinkgeld betrug der Endpreis 24.358 Livres und somit ungefähr 1000 Rthl. mehr (Wackernagel 2002: 287). Darüber hinaus begutachtete er auch den Bau derjenigen Gefährte, die der Bamberger Fürst- und Kurmainzer Erzbischof Lothar Franz von Schönborn dort in Auftrag gegeben hatte (Wackernagel 1966: 177).[21] Lothar Franz ließ bereits früher repräsentative Kutschen in Paris anfertigen, wie beispielsweise ein 1714 am Bamberger Hof gelistetes Gefährt mit roter Samtpolsterung, goldenen Fransen und zwei dazu passenden Decken für die hinteren Kutschpferde (StABa Nr. 1305).[22]

Auch am Fürstenhof in Ansbach waren Pariser Wägen begehrt. Bereits 1681 kaufte man direkt in Paris eine viersitzige Kutsche, die man die *Coupe* nannte (StAN Rep. 103 a III Nr. 71: 1353–1427). Während eines Paris-Aufenthalts des Erbprinzen Karl Wilhelm Friedrich von Brandenburg-Ansbach (reg. 1723–1757)[23] auf seiner Kavaliersreise 1728 wurden

21 Zur Parisreise Neumanns siehe auch Wackernagel 2002: 281–287, sowie Karl Lohmeyer: Die Briefe Balthasar Neumanns von seiner Pariser Studienreise 1723. Düsseldorf 1911.

22 Auch am Kurmainzer Hof verwendete man im 18. Jahrhundert Pariser Kutschen. Die technischen Neuerungen für höheren Reisekomfort finden sich in einem 1750 vorhandenen Pariser Stadtwagen, französischer Luxus 1774 in einer Staatskarosse (*Pariser Wahl- und Krönungswagen*), die für den Einzug zu Königskrönungen in Frankfurt am Main diente und eine karmesinrote Samtausstattung, goldene Fransen und Quasten sowie einen Einstiegschemel besaß (Borell: 1968/69: 95).

23 Sein Vater Wilhelm Friedrich war bereits 1723 verstorben. Ansbach wurde bis zur Volljährigkeit des Prinzen von einer vormundschaftlichen Regierung unter seiner Mutter verwal-

acht Pferdegeschirre mit drei dazugehörigen seidenen Leitseilen gekauft. Zusätzlich ließ man vor Ort Pläne für zwei Karossen zeichnen, die nach einer Gegenprüfung in Ansbach in Auftrag gegeben wurden (Kunze 1966:201–203). Darunter befand sich eine Staatskarosse für den Ansbacher Hof, deren Bau neben einem silbernen Tafelgeschirr für 28.000 Livres (ca. 5300 Rthl.) den teuersten Posten auf der Ausgabenliste in Paris ausmachte (Kunze 1967/68: 56). Mit der technischen Überlegenheit der französischen Wägen war der Erbprinz unmittelbar nach seiner Ankunft konfrontiert, denn die aus Ansbach mitgebrachten Kutschen entpuppten sich als zu schwer für das Spazierenfahren auf den gut gepflasterten Pariser Straßen. Deshalb wurde sofort eine fast ungebrauchte einheimische Kutsche mit dem dazugehörigen Geschirr erstanden. Die Bezeichnung als Kalesche lässt auf einen halb oder ganz offenen Stadtwagen schließen. Sie war mit karmesinrotem Samt ausgekleidet, »garni de bronce, clous et pommes dorées d'or moulu« und hatte goldene Fransen und Quasten. Allein diese Ausstattung und die wohl ebenso gearbeiteten Geschirre waren den Betrag der 2500 Livres (ca. 470 Rthl.) wert, die die gesamte Equipage aus zweiter Hand mit einem ursprünglichen Wert von 23.000 Livres (ca. 4350 Rthl.) gekostet hatte. Nachdem das Gefährt generalüberholt worden war, wurde es mit dem fürstlichen Wappen, das unter anderem den Brandenburger Adler und die Kurfürstenkrone zeigte, versehen und war für Karl Wilhelm Friedrich einsatzbereit (Kunze 1966: 203). Ein gut sichtbar angebrachtes Wappen an der Kutsche diente zur sofortigen Identifikation des Insassen und seines Ranges, was vor allem auf Reisen über die eigenen Landesgrenzen hinaus sinnvoll war, wo das Gefährt des Fürsten nicht stadt- und landbekannt sein konnte (Zedler 1732–1750/54, Bd. 15: 1090). Ebenso wie an Karl Wilhelm Friedrichs Pariser Gefährt wurde auch bei einer 1735 gebraucht erworbenen Kutsche für den Bamberger und Würzburger Fürstbischof Friedrich Karl von Schönborn sofort veranlasst, »an die Chaise Euer Hochf[ürstlich] Gnaden wappen mahlen und das gräflich-osteinische [des Vorbesitzers] deliren zu lassen« (StABa Nr. 1624: 16).

Neben der französischen Hauptstadt gab es eine weitere europäische Adresse für Staats- und Reisewägen. Das sich seit dem Ende des 17. Jahrhunderts eigenständig entwickelnde Kutschenbauzentrum in Wien etablierte sich neben dem führenden Pariser Wagenbau und wurde in

---

tet (Schuhmann 1980: 208–219).

Franken insbesondere durch die geistlichen Landesherren frequentiert (Borell 1968/69: 96). Lothar Franz von Schönborn beispielsweise, der wie erwähnt durch seinen Neffen und Reichsvizekanzler Friedrich Karl eine enge Verbindung zum Wiener Hof pflegte, ließ aus Wien Pläne für drei Wägen nach Franken schicken. Im Bamberger Wagenpark herrschte ein Mangel »ahn gutschen undt chaisen«, der durch die drei neuen Gefährte behoben werden sollte. Oberstallmeister Hans Georg von Rotenhan hatte die Neuanfertigungen initiiert und ließ ihre Finanzierung von der Hofkammer prüfen. Der Kostenvoranschlag für den Bau aller drei Chaisen betrug laut Wienerischem Anschlag 3631 fl. Wenn man allerdings die »innwendige auß Staffirung undt die mahlerey« abziehen würde – so der Vorschlag der Kammer –, käme man auf nur 2351 fl. (StABa Nr. 1305: 113/674). Lothar Franz stimmte diesem Vorschlag zu, denn eine »gar kostbahre vndt reiche chaise zu verfertigen, wäre sehr vnnohtig. Es sei zunächst ausreichend, für dermahlen eine von etwan 5. bis höchsten 600 fl. anzuordnen vndt nach den Wiener riß, iedoch ohne darin verwendung vieler kostbarkeiten in standt bringen zu lassen« (Ebd. 690). Hier wird deutlich, wie die Ausstattung der Gefährte unter Abwägung ökonomischer Aspekte zustande kam, womit die beschränkte Finanzkraft eines Duodezfürstentums einerseits, der Zwang nach standesgemäßer Repräsentation andererseits hervortritt.

Geschirre und Kutschenausstattung

Zu einer standesgemäßen Kutsche gehörten ebensolche Geschirre, die aus mehreren Einzelteilen bestanden und die es in verschiedenen Modellen und Ausstattungen gab.

Darüber hinaus unterlagen auch sie ästhetischen Idealen. Als der Würzburger und Bamberger Fürstbischof Adam Friedrich von Seinsheim (1755/57–1779) während des Siebenjährigen Krieges (1757–1763) in seiner Funktion als Direktor des Fränkischen Reichskreises nach Nürnberg reisen musste, wurde für diesen Anlass in Erlangen eine neue Kutsche gebaut. Allerdings waren die zwei dafür am ehesten geeigneten und in Bamberg vorhandenen Geschirrgarnituren – eine alltägliche und eine Gala-Anschirrung – »nicht mehr wohl schicklich [...] zu dieser neuen Chaisen.« Oberstallmeister Karl Dietrich von Künsberg fragte deshalb an, ob »ein neues Paar Kutschen-Geschirr und darzu gehörig[e] Sillen«

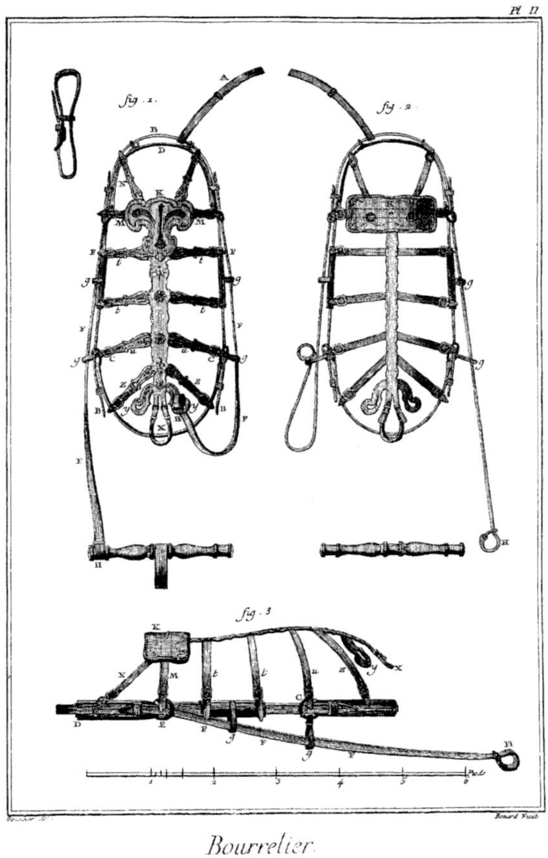

Abb. 3: Zwei Geschirre für eine Karossenbespannung, genannt »à sellette« (links) und »à couverture« (rechts) (aus: Encyclopédie ou Dictionnaire raisonné des sciences, des arts et des métiers. Hg. von Denis Diderot und Jean Baptiste le Rond d'Alembert. 17 Textbände, 11 Tafelbände. Paris 1751–1780, Tafelband 2, 1. Teil, 1763, s.v. Bourrelier, Tafel II. Quelle: http://fr.wikisource.org/wiki/Planches_de_l%E2%80%99Encyclop%C3%A9die_-_2; Link der Abbildung: http://fr.wikisource.org/wiki/Fichier:Encyclopedie_volume_2–111.png).

[Leitseile] angefertigt werden sollen. Seinsheim fand den Vorschlag, seine »Bamberger Directorial-Gesandschaft zu Nürnberg mit guter Equipage versehen zu lassen« als »freylich wohl gemäß« an, weshalb sich »die alten geschirr zu der neuen Chaise nicht wohl schicken« würden. Er gab die Anweisung, dass »mit verhandlung derer alten, neue kutschengeschirr angeschaffet werden« sollten (StABa 1624: 99).

Die Anweisung Seinsheims zur Inzahlungnahme der alten Geschirre belegt, dass die Anschaffung neuer Galageschirre kostenaufwendig war. Wie die Beschreibungen der bisherigen Galakutschen und insbesondere des Würzburger Kiliani-Wagens vermuten lassen, waren dabei die wertvollsten Teile die aufwendig verarbeiteten Textilien. Eine Beschreibung der zum Kiliani-Wagen gehörigen Geschirre veranschaulicht, dass sich der textile Reichtum in der Galaanschirrung fortsetzte. Sie bestand »aus sechs roth sammete[n], mit schmahlen goldenen Bördlein besezte[n] Geschirr […], nebst sechs Haupt Gestellen, die Leitseile mit Gold und Seiden durchwirckt.« Zum Schmücken der Pferde gab es sechs »Kepfbuschen mit rother Seide, goldene[n] Franzen und Crepinen, 18 Fioque [Fiocchi, Stirnbekrönung]«, die »wie die Kopfbuschen gemacht waren, 36 Bandmaschen [Schmuckbänder] mit goldenen Gace Spitzen besezt, zwölf Einflecht Quasten von rother Seide mit goldenene Franzen und Crepinen für die Mähne und sechs ebensolche Schopf-Bänder.« Für das Sattelpferd war ein »rothsammeter mit goldenen Bördlein besezter geschlosener Sattel« gedacht (StAWü HV MS f.84: Nr. XIV). Ein ähnlich reich ausstaffiertes Galageschirr aus dem 18. Jahrhundert hat sich im Besitz des Fürsten von Löwenstein-Wertheim erhalten.

Die von Künstlern angefertigten Schnitzereien und Bemalungen am Wagenkasten der Gefährte waren oftmals weniger kostenintensiv als die Arbeiten der Posamentierer und Goldsticker für Innenausstattung und Schmuckteile am Geschirr (Wackernagel 1997: 168). Besonders auffällig wird dieses Verhältnis bei einer neuen Staatskarosse für den Prinzipalkommissar Fürst Karl Anselm von Thurn und Taxis (1773–1797). Da er auf dem Reichstag in Regensburg den Kaiser vertrat, musste die Kutsche ein standesgemäßes Repräsentationsniveau besitzen und wurde prunkvoll ausgestattet. Für das 1780/81 angefertigte Gefährt war eine Gesamtsumme von 43.917 fl. fällig. Allein 29.852 fl. wurden für Seide, Goldfransen und Borten ausgegeben. Für die innen und außen »extrareich verfertigte Broderie für die Imperialle [flaches Kutschendach] des Staatswagens«, für die vierteiligen Sitzkissen und die »inwände Kräntze,

Abb. 4: Kopfgestell eines Galageschirrs mit ›Fiocchi‹ (Stirnquasten und -bekrönungen) aus dem 18. Jahrhundert. Fränkische Provenienz (Foto: M. Bayreuther).

die aus extra fein Double Doré Gold auf das pretioseste gestückt« waren, wurden 8882 fl. bezahlt. Nur rund 5200 fl. der knapp 40.000 fl wurden für weitere Handwerksleistungen und Material ausgegeben. Karl Anselm von Thurn und Taxis durfte als Vertreter des Kaisers diese Staatskarosse achtspännig fahren (Piendl 1966: 9).

Neben den seltenen Materialien wie Seidentaft, italienischem bzw. französischem Seidendamast und Seidensamt bestimmte die zeitintensive und spezialisierte Verarbeitung diese hohen Kosten. Für goldene und silberne Fäden, die für Fransen, Tressen, Spitze oder Posamenten verwendet wurden, mussten »Seidenfäden zusätzlich noch mit Goldlahn umwickelt werden. Dazu wurde Silberblech getrieben, feuervergoldet, in schmale Streifen geschnitten und dann dicht um den Faden gewickelt, der so als Goldfaden weiterverarbeitet werden konnte.« Der Arbeitsgang für Spitze war ebenso aufwendig, da sie geklöppelt werden musste: »[N]ach einer Vorlage wurden die Goldfäden miteinander verdreht und verkreuzt, Borten und Fransen gewebt, Posamenten gewickelt und genäht und Tressen geflochten.« Für eine Schmuckrosette am Galageschirr zum Krönungswagen Kaiser Karls VII. (1742–1745), die an der Seite des Pferdekopfes ihren Platz fand, brauchte man »zirka 1,20 Meter Taftband, sechs Goldposamenten, zwei Meter Goldspitze, sechs rot-goldene Posamentenblümchen sowie eine große Posamentenquaste, die aus geflochtenen Kordeln, gedrehten Fransen sowie acht Posamentengehängen besteht und dreimal unterschiedlich umflochten und umknotet ist.« (Schmid/Ott-Berger 1992: 68). Dies erklärt auch, warum textiles Kutschenzubehör von älteren Gefährten zur Wiederverwendung aufbewahrt wurde, wie beispielsweise in der zweiten Hälfte des 17. Jahrhunderts in der Ansbacher Sattelkammer. Hier lagerten 180 Ellen »gallaunen« (Borten, Tressen) in den unterschiedlichsten Farben: weiß, zitronenfarben, »nacara« (ein Rotton), »bleumourant« (blassblau), »aurora« (goldgelb) und »seladon« (graugrün) (StAN Rep. 103 a III Nr. 61: 1–119).

Der Wert der textilen Fahrausstattung lässt sich noch an einem weiteren Indiz erkennen. Im Fall von Okkupation oder Plünderung im Kriegsfall wurden diese Teile bevorzugt konfisziert oder gestohlen. Als preußischen Truppen während des Siebenjährigen Kriegs wiederholt Bamberg besetzten, wurde ein als besonders »boshaft und tollkühn« bekannter preußischer Major für die an mehreren »ordinari-wägen vis a vis beschehene zerschneid-, zerreiß- und zertrümmerung, somit verschändung«, verantwortlich gemacht. Der Schaden war jedoch begrenzt, denn der Bamberger Oberstallmeister hatte ein derartiges Vorgehen befürchtet und im Vorfeld nicht nur sämtliche Pferde aus den Hofställen und aus dem Gestüt sowie einige der Kutschen fortbringen lassen, sondern dafür gesorgt, dass von allen »Coupees und Gala-Wägen sowohl an stickerey als bortierung und sammet bereits vor der hand durch den Hofsattler geschickt und ohnverletzt« herausgetrennt und sicher verwahrt wurden. Weder der Fürstbischof noch andere Hofstaatsmitglieder waren über diese Maßnahme informiert gewesen, denn der Oberstallmeister hatte dies aus »vielfältigen ursachen sowohl vor- als auch vor jetzo noch nach der hand niemanden dahier zu eröffnen vor nothwendig« befunden, damit niemand über den Verbleib der Textilien Bescheid wusste (StABa Nr. 1624: 109).

Auch als die Franzosen 1796 durch Franken zogen, waren Pferde, Reit- und Fahrzubehör sowie Gefährte aus den Hofstallungen beliebtes Raubgut. Neben dem Verlust von 16 Pferden, Reitutensilien und einigen Wägen vermerkte der Oberstallmeister im Bericht an den Fürstbischof, dass aus »einem 4sitzigen Wagen das Tuch herausgeschnitten« worden war, »[e]benso aus drei Schwimmern«, und dass aus zwei weiteren Wägen die »Sitzmändel, einer von Manchester und der andere von melirten Blüsch«, herausgetrennt waren (StABa Nr. 1628: 130). In Würzburg hatte man bereits vor dem Eintreffen der französischen Truppen den wertvollen Samt der Innenausstattung des Kiliani-Wagens entfernt und in der Sattelkammer verwahrt. Dafür wurde bei einer grün lackierten Kutsche mit Malerei und roter Samtpolsterung fast das gesamte Innentextil von den Franzosen mitgenommen. Die wenigen übrig gebliebenen Stücke davon befanden sich noch Jahre später in der Obhut des Wagenmeisters (StAWü HV MS f.84: Nr. X).

Kutschpferde, Anspannung und Personal

Neben Gefährt und Geschirren kam den Kutschpferden einer fürstlichen Equipage erhebliche Bedeutung zu. Durch die steigende Beliebtheit des Fahrens im 18. Jahrhundert vermehrte sich ihre Zahl in den Hofställen merklich. Befanden sich im Ansbacher Marstall im Jahr 1667 noch 39 Kutschpferde für sechs Sechsergespanne und hatte sich diese Anzahl bis zum Ende des Jahrhunderts relativ konstant gehalten, waren es 1712 bereits 119 Tiere in 17 Zügen. Nicht inbegriffen waren dabei die Gespanne für die Hofökonomie. 1732 gab es mit 14 Sechserzügen und sieben weiteren Zugtieren mit 107 Stück fast ebenso viele. Die Tendenz dürfte steigend gewesen sein, vor allem, da 1729 eine preußische Königstochter an den ansbachischen Hof heiratete, der wohl mehrere Gespanne zur Verfügung standen. Am geistlichen Fürstenhof in Bamberg setzte sich dieser Aufwärtstrend im 18. Jahrhundert fort, auch wenn hier quantitativ weniger Pferde als in Ansbach vorhanden waren, was teilweise auch in dem geringeren Bedarf durch die doppelte Hofhaltung und den längeren Absenzen des Landesherrn begründet lag. Unter Lothar Franz von Schönborn gab es im Bamberger Marstall 1715 drei Hofzüge und weitere Postzüge (für hohe Hofstaatsmitglieder) mit 30 Pferden, unter Johann Philipp Anton von und zu Frankenstein (1746–1753) waren 51 Kutschpferde in sieben Sechsergespannen vorhanden und Adam Friedrich von Seinsheim hielt 1770 bereits 83 Kutschpferde in sechs Hof- und vier Postzügen. Noch zu Beginn von Seinsheims Regierungszeit hatte es in Bamberg 1757 nur 35 Kutschpferde gegeben (Bayreuther 2014: Kap. I.2.4). In Würzburg, seiner ersten Residenz, hatte er ein Jahr früher schon 75 Kutschpferde in sieben sechsspännigen und zwei zweispännigen Hofzügen sowie vier Kammerzügen zur Verfügung gehabt. Der Vergleich mit den hier gleichzeitig vorhandenen 45 Reitpferden zeigt, dass der Fokus am fürstbischöflichen Hof auf der Fortbewegung mit der Kutsche lag (StAWü HV MS f.47*).

Die Zusammenstellung der Gespanne richtete sich in erster Linie nach der Fellfarbe. Oftmals war es nicht einfach, sechs optisch und qualitativ zueinander passende Tiere zu finden. Dies zeigt sich an dem Sechsergespann, das Seinsheim für seine bereits erwähnte Fahrt nach Nürnberg 1762 vor seine neue Chaise spannen wollte. Eines der vorgesehenen Tiere war kurz vorher gestorben. Oberstallmeister von Künsberg wollte das Partnerpferd des verendeten Tieres ebenfalls aus dem Gespann nehmen und durch ein anderes Paar aus dem Bamberger Hofstall ersetzen, das es ebenfalls gewohnt war, nebeneinander zu gehen. Künsberg beklagte jedoch, dass er »von denen hiesigen regulierten Zügen aber, welche ohnehin auch ziemlicht zusammengehen«, d.h. begrenzt vorhanden waren, schwierig Ersatz beschaffen könnte. Er habe »keine hierzu schicklichere[n] [Tiere] ausfindig zu machen gewußt, als von dem ältern großen braunen Zug 2 auszuerlesen« (StABa Nr. 1624: 99). Da nun dieser Braunen-Zug auseinandergerissen war, fragte Künsberg an, ob für ihn zwei »sechsjährige von dergleichen farb und schönen Gewüchs« aus Kronach angekauft werden könnten, damit der Marstall mit ausreichend angemessenen Kutschpferden versehen wäre (Ebd.).

In Würzburg konnte Seinsheim auf zahlreiche geeignete Tiere aus dem fürstbischöflichen Gestüt im Spessart zurückgreifen. 1756 stammte nicht nur der Großteil der Reitpferde von dort, sondern auch zahlreiche der Kutschpferde, unter anderem die Tiere der drei Leibzüge, also derjenigen Gespanne, die für den Fürstbischof gedacht waren. Zwei der Leibzüge konnten sogar achtspännig gefahren werden, denn der erste bestand aus acht Rappen und der dritte aus acht goldbraunen Hengsten, die zwischen sechs und elf Jahren alt waren und alle aus dem Spessarter Gestüt stammten (StAWü HV MS f.47*). Das Bamberger Gestüt hingegen, das nach einer Blütezeit unter den Schönborn-Bischöfen Mitte des 18. Jahrhunderts quantitativ und qualitativ in der Produktion nachgelassen hatte und erst wieder unter Seinsheims Regierung einen erneuten Aufschwung erfuhr, konnte zu dieser Zeit noch wenig zur Deckung des Kutschpferdebedarfs am Bamberger Hof beitragen (Bayreuther 2014: Kap. I.2.4).

Gleich den harmonierenden Fellfarben der Pferde war die Anzahl der vorgespannten Pferde wichtig, da sie durch den Rang des Wageninsassen definiert wurde. Während des 18. Jahrhunderts hatte sich folgende Ordnung der Pferdeanspannung etabliert: Adlige im Allgemeinen durften bis zu vier Pferde anspannen, Fürsten und Reichsgrafen sechs und regierende Fürsten und ihre nächsten Verwandten acht Tiere, was bis zur Mitte des 18 Jahrhunderts dem Kaiser vorbehalten gewesen war. Diese Regeln waren bis zu ihrer endgültigen Festsetzung zeitweise umkämpft. So wurde 1683 der sächsische Landtag abgesagt, weil keine Einigung darüber erzielt werden konnte, ob die Reichsgrafen vier- oder sechsspännig vorfahren durften. Noch bis ins 18. Jahrhundert hinein wurde in der Regel maximal sechsspännig gefahren, denn das Fahren mit acht Pferden konnte sich erst im Zuge der Verbesserung der Fahrkunst entfalten (Tarr 1978: 243).

Die Fahrkunst hatte, ähnlich der Reitkunst, ihre Anfänge in Italien. Parallel zu den Verbesserungen des italienischen bzw. römischen Wagenbaus entwickelten sich neue Hilfsmittel für das Fahren. Die in Italien erfundene Kandare wurde nicht nur für Reit- sondern auch für Fahrpferde eingesetzt. Zusammen mit den sogenannten ›Italiennes‹, unter denen man kurze Kreuzzügel verstand, konnten die edler, aber auch temperamentvoller gezüchteten Wagenpferde besser gelenkt und beherrscht werden (Furger 2009: 37). Eine in Buchform publizierte Anleitung zur systematischen Ausbildung von Kutschpferden fehlte allerdings lange Zeit. Erst in der Reitlehre von François Robichon la Guérinière, *École de Cavalerie* (1733) ist ein Kapitel dem Ausbilden der Wagenpferde gewidmet (Guérinière 1733). Darin wurde angeregt, das Kutschpferd bis zum Alter von fünf Jahren auf die gleiche Art und Weise auszubilden wie ein Reitpferd für die Gebrauchs- oder Kriegsreiterei. Dies beinhaltete die Abhärtung gegen Lärm, Erfahrungen im Gelände und das Springen über Hindernisse. Danach sollte das Einspannen beginnen. Diese Ausbildung hielt Guérinière jedoch nur für die hochwertigen Galagespanne des Adels sinnvoll, da sie viel Zeit und somit Geld in Anspruch nahm (Gelbhaar 2002: 72–75). Nach Guérinière widmete sich François-Alexandre-Pierre de Garsault in seinem *Le nouveau parfait Maréchal ou la connaissance géneral et univerelle du cheval* (1741) dem Fahren, bevor er 1756 einen eigenen *Traité des voitures* veröffentlichte. Als europäisches Grundlagenwerk der Spezialliteratur zur Fahrkunst gilt jedoch *Le Parfait Cocher* von Antoine François de la Chesnaye aus dem Jahr 1744, das sich ausschließlich dem Fahren mehrspänniger Luxuswagen widmete (Furger 2009: 38–39).

Im Hintergrund des fahrenden Stalls waren Geschirr- und Wagenmeister und deren Gehilfen für Reinigung, Aufbewahrung und Instandhaltung der Gefährte und des Fahrzubehörs verantwortlich. Bei den Ausfahrten gehörte zu einer standesgemäßen Equipage darüber hinaus weiteres Personal, das auf und neben dem Gespann agierte. Die personelle Grundausstattung eines Leib- oder Hofzuges bestand aus Kutscher, Vorreiter und Beiläufer. Aus fürstlichen Personallisten und Marstallinventaren ist ersichtlich, dass den jeweiligen Hofzügen ein solches Trio fest zugeordnet war (StAWü HV MS f.47*). Bei Kutschfahrten zu öffentlich-repräsentativen Anlässen begleiteten noch Lakaien oder Mitglieder der Leibwache das Gefährt.

In einem Bericht des Bamberger Oberstallmeisters Hans Georg von Rotenhan, der im Dezember 1729 in Vertretung des Bamberger Fürstbischofs Friedrich Karl von Schönborn eine Antrittsreise an verschiedene sächsische Höfe unternahm, ist der Personalaufwand ersichtlich. Rotenhan berichtete genau über die jeweiligen Empfänge und seine Behandlung bei Hofe, wobei den ihm zur Verfügung gestellten Equipagen besondere Aufmerksamkeit zukam. Am Coburger Hof etwa wurde Rotenhan am Gasthaus von einem Kammerjunker in einer zweispännigen Kutsche aufgewartet. Er selbst durfte in »einer saubern Kutschen mit rothen Tuch und Silber ausgemacht« mit »6. Rodacher gestüd Pferdten bespannt« zur Residenz fahren. Die beiden Gefährte wurden von zwei Pagen, einem Hoffourier, einem Trompeter und vier Lakaien begleitet. Mit derselben Equipage wurde Rotenhan abends wieder zurückgebracht. Für Besuchsfahrten wurde ihm für die Dauer seines Aufenthalts eine zweispännige Kutsche mit zwei Lakaien angeboten, die er jedoch nicht in Anspruch nahm. Bei seiner zweiten Fahrt vom Gasthaus zur Coburger Residenz wurde er mit einem Zweiergespann nebst Hoffourieren und zwei Heiducken gefahren. Dieses Procedere wiederholte sich bei den Besuchen an den Höfen in Hildburghausen und Gotha (StABa Nr. 1623: 59).

Die Verwendung dieser repräsentativen Gespanne war genauestens geregelt, da es galt, einer allzu häufigen Benutzung durch den Hofadel, insbesondere ohne vorherige Genehmigung, entgegen zu wirken. Der Bayreuther Oberstallmeister von Löwenhaupt etwa insistierte diesbezüglich gegenüber Markgraf Friedrich darauf, »diejenige[n] Personen, welche sich des Herrschaftl[ichen] Geschirres und Equipage bishero häuffig und mehrentheils zum privat-Gebrauch mit der grösten Freyheit bedienet haben, in engere Schranken zu setzen« (StABa GAB Nr. 814). Entsprechende Regelungen fanden sich in den Stall- und Stallmeisterordnungen. In Ansbach etwa wurde 1712 nicht nur der Geschirrmeister zu »fleißiger Ab- und Zuschreibung der ab- und zugehenden Kutschen, Chaisen, Schlitten und anderer Wägen« angehalten, um einen Überblick über den Bestand und seine Verwendung zu behalten, sondern auch festgelegt, dass Kutschen keinesfalls ohne Erlaubnis der Herrschaft benutzt werden durften (StAN Rep. 103 a I Nr. 477).

Nutzfahrzeuge

In derselben Ansbacher Stallordnung wurden die Hofbedienten dazu verpflichtet, auf Reisen keine Hofreitpferde mehr zu benutzen, sondern wie »in vorigen Zeiten auff dem Silber- und Kuchen-Kalesch« mitzufahren. Dies deutet darauf hin, dass das Reisen auf den Wägen der Hofwirtschaft unbequem war und die Gefährte technisch deutlich unausgereift sowie weitgehend ungefedert waren, so dass die Bedienten das Reiten auf einem Pferd bevorzugten. Im Gegensatz zu den repräsentativen Fahrzeugen gibt es zu alltäglichen Pferdefuhrwerken sowie deren Anspannung und Geschirr weniger Sach-, Bild- und Archivquellen und folglich kaum Forschungsliteratur. Das Aussehen, der Einsatz und die Technik dieser Fahrzeuge haben sich aber im Laufe der Jahrhunderte wohl wenig geändert. Bereits in Martin Grossers »Kurzen und gar einfeltigen Anleitung zu der Landwirtschaft, beides im Ackerbau und in der Viehzucht nach Art und Gelegenheit dieser Land und Ort Schlesien« von 1590 sind unterschiedliche lenkbare Fahrzeuge für die Landarbeit beschrieben, wie Bretter-, Leiter- und Holzwägen (Helscher 1985: 168). Diese Gefährte mit ihren verschiedenen Verwendungszwecken dienten auch zur Unterhaltung eines Fürstenhofes und waren in den dortigen Wagenremisen vorhanden. Speziell bei den am Hof verwendeten Nutzfahrzeugen kann zwischen Reisewägen und Wägen für alltägliche Verrichtungen differenziert werden.

Reisegefährte

Für Reisen standen Packwägen, Küchenwägen, Silberwägen und Rüstwägen Verfügung, die Gepäck und Material der verschiedenen Hofressorts mitführten, so dass ein standesgemäßer Hofstaat auch unterwegs aufrechterhalten werden konnte (StABa GAB Nr. 749: 13–14). Im 17. Jahrhundert gab es noch die sogenannten Kammerwägen zum Personentransport, die im Wesentlichen einem ungefederten Kobelwagen mit einem Aufbau aus runden StANgen und einem darüber gespannten Lederdach entsprachen (Krünitz 1772–1858, Bd. 33: 199). Ein solches Exemplar mit einer mit Leder überzogenen Bespannung und acht eisernen StANgen gab es am Ansbacher Hof (StAN Rep. 103 a III Nr. 61: 1–119). Fürstliches Reisen verursachte folglich einen hohen Aufwand, den Ludwig XIV. von Frankreich auf die Spitze trieb. Er führte ein eigenes Amt für die Küchenwägen ein, das von einem Wagenmeister geleitet wurde, der eine jährliche Besoldung von 30.000 Livres (5676 Rthl.) erhielt und 50 bis 100 Zugpferde zum Utensilien- und Nahrungsmitteltransport zur Verfügung hatte (Krünitz 1773–1858, Bd. 54: 317–318).

Weit weniger Tiere, aber einen dennoch beeindruckenden fürstlichen Reisehofstaat umfasste der Zug, den Markgraf Christian von Brandenburg-Bayreuth (1603–1655) im Jahr 1607 aufstellte. Ziel war das sächsische Torgau, wo die Vermählung der Herzogin Magdalena Sybille von Preußen, Christians Schwägerin, mit dem späteren Kurfürst Johann Georg I. von Sachsen (1611–1656) stattfand. Für den Reisehofstaat mussten zusätzlich Pferde der Untertanen zum Fuhrdienst ausgeliehen werden. Mit 36 Reitpferden und zwei Leibkutschen mit 12 Kutschpferden sowie zwei sechsspännigen Kutschen für seine Gemahlin und deren Hofdamen machte sich der Markgraf auf den Weg. Außerdem beinhaltete der Zug einen fürstlichen Bettwagen, einen Kammerwagen, einen Rüstwagen und einen Silberwagen mit jeweils sechs Pferden, von denen wohl nur vier während der Reise angespannt und zwei Tiere als Ersatzpferde mitgeführt wurden. Insgesamt waren 175 Personen mit 136 Reit- und 98 Kutschpferden unterwegs (GStA PK BPH Rep. 43 I C Nr. 2). Die höhere Anzahl an Reittieren zeigt den Entwicklungsstand der Kutsche, die zu Beginn des 17. Jahrhunderts noch ein unbequemes Reisemittel war.

Die Reisegefährte für das Gepäck unterlagen hauptsächlich einer praktischen Komponente, wie einer der Packwägen des Bayreuther Hofes 1726 veranschaulicht, zu dem zwei starke, rot angestrichene Seile zur Sicherung der Ladung gehörten. Andererseits war selbst bei diesen Wägen fürstlicher Standard unmittelbar erkennbar: Zwei Bayreuther Packkaleschen waren mit einem halben Himmel aus blauem Tuch und eine Silber-Kalesche mit einem ganzen Himmel aus dem gleichen Material ausgestattet. Auf den Deckeln der drei Rüstwägen befanden sich das fürstliche Wappen und der Name des Markgrafen. Darüber hinaus gab es auswechselbare Bleche mit dem aufgemalten Fürstenwappen, die auf die Packwägen montiert wurden. Daneben war auch eine blaue gefütterte Decke aus Tuch vorhanden, die mit einem Adler bestickt und zur Bedeckung des großen Packwagens bestimmt war (StABa GAB Nr. 749: 13–24). Ein kombinierter Gepäckwagen, der um 1730 für den sächsischen Kurfürsten und polnischen König August den Starken (1694/1697–1733) gebaut worden war und auf Schloss Moritzburg erhalten geblieben ist, zeigt mit einer Länge von sechs Metern die Größe, die ein solches Gefährt annehmen konnte. Vor und hinter einer schmalen, ungefederten Fahrgastzelle konnten auf zwei Ebenen Reisekisten verstaut und mit Lederplanen gegen Nässe geschützt werden (Roche 2000: 346).

Abb. 5: Gepäckwagen August des Starken, aufbewahrt in Schloss Moritzburg, um 1730 (SLUB Dresden / Deutsche Fotothek / Seifert).

Fürstliches Reisen war folglich bestimmt durch umfangreiches Gepäck und eine große Anzahl an Pferden, Fuhrwerken sowie Bediensteten. Manche Fürsten jedoch sträubten sich gegen einen derartigen Aufwand, wie Fürstbischof Franz Ludwig von Erthal. Im Mai 1783 begab er sich von Würzburg nach Bamberg, um von dort eine Reise nach Gößweinstein und in die umliegenden Pfarreien zu unternehmen. Oberstallmeister von Weinheim schlug dafür eine Reisegruppe von 30 Pferden und vier Husaren vor. Aber Seinsheim empfand diese Anzahl als zu hoch und gab eigene Anweisungen, wie viele Kutschen und Pferde mitzuführen seien. Von Gößweinstein aus zu den Pfarreien benötige er nur zwei viersitzige Chaisen mit nicht mehr als je vier Pferden. StANdesgemäß hätten ihm mindestens sechs Tiere zugestanden. Zusätzlich drängte er auf leichtes Gepäck und kurze Wegetappen, die eine Dauer von zwei Stunden nicht überschreiten sollten. Eine aufgeblasene Reisegesellschaft lehnte er kategorisch ab: »Schon den Namen Küchenkalesche bei den Reisen von der Art, wie ich sie dermalen zu machen vorhabe, höre ich ungern.« Die Strecken direkt zu den Pfarreien beliebte Erthal sogar zu Pferd zurückzulegen, »in der Zuversicht, daß man auf den Fußsteigen ohne Gefahr werde reiten« können (StABa Nr. 1627: 147).

Alltagsgefährte

Im Gegensatz zu den Reisegefährten für Gepäck, Utensilien der Küche, Silber- und Rüstkammer und Hofbedienter kamen die Alltagsgefährte der Hofwirtschaft wesentlich häufiger zum Einsatz. Ihre unterschiedlichen Benennungen lassen die vielfältigen Aufgaben erahnen, die mit Hilfe equiner Zugkraft zur Befriedigung der alltäglichen Bedürfnisse des Hofes bewältigt wurden.

Bereits zu Beginn des 17. Jahrhunderts waren unter Markgraf Georg Friedrich von Brandenburg-Ansbach-Kulmbach (1543/1557–1603) neben nur sechs Hofkutschen mehrere Gebrauchswägen vorhanden, etwa drei Schießwägen, die zum Transport schwerer Büchsen für die Jagd eingesetzt wurden (Krünitz 1773–1858, Bd. 142: 684), ein Schlachterwagen, ein *Kelter Kuchenwagen*, vier Weinwägen, sechs Mistwägen, vier Heuwägen und zwei Truhenwägen (StABa GHAP Nr. 4240). Truhen- oder Kastenwägen gab es auch in der zweiten Hälfte des 17. Jahrhunderts im Ansbacher Wagenhaus. Diese Grundform des Transportwagens war an zwei oder vier Seiten in variabler Höhe verbrettert, so dass verschiedenes Transportgut geladen werden konnte. Neben Plockwägen mit großen, unbeschlagenen Rädern für das Transportieren schwerer Munition im Kriegsfall standen in Ansbach außerdem drei *Bierwägelein*, Holzwägelchen, Heuwägen, Straßenkarren, sowie zwei Dungkarren. Zum Be- und Entladen der Wägen, insbesondere der hochbeladenen Heuwägen, waren mehrere Paar Heuleitern und Rüstleitern behilflich. Aufbewahrt wurden auch Teile und Räder von älteren Gefährten, die bei Reparaturen Verwendung fanden (STAN Rep. 103 a III, Nr. 61 und 71).[24] Am Bayreuther Hof des beginnenden 18. Jahrhunderts besaß man darüber hinaus zwei Holzwägen und zwei Steinwägen, die bei Nachtfahrten wohl mit den ebenfalls vorhandenen blechernen Laternen mit eingesetzten Gläsern beleuchtet wurden (StABa GAB Nr. 749: 13–24).

Neben Truhen- oder Kastenwägen stellten Leiterwägen mit ein oder zwei Langbäumen und zumeist unbeschlagenen Rädern (Blockräder) einen Großteil dieser Alltagsfahrzeuge. Ihre Benennung richtete sich nach ihrer Größe sowie der Art ihrer Leitern, wobei die Unterschiede oftmals nur kleine Veränderungen betrafen. In einem Kutscheninventar von

24 Zu den Verwendungs- und Umbaumöglichkeiten eines Kastenwagens um 1900 siehe Schlimmgen-Ehmke 1988: 78–98.

1667 vom Ansbacher Hof wurden die 17 vorhandenen Ökonomiegefährte dementsprechend als ›unterschiedliche‹ Wägen zusammengefasst (StAN Rep. 103 a III Nr. 61: 1–119). Ein Erntewagen beispielsweise besaß besonders große Leitern, bei denen »die Sprossen mehrentheils durch den obersten Leiterbaum hindurch gehen, und oben, eine Spanne hoch über den Leiterbaum gesetzt sind, um Garben darauf zu stecken.« Sie waren soweit voneinander entfernt, »daß ein Mensch bequem hindurch kriechen« konnte. Bei einem Fracht- oder Rüstwagen lagen Fracht- oder Rüstleitern auf dem Nutzgefährt. Die Leitersprossen bei einem Mistwagen – »er sey groß oder klein – waren nicht viel über eine Hand breit von einander« entfernt, damit der Mist nicht hindurch fallen konnte (Krünitz 1773–1858, Bd. 77: 92–93). Wägen und zweirädrige Karren besaßen auch verbretterte Aufbauten für kleinteiliges Transportgut. Oftmals gab es eine Abdeckung, die durch Entfernen eines vorne angebrachten Spannagels nach hinten umgeklappt werden konnte, was insbesondere bei der »Fortschaffung flüssiger oder aus kleinen Theilen bestehender Gegenstände, als: Sand, Koth, Kalk und dergleichen«, im Fall eines Umkippens das Ausschütten der Ladung verhinderte (Krünitz 1773–1858, Bd. 232: 465). Leiterwägen konnten auch zweckentfremdet verwendet werden. Eine Abbildung aus dem thüringisch-sächsischen Raum von 1714 belegt den Einsatz eines großen Leitergefährts innerhalb einer Invention, eines repräsentativen Umzugs aus Anlass eines Hoffestes oder einer Turnierveranstaltung.

Abb. 6: Unbekannt: Leiterwagen mit Altenburger Bäuerinnen bei einer Invention (Festumzug), 1714, Kupferstich-Kabinett Dresden (SLUB Dresden / Deutsche Fotothek / Gerhard Döring).

Bei der Konstruktion dieser Nutzfahrzeuge musste vor allem auf die Größe der Räder geachtet werden. Nur in ebenen Landschaften waren alle Räder gleich hoch. Ansonsten fertigte man kleinere Vorderräder an, da die Last bei gleichen Rädern »mehr auf dem hintern Theile des Wagens ruht, und sie durch die Zugkraft weniger leicht überwunden wird.« Ein Gefälle zwischen Vorder- und Hinterrädern ermöglichte eine bessere Lastverteilung und erleichterte dem Zugtier die Arbeit. Es galt folglich: »Nicht die Stärke des Holzes und des Eisens giebt dem Wagen die Eigenschaft, große Lasten zu tragen, sondern die richtige Vertheilung der Last.« Das beste, auch regional angepasste Verhältnis zu finden war nicht einfach, weshalb »Stellmacher, welche gute, dauerhafte, sich leicht fahrende Wagen bauen, und Schmiede, welche den Beschlag ordentlich besorgen, selten« waren (Krünitz 1773–1858, Bd. 232: 440–441).

Besonders detaillierten Aufschluss über den alltäglichen Einsatz dieser Fahrzeuge gibt eine Fuhrtabelle des Bamberger Hofes vom Ende des 18. Jahrhunderts. In einem großformatigen Vordruck in Tabellenform wurde die tägliche Verwendung sämtlicher Zugpferde sowie der dem Hofstaat zur Verfügung stehenden Reitpferde für den Zeitraum eines Monats dokumentiert. Aufgeführt waren zunächst die so genannten »regulirten« Züge, die aus dem Leibzug, dem Nachzug sowie dem dritten bis vierten Hofzug für den Fürstbischof und seine obersten Hofstaatsmitglieder bestanden. Danach folgten die Tragmaultiere und zehn Postzüge für den Hofstaat sowie die Hand- und Hofreitpferde. Schließlich wurden diejenigen Zugtiere aufgelistet, die im Geyerswörther Stall am alten Bischofssitz untergebracht waren und zur Versorgung des Hofes dienten: die zehn Bau-, also Arbeitszüge und der Postler. Zwei weitere Arbeitsgespanne befanden sich in der Sommer- und Jagdresidenz Schloss Seehof vor den Toren Bambergs und im Koppenhof, wo die Stuten des fürstbischöflichen Gestüts beherbergt waren (StABa Nr. 1628: 79).

Die Fuhrtabelle ist einerseits bestimmt durch typische Arbeiten im Herbst, andererseits durch die Abwesenheit des Fürstbischofs, der sich in seiner anderen Landesresidenz in Würzburg aufhielt. Deshalb wurde der Leibzug selten verwendet und an einigen Tagen nur »fouragirt« (vermutlich zur Bewegung oder zu (Futter)Transportzwecken gefahren). Die anderen regulierten Gespanne wurden etwa am Dritten des Monats vom Bamberger Obermarschall und von Hofrat Pflaum in Anspruch genommen. Einige der Postzüge, die eigentlich für Fahrten des Hofstaates verfügbar waren, machten auch Arbeitsfahrten und transportierten beispielsweise Holz, Stroh, Getreide, Wein und Fisch (StABa Nr. 1628: 169). Am 1. November, dem religiösen Feiertag Allerseelen, standen für die Hofzüge nur sechs Fahrten für Angehörige des Hofstaates an, während keines der Arbeitsgespanne eingesetzt wurde. Auch an Sonntagen hatten die Bauzüge Ruhetag. Als Beispiel für die alltäglichen Fahrten eines Bauzuges soll das fünfte Geyerswörther Arbeitsgespann angeführt werden. In der ersten Novemberwoche fuhr es am Montag Most und am Dienstag zwei Klafter Holz an den Hof. Am Mittwoch ging es nach Höchstadt und tags darauf mit einer Fuhre Heu zurück. Der Donnerstag blieb frei, während am Freitag eine Heufuhre aus Gundelsheim anstand, für die im Gegensatz zur Wegstrecke nach Höchstadt nur ein Tag benötigt wurde (StABa Nr. 1628: 79). Als Fuhrwerke fanden hier wohl Kelter- oder Weinwägen sowie Holz- und Heuwägen Verwendung.

Das Heu diente als Futter für sämtliche Tiere der Hofställe in Bamberg. Aber auch die Pferde des auswärtigen Gestüts mussten über den Winter mit Heu versorgt werden. Unter Friedrich Karl von Schönborn wurde 1730/31 ein neuer Fohlenhof für die Hengstfohlen mainabwärts in Bischofsheim bei Zeil am Main angelegt. Den ersten Winter sollten die Jungtiere in der dortigen »Schaaf-scheuer« (Schafscheune) verbringen. Noch im Sommer konnte »das umb Zeyl wachsende herrschafftliche Heu und Grummet gemächlich dahin« gebracht werden. Der Ertrag an Heu von den fürstbischöflichen Wiesen um Zeil, der im Jahr 1716 beispielsweise 84 Fuhren betragen hatte, und das »aus denen Zehenden eingehende Streu- und futter stroh« reichte für den gesamten Winter aus. Der Dung der Fohlen, wurde – wohl mit einem Mistwagen oder -karren – »in die herrschafftl[ichen] Weinberge« gefahren (StABa Nr. 1623: 62). Die regelmäßigen Heufuhren für den Fohlenhof kamen aus Zell, Knetzgau sowie Augsfeld und ein Teil des Wegs nach Bischofsheim ist heute noch als ›Heuweg‹ bekannt (Umlauf 2009: 23). Doch nicht immer war ausreichend Heu für die fürstlichen Pferde vorhanden. Als 1760 die Heuernte schlecht ausfiel, da »die herrschaftl[ichen] Mühlhäuser, Obern- und Hallerndorfer Wiesen durch den gefallenen Wolkenbruch gänzlichen überschwemmet« wurden und somit »solches Heu unfutterbar« war, gab es ein Defizit von 500–600 Zentnern. Anstelle das fehlende Heu anzukaufen, wurde Ende 1761 eine genaue Feststellung des noch vorhandenen und teilweise mehrere Jahre alten Heus vorgenommen. Immerhin 5062 Zentner befanden sich im Bamberger Heumagazin, in Forchheim, Baunach, Memmelsdorf, Seehof, Strullendorf und im Koppenhof. Weitere Vorräte waren in Zeil am Main und Ober- und Mittlerweilersbach vorhanden, so dass die Versorgung für den Winter gesichert war. Diese Bestände sollten zur Fütterung sämtlicher Hofpferde nach Bamberg gebracht werden, damit ein kostenaufwendiger Heuankauf für 2500 fl. nicht notwendig war (StABa Nr. 1624: 66).

Der Transport des frischen oder des eingelagerten Heus aus dem Umland nach Bamberg war sowohl im Sommer wie auch im Winter eine der Hauptaufgaben der Bauzüge. Die dabei verwendeten Heuwägen gab es in unterschiedlichen Ausführungen, etwa besonders große Gefährte mit eisenbeschlagenen Rädern, die 50 bis 80 Zentner fassen konnten. Hier konnten nur besonders starke Pferde vorgespannt und auf Wiesen mit festem Untergrund eingefahren werden. Bei sumpfigerem Untergrund wurde dabei die Grasnarbe zu stark beschädigt, so dass »auf fetten weichen Wiesen, keine schwere[n] und große[n], sondern nur kleine und leichte Fuhrwerke mit breiten unbeschlagenen Pochrädern« fahren sollten. Im Extremfall sollte die Wiese überhaupt nicht befahren und das Gefährt am Rand abgestellt werden, um »auch [die] Gefahr des Umwerfens, wobey so gar Pferde und Gespann Schaden leiden können, zu überwinden.« Beim Heuen von norddeutschen Torf- oder Moorwiesen mussten besonders leichte Karren mit sehr breiten Rädern verwendet werden. Zusätzlich wurden an den Hufen der Pferde Holztafeln befestigt, um deren Einsinken zu verhindern. Auf einen Heuwagen war normalerweise ein »Leitergitter auf Stützen oder Rungen«[25] gelegt, die man »beym Abladen an der einen Seite wegnimmt, welches die Arbeit sehr befördert.« Daneben bediente man sich auch einspänniger Heukarren mit hohen und breiten Rädern sowie einer besonders langen Mittelachse, die allzu leichtes Umkippen verhindern sollte (Krünitz 1773–1858, Bd. 23: 164–167). Für diejenigen Bamberger Wiesen, die im Maingrund lagen, wurden sicherlich leichtere Wagen verwendet.

Neben den Heufuhren hatten die Gespanne am Bamberger Hof verschiedene andere Aufgaben zu verrichten. Die Bauzüge brachten laut der Fuhrtabelle von November 1794 neben dem Heu aus den Zehntscheunen in Bambergs Umgebung – etwa aus Gundelsheim oder Oberndorf – Dung auf die Wiesen, Gemüse in den Hofkeller und Obst-Most an

25 Runge heißt »das starke kurze Holz an einem Leiterwagen, welches unten in der Achse oder in einer eigenen Rundschale steckt, und woran sich die Wagenleiter lehnt« (Krünitz 1773–1858, Bd. 128: 698).

den Hof. Häufig fuhren sie nach Schloss Seehof. Darüber hinaus beförderten sie Stroh, Loh (Torf/Lehm), Sand, Schutt, Stein, Backsteine und Bauholz (StABa Nr. 1628: 79). Hierbei kamen Gefährte wie Steinwägen, Mistwägen, Dungkarren und Holzwägen zum Einsatz. Gerade die Beförderung von Langholz in Form von Stämmen oder langen Balken barg im Gegensatz zu den routinemäßigen Brennholzfuhren eine gewisse Herausforderung. Vor einen ›Hamburger Balken‹ mussten zehn bis zwölf Pferde, bei schlechten Wegen sogar ein zusätzlicher Vorspann angeschirrt werden. Für den Fernholzhandel gab es eigens angefertigte Wägen, die Block- oder Puchwägen hießen, und unbeschlagene Räder hatten, damit sie durch ihr schweres Transportgut nicht in die Wege einsanken. Die Räder waren »von ungemeiner Größe, und besonders in ihren Felgen drey bis vier Mahl so breit, als die gewöhnlichen Räder.« Mindestens vier Pferde waren nötig, um den Wagen ohne Last zu bewegen. Die Straßen pflegten durch diese Fuhrwerke »gar sehr verderbet und öfters völlig unbrauchbar zu werden« (Krünitz 1773–1858, Bd. 24: 803–804).

Abb. 7: Holzwagen, 18. Jahrhundert. Ausschnitt einer Radierung von Adrian Zingg (1734–1816): Burgruine mit Regenbogen, 31,7 x 44,3 cm, Kupferstich-Kabinett Dresden (SLUB Dresden / Deutsche Fotothek / Rudolph Kramer).

Die jährliche Arbeitsleistung der Bamberger Post- und Arbeitsgespanne kann anhand von Zahlen veranschaulicht werden. Für den Zeitraum von November 1797 bis November 1798 wurden durch die Hofpostzüge 1392 Personen- und Arbeitsfahrten und durch die Baugespanne 2012 Nutzfahrten, also insgesamt 3404 Fuhren geleistet. Bei 242 Arbeitstagen, die nach Abzug der Sonn- und Feiertage und der »nötigen Beschlag-Zeit« übrig blieben, waren dies durchschnittlich 14 Fuhren pro Tag, die von sechs Post- und fünf Bauzügen bewältigt wurden. Jährlich kam jedes dieser Gespanne durchschnittlich auf 309 Fuhren. Darunter befanden sich »sehr viele von 8 bis 14 Stunden« Arbeitsdauer, nämlich wenn die Gespanne »mehrere Täge bei Commissionen« gebraucht wurden. Wieviel günstiger es war, diese eigenen Arbeitsgespanne in der Hofökonomie zu besitzen, anstatt die Arbeit durch Lohnfuhrwerke erledigen zu lassen, die bei mehrtägigen Fahrten zwölf bis 20 fl. kosteten, zeigt folgende Rechnung: Bei einer Fütterung von 70 Pfund Heu und 3 ½ Metzen Hafer pro Woche und Pferd ergaben sich für den Unterhalt eines Arbeitszuges jährlich 245 fl. fränkisch. Wenn der durchschnittliche Preis für eine Lohnfuhre auf 3 fl. angesetzt wird, käme ein Arbeitsgespann von außerhalb für die 309 Fuhren, die in einem Jahr anfielen, auf 927 fl. und war somit bedeutend teurer, auch wenn die Personal- und die Hufbeschlagskosten hierbei noch nicht eingerechnet sind (StABa Nr. 1628: 169).

Arbeitsgespanne

Die Anzahl der Pferde, die als Arbeitsgespanne eingesetzt wurden, machte bei der Gesamtanzahl der Pferde in fürstlichem Besitz einen hohen Anteil aus. Von den 197 Pferden und Maultieren, die sich Mitte des 18. Jahrhunderts in den Würzburger Hofstallungen befanden, waren 70 Tiere bei der Hofökonomie: 42 Fuhrpferde zu neun Viererzügen – darunter zwei »Holländer Stuthen-Züg« und einige Ersatzpferde –, drei zweispännige »Kärner«[26], zwei Tiere bei den Dreiradkärrnern und 20 Zugmaultiere zu fünf Viererzügen mit je einem Knecht und einem

26 »Im Oberd[eutschen] Kärer, Karrer, Kärcher […], ein besonders in Franken und Thüringen übliches Wort, einen Karrenführer oder Fuhrmann, welcher Waren auf einem Karren, d. i. zweyräderigen Wagen, von einem Orte zum andern führt, zu bezeichnen« (Krünitz 1773–1858, Bd. 35: 201).

Beiläufer. Drei Jahre zuvor hatte es unter dem alten Fürstbischof sogar noch zwölf vierspännige Arbeitszüge gegeben. Zum Fuhrwesen wurden auch Zuchtstuten herangezogen, wenn sie noch nicht hochträchtig waren oder nicht zukamen. Gleichzeitig gab es noch 19 Kutschpferde für vier Kammerzüge (= Hof-, Postzüge), die unter Umständen wie in Bamberg auch Arbeitsfuhren erledigten. 51 weitere Kutschpferde bedienten sieben Sechsspänner und einen Zweispänner für den Fürstbischof und seine hochrangigen Hofmitglieder (StAWü HV MS f.47*).

Am Ansbacher Markgrafenhof stieg die Anzahl der Arbeitspferde vom 17. ins 18. Jahrhundert sprunghaft an. Gab es noch unter Johann Friedrich von Brandenburg-Ansbach (1667–1686) 51 Zug-, Bau- und Karrenpferde, waren 1712 mehr als drei Mal so viele Tiere, nämlich 162 Stück, vorhanden. 1730 hatte sich diese Zahl unter Markgraf Karl Wilhelm Friedrich nur geringfügig auf 143 Tiere gesenkt. Machten unter Johann Friedrich die Arbeitstiere 40% bei der Gesamtanzahl der fürstlichen Tiere aus, wären es 1712 bereits 55% und 1730 sogar 63%. Hier zeigt sich besonders deutlich, dass der Aufwand der Ansbacher Hofhaltung im 18. Jahrhundert deutlich anstieg und deshalb zahlreiche Arbeitsgespanne gehalten werden mussten, um den Bedürfnissen des Hofes nachzukommen. 1712, in der Regierungszeit von Wilhelm Friedrich von Brandenburg-Ansbach (1703–1723), gab es 119 Zugpferde in 17 Zügen, 15 Baupferde, vier Zugpferde zur Verwendung im Hofgarten sowie zwei für die »Prauverwaltung«, fünf »Porcellain« *Pferd* für die 1710 gegründete Ansbacher Fayencemanufaktur, ein Zweiergespann beim Kreistag des Fränkischen Reichskreises, 14 »Heyzug«-Pferde, die ausschließlich für die Hofheufuhren verwendet wurden, und ein Karrenpferd, vermutlich für die täglichen Mistfuhren mit dem Mistkarren aus den Hofställen (StAN Rep. 103 a I Nr. 105).

Auffällige Unterschiede zu den repräsentativen Leib- und Hofzügen waren Unterbringung und Zusammenstellung der Arbeitsgespanne. In Würzburg befand sich der Stall für die Bauzüge in Probsthausen, einer ehemaligen Hofstatt, die sich an der Hofpromenade (jetzt Balthasar-Neumann-Promenade) neben der Residenz auf dem heutigen Gebiet des Hofgartens befand (Freeden 1955: 521). Die Bamberger Arbeitsgespanne waren in oder um Schloss Geyerswörth, dem ehemaligen Bischofssitz, untergebracht. Auch die Ansbacher Arbeitspferde durften nicht in dem neuen, 1734 fertiggestellten Marstallgebäude direkt an der Residenz logieren, sondern waren in anderen Ställen, etwa dem »Baustall«, beherbergt (Maier 2005: 223, 233). In Bayreuth mietete man bis zum Stallneubau 1748 für diejenigen Pferde, die in den fürstlichen Ställen keinen Platz fanden, zusätzliche Unterbringungsmöglichkeiten bei Privatleuten an.[27] Ebenso nachrangig wie die Unterbringung der Arbeitspferde war ihre farbliche Zusammenstellung. War es bei einem Galagespann von enormer Wichtigkeit (und Schwierigkeit), sechs oder acht gleichfarbige Pferde zusammenzustellen, denen manchmal sogar noch gleichförmige weiße Abzeichen angemalt oder durch absichtliche Verwundungen hinzugefügt wurden,[28] waren die Fellfarben der Arbeitszüge gemischt. Bei den 18 Bauzügen, über die die Ansbacher Hofökonomie 1667 verfügte, gab es beispielweise als 16. Zug ein Vierergespann, bestehend aus einem Schimmel, einem Rotschimmel, einem Rappen und einem Braunen, ein weiterer beinhaltete einen Tigerschecken, zwei Falben und einen Braunen. Die sechs fürstlichen Züge dagegen waren farblich abgestimmt und hielten sogar ein besonders aufwendig zusammenzustellendes Schwarzschecken-Gespann bereit (StAN Rep. 103 a III Nr. 61: 1–119). Auch am Würzburger Hof wurden die Baugespanne in unterschiedlichen Fellfarben zusammengestellt, wie etwa der zweite Holländer-Stuten-Zug, der aus einem schwarzbraunen Tier, drei Rappen und einem Falben bestand (StAWü HV MS f.47*).

Die Geschirre der Arbeitspferde waren ähnlich einfach gehalten wie die Konstruktion der Nutzfahrzeuge. Bei leichter Lastbewegung wurde, ebenso wie bei Personenwägen, ein Brustblattgeschirr verwendet, bei schwerer Zuglast zur besseren Gewichtsverteilung ein Kumtgeschirr. Am Ansbacher Hof wurde zu Beginn des 17. Jahrhunderts zwischen Kummeten mit Geschirren und Kummeten mit Strängen und Gurten unterschieden, die vermutlich bei unterschiedlich schweren Arbeiten eingesetzt wurden (GStA PK BPH Rep. 44 I K 4). Am Bamberger Hof gab es im 18. Jahrhundert eine ähnliche Aufteilung: Während die Hofzüge mit gold- und messingbeschlagenen Geschirren ausgestattet waren, erhielten die Postgespanne die einfache lederne Variante und die Bauzüge Kumtgeschirre (StABa Nr. 1305). Den für die Außendarstellung unbedeutenden Stellenwert dieser Geschirre kann man daran ablesen, dass sie in den Sattelkammerinventaren, wenn überhaupt, nur erwähnt und

27 Die »Ställe vor die Fürstl. Pferde lagen zimlich zerstreuet, weshalb die Hochfürstl. Cammer noch darzu denen privatis als Eigenthums Herren darvon jährliche Zinnß [Miete] darfur abreichen« musste (StABa GAB Nr. 5707: 9).

28 Aus Wunden nachwachsende Haare sind weiß (Reitzenstein 1764: 109).

nicht näher beschrieben werden. Eine Bildtafel aus der von Denis Diderot und Jean Baptiste le Rond d'Alembert herausgegebenen *Encyclopédie ou Dictionnaire raisonné des sciences, des arts et des métiers* (1751–1780) zeigt verschiedene Modelle von Arbeitsgeschirren, die im 18. Jahrhundert gängig waren.

Abb. 8: Geschirre für Arbeitsgespanne. In der Mitte eine Anschirrung für einen Zweispänner; unten die Anschirrung, wie sie bei einem Treidelpferd, das Schiffe zog, verwendet wurde (aus: Encyclopédie ou Dictionnaire raisonné des sciences, des arts et des métiers. Hg. von Denis Diderot und Jean Baptiste le Rond d'Alembert. 17 Textbände, 11 Tafelbände. Paris 1751–1780, Tafelband 2, 1. Teil, 1763, s.v. Bourrelier, Tafel VI. Quelle: http://fr.wikisource.org/wiki/Planches_de_l%E2%80%99Encyclop%C3%A9die_-_2; Link der Abbildung: http://fr.wikisource.org/wiki/Fichier:Encyclopedie_volume_2-115.png).

Schlussbemerkung

Der Blick in die Kutschpferde-Ställe, Geschirrkammern und Wagenhäuser der fränkischen Fürstenhöfe eröffnete ein Panorama repräsentativer sowie alltäglicher Hofkultur der Frühen Neuzeit. Die Gefährte mit hoher Außenwirkung waren dabei zum Großteil in einen symbolischen Kontext gestellt, der sich an der Anzahl der vorgespannten Pferde, den begleitenden Personen oder dem aufgemalten Wappen auf dem Türschlag äußerte. Dabei war die Metapher des fahrenden Throns von Bedeutung, die insbesondere dann offensichtlich wurde, wenn zwei gleichrangige Personen in demselben Gefährt saßen, wie etwa der ansbachische und der preußische Erbprinz auf der Spazierfahrt am Berliner Hof 1729 oder der Bayreuther Markgraf, der bei einem Besuch in Bamberg vor der Stadt vom Fürstbischof persönlich abgeholt und in dessen Kutsche gebeten wurde (GStA PK BPH Rep. 43 II C Nr. 2: 13–17). Die Begegnung auf Augenhöhe in einem standesgemäßen Gefährt demonstrierte Gleichrangigkeit und öffentliche Akzeptanz des Ranges.

Die Reise- und Alltagsgefährte scheinen auf den ersten Blick wenig mit dieser Symbolik gemein zu haben. Tatsächlich war aber auf Reisen die Anbringung des fürstlichen Wappen auf den Gepäckwägen ein ebenso zeichenhafter Hinweis. Zudem konnte ein Leiterwagen innerhalb eines Festumzugs durchaus repräsentativ eingesetzt werden. Darüber hinaus waren die Arbeitsgespanne grundlegend an der Aufrechterhaltung einer standesgemäßen Hofhaltung, die den Herrschaftsanspruch des Landesherrn nach außen kommunizierte, beteiligt. Sie erledigten nicht nur Fuhren für den täglichen Bedarf des Marstalls, sondern auch für andere Hofämter wie Küche und Keller. Die Anzahl der Arbeitspferde stieg, wie am Ansbacher Beispiel demonstriert, vom 17. bis zum 18. Jahrhundert bedeutend an und betrug oftmals mehr als die Hälfte aller Hofpferde – ein deutlicher Hinweis auf die Bedeutung der Hofwirtschaft für das Gesamtkonstrukt ›Hof‹.

Ein weiterer Nexus zwischen fürstlicher und ordinärer Fahrkultur findet sich an einem Bamberger Beispiel. Im Gegensatz zur sicheren Beförderung des Fürstbischofs Adam Friedrich von Seinsheim zwischen seinen Residenzstädten Würzburg und Bamberg wurde den begleitenden Packwägen weitaus weniger Achtsamkeit entgegengebracht. Seinsheim beschwerte sich über die Fuhrknechte bei jenen Wägen und deren »mannigfaltige Unordnungen besonders bei Führung des Canzley-

Wagens.« Da die Knechte »öftermals mit dem Trunk zu sehr beladen« waren, machten sie nicht an den vorgeschriebenen Stationen Halt, sondern kehrten unterwegs mehrmahlen in Gasthäuser ein. Dadurch wurde nicht nur die »zur Abfuhr der Canzley-Sachen und Baggage [Gepäck] bestbequemliche Zeit versäumet«, sondern auch durch »ohnordenliches Fahren allerhand Ungebühe verursachet« und sogar »zuweilen der Canzley-Wagen zur nicht geringen Beschädigung derer Acten und Baggage umgeworfen.« Der Fürstbischof wies deshalb an, den Fuhrknechten aufgrund ihres ungebührlichen und unzuverlässigen Verhaltens mit der »würklichen Cassation«, einer Geldstrafe oder Degradierung, zu drohen (StABa Nr. 1627: 9). Bereits im 18. Jahrhundert war demnach Trunkenheit am Steuer eine bekannte Problematik, die durch höhere Instanzen geahndet wurde.

Quellen

Geheimes Staatsarchiv Preußischer Kulturbesitz (im Folgenden: GStA PK), 1. HA, Rep. 36, Hofverwaltung, Nr. 2056, *Rechnungen über verschiedene königliche Kutschen*, 1745–1747.

GStA PK, BPH, Rep. 43 I C Nr. 2, *Furier- und Futterzettel für die fürstliche Reise nach Torgau*, 1607.

GStA PK, BPH, Rep. 43 II C Nr. 2, fol. 13–17, *Diarium der Reise von Christian Ernst von Brandenburg-Bayreuth nach Bamberg und Ansbach, Bayreuth*, 25. Oktober 1663.

GStA PK, BPH Rep. 44 I, K 4, *Nachlassinventar des Markgrafen Joachim Ernst von Brandenburg-Ansbach*, 1625.

Ginzrot, Johann Christian (1830), *Die Wagen und Fahrwerke der verschiedenen Völker des Mittelalters und der Kutschenbau neuester Zeiten nebst der Bespannung, Zäumung und Verzierung ihrer Zug- Reit- und Lastthiere.* München.

Guérinière, François Robichon de la, *École de Cavalerie. Contenant la connaissance, l'instruction, et la conservation du cheval. Avec figures en taille-douce.* Paris 1733.

Staatsarchiv Bamberg (im Folgenden: StABa), Geheimes Archiv Bayreuth (im Folgenden: GAB), Nr. 749, Inventarium II, Anlage C, fol. 13–24, *Inventarium über diejenigen herschafftl. Schul- Zug- und andere Pferdt, auch Carossen, Chaisen, Wägen, Schlitten, Geschirr und übrige Sachen, so in denen sämtl. Ställen und Frohnhoff vorhanden*, Ende 1726.

StABa, GAB, Nr. 814, *Oberstallmeister von Löwenhaupt an Friedrich von Brandenburg-Bayreuth*, Bayreuth, 29. Februar 1757.

StABa, Hochstift Bamberg, Geheime Kanzlei, Nr. 1305, *Inventarium über Pferd, Kutschen, Wägen, Sattel, Zeug und Geschirr*, Bamberg, 4. Juni 1714.

StABa, Hochstift Bamberg, Geheime Kanzlei, Nr. 1305, Prod. 113, pag. 674, *Kammerräte an Lothar Franz von Schönborn*, Bamberg, 06. Dezember 1715.

StABa, Hochstift Bamberg, Geheime Kanzlei, Nr. 1305, Prod. 113, pag. 690, *Lothar Franz von Schönborn an die Bamberger Kammer*, Mainz, 10. Dezember 1715.

StABa, Hochstift Bamberg, Geheime Kanzlei, Nr. 1315, Prod. 33, *Inventarium über sambtlich Hochfürstl. Bambergl. und Würtzburgl. Gemeinschafftliche Sättel und Zeuch, Pferdt und Geschirr, Kutschen, Bagage- und anderen Wägen*, Würzburg, 10. Mai 1732.

StABa, Hochstift Bamberg, Geheime Kanzlei, Nr. 1623, Prod. 19, pag. 84–94, *Hans Georg von Rotenhan an Lothar Franz von Schönborn*, Würzburg, 2. März 1720.

StABa, Hochstift Bamberg, Geheime Kanzlei, Nr. 1623, Prod. 59, pag. 390–396, *Unterthänigster Bericht wie es bey den von Sr. hochf. Gnaden* [...] *verschiedene Sächsische Höfe mir gnädigst aufgetragenen Reisen, sowohl ratione Receptionis als in anderen ist gehalten worden*, 17. Dezember 1729.

StABa, Hochstift Bamberg, Geheime Kanzlei, Nr. 1623, Prod. 62, *Hans Georg von Rotenhan an Friedrich Karl von Schönborn*, Bamberg, 03. Mai 1730.

StABa, Hochstift Bamberg, Geheime Kanzlei, Nr. 1624, Prod. 16, *Hans Georg von Rotenhan an Karl Friedrich Karl von Schönborn*, Bamberg, 06. Dezember 1735.

StABa, Hochstift Bamberg, Geheime Kanzlei, Nr. 1624, Prod. 60, *Adam Friedrich von Seinsheim an Oberstallmeister von Redwitz*, Würzburg, 10. März 1761.

StABa, Hochstift Bamberg, Geheime Kanzlei, Nr. 1624, Prod. 66, *Relatio in Sachen des untervogteylichen Geyerswörther Stallwesens, dann des herrschaftl. Fourage-Vorraths*, Juni/Juli 1761.

StABa, Hochstift Bamberg, Geheime Kanzlei, Nr. 1624, Prod. 99, *Adam Friedrich von Seinsheim an Karl Dietrich von Künsberg*, Werneck, 21. August 1762.

StABa, Hochstift Bamberg, Geheime Kanzlei, Nr. 1624, Prod. 109, *Karl Dietrich von Künsberg an Adam Friedrich von Seinsheim*, Bamberg, 22. Dezember 1762.

StABa, Hochstift Bamberg, Geheime Kanzlei, Nr. 1627, Prod. 9, *Adam Friedrich von Seinsheim an das Bamberger Oberstallmeisteramt*, Marquardsburg (Schloss Seehof), 20. Juni 1773.

StABa, Hochstift Bamberg, Geheime Kanzlei, Nr. 1627, Prod. 146, *A.J. Horneck von Weinheim an Franz Ludwig von Erthal*, Bamberg, 2. April 1783.

StABa, Hochstift Bamberg, Geheime Kanzlei, Nr. 1627, Prod. 147, *Franz Ludwig von Erthal an A.J. Horneck von Weinheim*, Würzburg, 05. Mai 1783.

StABa, Hochstift Bamberg, Geheime Kanzlei, Nr. 1628, Prod. 79, Nr. 1, *Tabell ueber die Oberstallmeister amtliche Fuhr und Dienstverrichtungen, dann beschehene Ritte*, November 1794.

StABa, Hochstift Bamberg, Geheime Kanzlei, Nr. 1628, Prod. 130, Lit. A, *A.J. Horneck von Weinheim an Christoph Franz von Buseck*, Bamberg, 6. September 1796.

StABa, Hochstift Bamberg, Geheime Kanzlei, Nr. 1628, Prod. 169, *Philipp Anton von Künsberg an Christoph Franz von Buseck*, Bamberg, 07. Dezember 1798.

StABa, Geheimes Hausarchiv Plassenburg (GHAP), Nr. 4240, *Inventarium uber deß wagenhauß waß vor Kutzschen und wagen vorhanden*, 1. August 1603.

StABa, GAB, Nr. 5707, Prod. 9, *Freiherr Röder von Schwende an Friedrich von Brandenburg-Bayreuth*, Erlangen, 1. November 1742.

StABa, GAB, Nr. 6324, zwischen S. 24 und 25, *Beschreibung des zu Coburg am 22. November 1754 vorgegangenen Hoch-Fürstl. Beylagers und derer zu Ende nurgedachten Monaths zu Anspach erfolgten Hoch-Fürstl. Heimführungs-Festivitäten des Durchlauchtigsten Fürsten und Herrn, Herrn Christian Friedrich Karl Alexander* [...] *und der auch Durchlauchtigsten Fürstin und Frauen, Frauen Fridericae Carolinae* [...], 1754.

Staatsarchiv Nürnberg (im Folgenden: StAN), Fürstentum Ansbach, Geheimregistratur Bamberger Zugang 1949 (Rep. 103 a III), Nr. 36, *Journal von Ihro Hochfürstl. Durchl. Herrn Marggraff Karl Wilhelm Friedrichs Reise nach Berlin, von deroselben aldorten vollzogenen Vermählung mit Ihro Hoheit Prinzessin Friederica Louisa* [...],1. Mai –7. Juni 1729.

StAN, Fürstentum Ansbach, Geheimregistratur Bamberger Zugang 1949 (Rep. 103 a III), Nr. 61, S.1–119, *Inventarium über Seiner Hochseel. Hochfürstl. Durchl. Pferdte im gantzen Marrstall, Stutterey Sultz, und Fohlenhoff Colmberg, auch Neuhoff. Dann was sich sonsten in Dero Sattelkammer, Rüstkammer, Gutschenhauß, Wagen: und Reuthhauß an Sätteln, Zäum, gewehr, gutschen, schlitten, wägen und anderem befinden*, 24. Oktober 1667.

StAN, Fürstentum Ansbach, Geheimregistratur Bamberger Zugang 1949 (Rep. 103 a III), Nr. 71, S. 1353–1427, *Inventar über die Verlassenschaft des Markgrafen Johann Friedrich von Brandenburg-Ansbach*, 1686.

StAN, Fürstentum Ansbach, Ansbacher Generalakten (Rep. 103 a I), Nr. 105, *Übersicht über den Pferdebestand des Ansbacher Marstalls*, 1686–1730.

StAN, Fürstentum Ansbach, Ansbacher Generalakten (Rep. 103 a I), Nr. 477, *Abschrifft der jenigen Verordnung, so von Ihro Hochfürstl. Gn. wegen dero Hochfürstl. Marstalls abgefast worden*, Ansbach, 1. Oktober 1712.

Staatsarchiv Würzburg (im Folgenden: StAWü), HV MS f.47*, *Inventarium über die samtliche Hochfürstliche Hof- Kutschen- Schul- Hand- Reith- Klepper und Fuhr-Pferdt*, 4. Februar 1756.

StAWü, HV MS f.84, Nr. X, *Inventarium über sämmtliche bei Hofe befindliche Wägen*, 30. August 1802.

StAWü, HV MS f.84, Nr. XIV, *Inventarium über die bey Hofe vorräthige Kutschen-Geschirre, Leitseile, Einflechtzeuche und sonstige Effecten*, 1. September 1802.

Von Reitzenstein, Wolf Ehrenfried, *Der vollkommene Pferde-Kenner, welcher nicht nur alle Schönheiten, Fehler und verschiedene Landes-Arten der Pferde zu erkennen giebt, sondern auch anweiset, wie man mit dem Pferd von seinem Ursprung an umgehen muß.* [Mutmaßl. Verf.: Johann Michael Eberlein] [...] *durchgesehen und mit einer Vorrede begleitet von Wolf Ehrenfried von Reizenstein, Seiner Hochfürstl. Durchlaucht des regierenden Herrn Marggrafen zu Brandenburg-Onolzbach hochbetrauten Geheimen Rath und Obrist-Stallmeister* [...]. Uffenheim 1764.

Literatur

Augerson, Christopher/Saule, Béatrix (2012), *Roulez carrosses! Le Château de Versailles à Arras. À l'occasion de l'exposition «Roulez carrosses!» [...] du Musée et du Domaine Nationale de Versailles [...] au Musée des Beaux-Arts d'Arras du 17 mars 2012 au 10 novembre 2013*, Paris.

Bäringhausen, Bettina/Bäringhausen, Hendrik (2001), *Die Goldene Kutsche von Schloss Sondershausen*, München.

Baumgärtel-Fleischmann, Renate (Hrsg.) (1995), *Franz Ludwig von Erthal, Fürstbischof von Bamberg und Würzburg. 1779–1795. Handbuch zu der gleichnamigen Ausstellung, die das Diözesanmuseum Bamberg in Zusammenarbeit mit der Staatsbibliothek Bamberg, dem Kunstreferat der Diözese Würzburg und dem Mainfränkischen Museum Würzburg veranstaltet*, Bamberg, S. 304.

Bayreuther, Magdalena (2014), *Pferde und Fürsten. Repräsentative Reitkultur und Pferdezucht an fränkischen Höfen (1600–1800)*, Stadt und Region in der Vormoderne 1, Würzburg.

Bockhorn, Olaf (1978), *Wagen und Schlitten im Mühlviertel*, Beiträge zur Landeskunde von Oberösterreich, Historische Reihe I/3, 2 Bde., Linz.

Furger, Andres (2009), *Fahrkunst. Mensch, Pferd und Wagen von 1700 bis heute*, Documenta hippologica, Hildesheim.

Gelbhaar, Axel (2002), Die Kunst, Kutsche und Pferde ... recht zu fahren. In: Wackernagel, Rudolf (Hrsg.), *Staats- und Galawagen der Wittelsbacher. Kutschen, Schlitten und Sänften aus dem Marstallmuseum Schloss Nymphenburg*, 2 Bde., Stuttgart, Bd. 2, S. 72–75.

Gelbhaar, Axel (2002), *Herrschaftliche Gestüte, Wagenpferde, Geschirre und Anspannung*, In: Wackernagel, Rudolf (Hrsg.), *Staats- und Galawagen der Wittelsbacher. Kutschen, Schlitten und Sänften aus dem Marstallmuseum Schloss Nymphenburg*, 2 Bde., Stuttgart, Bd. 2, S. 61–71.

Gelbhaar, Axel (2003), *Von Kobeln, Kutschen und Karossen. Katalog der historischen Fahrzeuge im Besitz der Kunstsammlungen der Veste Coburg*, Coburg.

Hager, Louisa/Schmid, Elmar(121992), *Marstallmuseum Schloss Nymphenburg in München. Hofwagenburg und Sattelkammer der bayerischen Herzöge, Kurfürsten und Könige*. München.

Hielscher, Karl (1985), Zur Geschichte der Pferdegeschirre und der Fuhrwerke. In: *Zeitschrift für Agrargeschichte und Agrarsoziologie* 33, S. 164–178.

Holzhausen, W. (1954), *Meisterwerke auf Kufen und Rädern. Kutschen und Schlitten aus fröhlichen Tagen aus dem Marstallmuseum in München*, Köln-Bickendorf/Würzburg.

Kräftner, Johann (2006), *Pferde, Wägen, Ställe. Pferdetradition im Haus Liechtenstein. Reiten, Fahren und die Jagd zu Pferd im Haus Liechtenstein*, München, S. 83–84.

Krünitz, Johann Georg (1773–1858), *Oeconomische Encyclopädie oder allgemeines System der Land- Haus- und Staats-Wirthschaft in alphabetischer Ordnung*, 242 Bde., Berlin.

Kugler, Georg (1986), *Die Kutsche von Beginn des 18. Jahrhunderts bis zum Auftreten des Automobils*, In: Treue, Wilhelm (Hrsg.), Achse, Rad und Wagen. Fünftausend Jahre Kultur- und Technikgeschichte, Göttingen, S. 236–278.

Kugler, Georg (1977), *Die Wagenburg in Schönbrunn. Hofwagenburg, Reiche Sattel- und Geschirrkammer der Kaiser von Österreich*, Graz.

Kunze, Karl (1967/1968), Der Ansbachische Hofrat E. L. Karl als Kameralist, Literat und Agent im Paris des frühen 18. Jahrhunderts, in: *Jahrbuch des Historischen Vereins für Mittelfranken* 84, S. 40–59.

Kunze, Karl (1966), *Ernst Ludwig Karl. Ein fränkischer Chargé d'affaires und Kameralist an Höfen des europäischen Absolutismus*, Nürnberg.

Libourel, Jean-Louis (2005), *Voitures hippomobiles. Vocabulaire typologique et technique*, Paris.

Lohmeyer, Karl (1911), *Die Briefe Balthasar Neumanns von seiner Pariser Studienreise 1723*, Düsseldorf.

Maedebach, Heino (1964), Die Caroussel- oder Rennschlitten in den Kunstsammlungen der Veste Coburg, in: *Jahrbuch der Coburger Landesstiftung* 9, S. 59–86.

Maier, Josef (2005), *Residenzschloss Ansbach. Gestalt und Ausstattung im Wandel der Zeit*, Jahrbuch des Historischen Vereins für Mittelfranken 100, Ansbach.

Meckel, Claudia (1999), Höfische Wagenbaukunst in Preußen im 18. Jahrhundert, in: Streidt, Gert/Feierabend, Peter (Hrsg.), *Preußen. Kunst und Architektur*, Köln, S. 258–261.

Meckel, Claudia (2013), *Kutschen, Schlitten, Sänften*, Stiftung Preußische Schlösser und Gärten Berlin-Brandenburg, Berlin.

Müssel, Karl (1997), Die große Bayreuther Fürstenhochzeit 1748. Vorgeschichte, Vorbereitungen und Verlauf. Ein Beitrag zum Jubiläum des Markgräflichen Opernhauses, in: *Archiv für Geschichte von Oberfranken* 77, S. 7–118.

Pascalis, Sandra (2010), Promenade équestre et parade en carrosse aux XVIIe siècles. L'exemple de trois ports français (Rouen, Marseille, Bordeaux), in: Liévaux, Pascal/Franchet d'Espèrey, Patrice (Hrsg.), *Architecture équestre. Hauts lieux dédiés au cheval en Europe. Actes du 9e Congrès de l'École nationale d'équitation, Saumur, 21, 22 et 23 juin 2006*, Arles, S. 259–272.

Piendl, Max (1966), *Der fürstliche Marstall in Regensburg*, Kallmünz.

Roche, Daniel (2000), *Voitures, chevaux et attelages du XVIe au XIXe siècle*. Paris 2000.

Schlimmgen-Ehmke, Katharina (1988), *Wagen und Karren in Minden-Ravensberg*, Münster.

Schmid, Elmar/Ott-Berger, Christiane (1992), *Der Krönungswagen Kaiser Karls VII. Wahl und Krönung in Frankfurt am Main, 1742*, Dachau.

Schuhmann, Günther (1980), *Die Markgrafen von Brandenburg-Ansbach. Eine Bilddokumentation zur Geschichte der Hohenzollern in Franken. Festschrift des Historischen Vereins für Mittelfranken zur Feier seines einhundertfünfzigjährigen Bestehens 1830–1980*, Ansbach.

Tarr, László (21978), *Karren, Kutsche, Karosse. Eine Geschichte des Wagens*, Berlin.

Umlauf, Alois (2009), Der Fohlenhof in Bischofsheim, in: *Bischofheim*, hgg. v. der Stadt Zeil am Main, Zeil am Main.

Volk-Knüttel, Brigitte (2002), *Das Oberstallmeisteramt am Münchner Hof*, In: Wackernagel, Rudolf (Hrsg.), *Staats- und Galawagen der Wittelsbacher. Kutschen, Schlitten und Sänften aus dem Marstallmuseum Schloss Nymphenburg*, 2 Bde., Stuttgart, Bd. 2, S. 48–52.

Von Borell, Winfried (1968/1969), Der kurmainzische Marstall im 18. Jahrhundert und die Stallmeisterfamilie Höscher, in: *Mainzer Zeitschrift 63/64*, S. 86–114.

Von Freeden, Max (1955), *Quellen zur Geschichte des Barocks in Franken unter dem Einfluss des Hauses Schönborn. 1. Teil: Die Zeit des Erzbischofs Lothar Franz und des Bischofs Johann Philipp Franz von Schönborn (1693–1729)*, 2. Halbband, Würzburg.

Von Freeden, Max (1961), *Würzburgs Residenz und Fürstenhof zur Schönbornzeit*, Amorbach.

Wackernagel, Rudolf (2002), Balthasar Neumanns Wagenbeschaffung in Paris (1723) und der Bamberger »englische Reisewagen« von 1783, in: Wackernagel, Rudolf (Hrsg.), *Staats- und Galawagen der Wittelsbacher. Kutschen, Schlitten und Sänften aus dem Marstallmuseum Schloss Nymphenburg*, 2 Bde., Stuttgart, Bd. 2, S. 280–290.

Wackernagel, Rudolf (1966), *Der französische Krönungswagen von 1696–1825. Ein Beitrag zur Geschichte des repräsentativen Zeremonienwagens*, Berlin.

Wackernagel, Rudolf (1997), Fahr- und Fahrzeugsicherheit: Zum Fahrkomfort barocken Reisens, in: Lindgren, Uta (Hrsg.), *Naturwissenschaften und Technik im Barock. Innovation, Repräsentation, Diffusion*, Weimar/Wien, S. 157–189.

Wackernagel, Rudolf (2002), *Staats- und Galawagen der Wittelsbacher. Kutschen, Schlitten und Sänften aus dem Marstallmuseum Schloss Nymphenburg*, 2 Bde., Stuttgart.

Wackernagel, Rudolf (1986), Zur Geschichte der Kutsche bis zum Ende des 17. Jahrhunderts, in: Treue, Wilhelm (Hrsg.), *Achse, Rad und Wagen. Fünftausend Jahre Kultur- und Technikgeschichte*, Göttingen, S. 197–235.

Zedler, Johann Heinrich (1732–1750/1754), *Großes vollständiges Universal-Lexikon aller Wissenschaften und Künste*, 64 Bde. und vier Supplement-Bde., Leipzig.

Das Pferd und die amerikanischen Ureinwohner – romantische Ideen und kulturelle Übersetzung

Heiko Schnickmann

Eine Vorgeschichte des Pferdes in Amerika

Ohne Pferd bis 1493

Die Entwicklungsgeschichte des Pferdes gehört innerhalb der Evolutionsbiologie zu den am besten dokumentierten aller Säugetiere. Ihren Ursprung nahm diese Entwicklung in Amerika vor 58 Millionen Jahren, wie paläontologische Funde belegen (MacFadden 1994: 304). In Koevolution mit den Hundeartigen fand eine Wanderbewegung statt (Wang/Tedford 2008: 18–23), die andere Urformen des Pferdes über die Beringstraße nach Asien trieb, von wo aus die Verbreitung nach Europa und Afrika ihren Anfang nahm. Dort schließlich kamen die Vorläufer der heutigen Arten vor 10–15 Millionen Jahren an. Erst danach drangen sie nach Südamerika vor. Innerhalb dieser Epoche des Miozäns starben viele Mitglieder der Familie aus und einzig Dinohippos blieb, aus dem sich die heutigen Arten entwickelten (Nowak 1991: 1306).

Abgesehen vom australischen Kontinent entwickelten sich Pferde demnach überall auf der Welt. Jedoch starben die Pferde aus bisher unbekannten Gründen vor etwa 10.000 Jahren auf dem amerikanischen Kontinent aus, so dass es lediglich in der Alten Welt zur Begegnung des Menschen mit dem Pferd, dem Esel und dem Zebra kam. Für die Art des Wildpferdes führte dieser Kontakt im Gebiet des Don und des Dnjepr zur Domestizierung vor etwa 7000 Jahren (Benecke 1994: 292). Von diesem zentralen Ort aus verbreitete sich das Hauspferd nach Asien, in den Nahen Osten und auch nach Europa.

Erst mit der Entdeckung Amerikas durch die Europäer betrat das Pferd wieder amerikanischen Boden. Schon auf seiner zweiten Reise 1493, war es Christoph Columbus, der Pferde aus Spanien mitbrachte und sie auf den Antillen der Karibik einführte (Morus 1952: 151). Da

Columbus in seinem ersten Brief aus der neuen Welt bereits darauf einging, wie fruchtbar dieses neue Land sei (Columbus 2000: 16–18) und er zudem auch Schweine mitbrachte (Morus 1952: 148–149), darf zunächst davon ausgegangen werden, dass seine Intention vor allem darin lag, diese Fruchtbarkeit zu nutzen.

Die Einfuhr der Pferde auf den amerikanischen Kontinent hingegen verfolgte ein anderes Ziel. Die Tiere wurden vor allem als Instrument des Krieges importiert und nutzten in dieser Hinsicht durchaus, wenn auch nicht so uneingeschränkt, wie gerne behauptet (Vgl. den Beitrag von Schnickmann zu den Conquistadoren in diesem Band). Wichtig ist bei dieser Einfuhr jedoch vor allem eine Tatsache: Als Hérnan Cortés 1519 in Yucatan landete, waren aus den sechzehn Pferden, die er in Kuba an Bord genommen hatte, siebzehn geworden, hatte doch eine Stute auf der Reise gefohlt. Wurde das Jungtier zunächst mitgenommen, musste es dann doch aufgegeben werden, als man schwierigeres Gelände erreichte. Dieses Tier schloss sich einem Rudel Rotwild an und konnte auch nach mehreren Versuchen nicht gezähmt werden. So zeigt sich schon beim ersten Import der Pferde, dass der Zufall die ursprüngliche Intention der Spanier erweiterte. Das freigelassene Pferd war so das erste Pferd, das unabhängig vom Menschen in Amerika aufwuchs. Ihm sollten zahlreiche folgen (Oeser 2007: 98).

Die Migration der Ureinwohner vor 10.000 Jahren

Es versteht sich von selbst, dass dieses neue und nützliche Tier Auswirkungen auf das Leben der indigenen Bevölkerung der Amerikas hatte. Wobei natürlich die Frage zu stellen ist, was eigentlich »indigen« bedeuten soll. Dieses Wort bezeichnet, aus dem Lateinischen kommend, die einheimische oder auch eingeborene Bevölkerung einer Region. Sicherlich waren die Einwohner der Amerikas vor dem Eintreffen der Europäer dort heimisch, eingeboren waren sie jedoch nicht – zumindest nicht ihre Vorfahren, die in dieses Land gekommen waren.

Während sich das Klima vor 65.000 Jahren abkühlte, gefror die heutige Beringstraße zwischen dem amerikanischen Alaska und dem asiatischen Kamtschatka und sollte für 55.000 Jahre eine feste Fläche bilden. Nahezu gegen Ende dieser Periode machten sich von Asien aus die Vorfahren der Indianer auf und betraten so vor etwa 13.000–14.000 Jahren amerikanischen Boden (Krech III 2013). Während zu diesem Zeitpunkt der Hund bereits domestiziert war, folgte die Entstehung des Hauspferdes erst nachdem die Paläoindiander die Beringsee überquert hatten, so dass es nicht zu ihren Begleitern gehören konnte. Durch das Ende der kalten Phase schmolz die Beringsee wieder und der Kontakt mit der Alten Welt war relativ lange abgebrochen.

Das Aussterben der Pferde in Amerika vor 10.000 Jahren

Mit dem Zeitpunkt des Eintreffens der Paläoindianer ist ein weiterer Umstand verknüpft, der für die Geschichte des Pferdes – und zahlreicher andere Säugetiere – in den Amerikas bedeutend wäre. Zum selben Zeitpunkt nämlich gab es in beiden Kontinentteilen ein Massensterben prähistorischer Säugetiere. Es ist ein einfacher Schritt zwischen dem Eintreffen der ersten Menschen und dem Sterben einen Zusammenhang herzustellen, auch wenn Gleichzeitigkeit noch keine Kausalität bedeutet. In der Tat ist bereits in der Mitte des 20. Jahrhunderts von Martin darauf aufmerksam gemacht worden, dass das Aussterben der amerikanischen Megafauna, zu der große Säugetiere wie Pferde, Mastodons, Kamele und auch große Marder gehörten, allein durch das Auftreten des Menschen in Amerika zu verantworten gewesen sei. Martin führte als Beleg jedoch einzig die zeitliche Parallelität an (Martin 1967: 111–113), während seine Gegner von einer natürlichen Ursache, etwa der klimatischen Änderungen am Ende der Eiszeit und einer damit einhergehenden Veränderung der Vegetation, ausgingen.

Tatsächlich aber ist das Verschwinden der Tiere ein Rätsel, so dass Simpson formuliert: »This seems at present one of the situations in which we must be humble and honest and admit that we simply do not know the answer« (Simpson 1961: 200). Diese fünfzig Jahre alte Aussage traf Simpson vor dem Hintergrund der von Martin angestoßenen Debatte. Auch heute ist sie im Kern noch gültig, selbst wenn sich mittlerweile aus beiden Positionen ein Kompromiss herausgebildet hat, der von MacFadden wie folgt wiedergegeben wird: »The causes of this event have been hotly debated, but they probably included a combination of climatic and vegetative changes, as well as ›prehistoric overkill‹ resulting from hunting by humans, who had rapidly dispersed throughout the New World by 10.000 years ago« (MacFadden 1994: 162).

Dieser kurze Abriss der Prähistorie ist deswegen von Bedeutung, weil sie mit einem oftmals gehörten Vorurteil abschließt, das in der Vorstellung der Europäer bis heute vorherrscht. Es handelt sich um die Idee, dass die nordamerikanischen Indianer in der Lage gewesen wären, einzig wegen ihrer besonderen Haltung gegenüber ihrer Umwelt das Pferd dazu zu bringen, sich als Reittier verwenden zu lassen, ohne dass es europäischen Einflusses bedurft hätte.

Diese Vorstellung ist jedoch falsch. Die natürliche Reaktion eines Volkes auf ein ihnen unbekanntes Tier, das größer ist als sie und sie nicht angreift, sondern vor ihnen flieht, ist es, das Tier als Jagdbeute anzusehen. Die Paläoindianer machten, trifft Martins These zu, genau dieses, als sie nach Amerika einwanderten. Sie jagten die Tiere und dieses nicht nachhaltig, sondern bis zum Aussterben. Dass die Zahl der Tiere durch natürliche Einflüsse bereits dezimiert war und sich weiter dezimierte, spielt dabei eine untergeordnete Rolle. Wichtig ist vor allem, dass das Pferd als Beute angesehen wurde, die gejagt wurde.

Verbreitung und Nutzung des Pferdes in den Amerikas

Spanisches Erbe in Lateinamerika

Dieser Umstand führt direkt zu einem anderen Rätsel, dass mindestens so lange diskutiert wurde, wie die Frage nach dem Ausstreben des Pferdes. Dabei geht es um die Frage, wie die amerikanischen Ureinwohner in den Kontakt mit den Pferden kamen und dabei zudem die Kunst des Reitens erlernten.

Diese Frage ist für Mittel- und Südamerika recht einfach zu beantworten. Wie bereits im Beitrag zu den Conquistadoren gezeigt, kann schon ein Zeitzeuge von Cortés, Diaz del Castillo, darauf hinweisen, dass zu seiner Zeit die einheimische Bevölkerung dazu übergegangen war, sich mit den Pferden und ihrem Nutzen als Reittiere auseinanderzusetzen und das nicht mit wenig Erfolg (Lockhart 1844: 392–393). Hinzu kommt die Tatsache, dass die Pferde auf dem südamerikanischen Kontinent gezüchtet wurden. Dabei ist vor allem wichtig, dass vor allem auf Pferde zurückgegriffen wurde, die bereits vor Ort waren. Eine genetische Untersuchung von kreolischen Pferden aus Uruguay hat dieses vor

Augen geführt, da in deren DNS die Gene der Berbischen Pferde nachzuweisen waren, die aber gesichert niemals nach Südamerika eingeführt wurden und daher bereits im Blut der Pferde vorhanden waren, die ab 1493 nach Amerika kamen. Da die europäischen Pferde weiter gezüchtet wurden, ist die genetische Spur des Berberpferdes aus den spanischen Pferden nahezu verschwunden, wohingegen sie in den Pferden Lateinamerikas noch nachweisbar ist (Kelly 2002: 67–73). In Verbindung mit dem Vermerk Diaz del Castillos ist davon auszugehen, dass die indigene Bevölkerung auf vorhandene Pferde zurückgriff, um sie so zu züchten, dass die Tiere den Bedingungen in Amerika optimal angepasst waren. Die spanischen Eroberer ihrerseits hatten die Möglichkeit, die neusten Züchtungsresultate des spanischen Mutterlandes zu importieren.

Westlich des Mississippi

Viel schwieriger ist die Frage zu klären, wie die Pferde in Nordamerika in Kontakt mit den Indianern kamen. Hier gilt es zunächst zu unterschieden. Der Norden Amerikas wurde von vier Seiten aus erkundet. So brachen die Spanier zur Mitte des 16. Jahrhunderts von Mexiko aus in das Gebiet des heutigen Texas auf. Von der Karibik kommend unternahmen sie etwa zum gleichen Zeitpunkt Expeditionen nach Florida. Im 17. Jahrhundert siedelten die Briten und Franzosen an der nordamerikanischen Ostküste. Während sich die Franzosen im heutigen Kanada niederließen und von dort aus gen Süden vordrangen, um das Land zu erkunden, brachen die britischen Siedler vor allem von Osten her auf, um ins Landesinnere zu gelangen. Landschaftlich bewegten sich die europäischen Entdecker dabei im Gebiet des Mississippi und der Great Plains, die sich im Norden von Alberta in Kanada bis nach Texas im Süden erstrecken und im Westen durch die Rocky Mountains begrenzt werden, während sie im Osten auf dem Gebiet der heutigen Bundesstaaten North und South Dakota, Nebraska, Kansas und Oklahoma beginnen. Das Gebiet der Great Plains ist östlich des 100. Längengrades sehr reich an Niederschlag, westlich davon fällt wesentlich weniger Regen. Diese geographische Besonderheit war für die Büffelherden der Region von Vorteil und sollte diesen auch den Pferden bieten.

Ungeachtet der Tatsache, dass die natürlichen Bedingungen für die Pferdehaltung in den Plains ideal waren, so bedingt eine solche Ausgangslage noch lange nicht das Eintreffen der Tiere. Für den ersten Einzug von Pferden auf nordamerikanischem Gebiet ist nach allen Quellen, die greifbar sind, der spanische Conquistador Don Francisco Vásquez de Coronado (1510–1554) verantwortlich, der Mitte des 16. Jahrhunderts von Mexiko aus in die Region der Plains zog und dabei Pferde mitbrachte, um sie für eventuelle kriegerische Auseinandersetzungen zu nutzen: When the day after Easter came, the army started in the morning to go to the town and, as they approached, the inhabitants of the town came out on to an open plain with foot and horse drawn up in ranks as if for a battle, and having its seven bronze pieces of artillery in position, making a show of defending their town» (Winship: 1896: 481). So kann es nicht verwundern, dass die Spanier auch in Nordamerika versuchten, das Pferd als psychologisches Kriegsmittel einzusetzen. Auch hier verbreiteten sie Angst vor den großen Tieren, etwa mit der Behauptung – die von den Einheimischen zunächst geglaubt wurde –, die Tiere seien Menschenfresser (Ebd. 488). Dieses Vorgehen brachte jedoch nicht das gewünschte Ergebnis. Den Einheimischen der Plains waren die Tiere zwar fremd, aber ihre Angst war nicht so groß, dass sie vor den Tieren flüchteten. Vielmehr überprüften sie das, was man ihnen erzählte, wenn auch mit ungewöhnlichen Mitteln, denn «[w]hile they were talking, some men acted as if they would cross the lines, and one of the natives lost control of himself and struck a horse a blow on the cheek of the bridle with his club" (Winship 1904: 34). Da die tödliche Reaktion des Pferdes ausblieb, war den Beteiligten klar, dass das Gerücht über die gefährlichen Tiere haltlos war. Da die von den Tieren angeblich ausgehende Gefahr nicht bestand, war es für die Indianer möglich die Tiere für ihren eigenen Zweck zu nutzen, denn den militärischen Wert einer Reiterei erkannten sie sofort.

Anders als in den Regionen Perus, wo die Inka der Tiere nicht habhaft werden konnten, schaffte es die Bevölkerung der Plains jedoch, einzelne Tiere in ihren Besitz zu bekommen. Dieser Umstand ist darauf zurückzuführen, dass viele Pferde der Spanier flohen, wie es bei Coronado heißt, denn »there was not a horse that did not break away, except two or three which the negroes protected by holding large sea nets over them« (Ebd. 69). Durch dieses Fluchtverhalten der Pferde, denen die natürlichen Bedingungen der Plains zugute kamen, traten die Indianer in Kontakt mit den Tieren und konnten durch die Annäherung mit den Spaniern die Pferde schnell auf europäische Weise nutzen. Der Vorteil, der ihnen dadurch aufgetan wurde, war so bedeutend, dass sie zudem dazu übergingen, nicht nur die geflohenen Pferde einzufangen, sondern sie auch den Spaniern zu stehlen, vor allem in solchen Fällen in denen den Indianern vorher ein Unrecht getan worden war:

> Besides what I have just said, one [of the Spaniards] whom I will not name, out of regard for him, left the village where the camp was and went to another village about a league distant, and seeing a pretty woman there. He called her husband down to hold his horse by the bridle while he went up; and as the village was entered by the upper story, the Indian supposed he was going to some other part of it. While he was there the Indian heard some slight noise, and then the Spaniard came down, took his horse, and went away. The Indian went up and learned that he had violated, or tried to violate, his wife, and so he came with the important men of the town to complain that a man had violated his wife, and he told how it happened. When the general made all the soldiers and the persons who were with him come together, the Indian did not recognize the man, either because he had changed his clothes or for whatever other reason there may have been, but he said that he could tell the horse, because he had held his bridle, and so he was taken to the stables, and found the horse, and said that the master of the horse must be the man. He denied doing it, seeing that he had not been recognized, and it may be that the Indian was mistaken in the horse, anyway, he went off without getting any satisfaction. The next day one of the Indians, who was guarding the horses of the army, came running in, saying that a companion of his had been killed, and that the Indians of the country were driving off the horses toward their villages. The Spaniards tried to collect the horses again, but many were lost, besides seven of the general's mules. […] The next day Don Garcia Lopez de Cardenas went to see the villages and talk with the natives. He found the villages closed by palisades and a great noise inside, the horses being chased as in a bull fight and shot with arrows (Winship 1896: 495–496).

Spätestens zu diesem Zeitpunkt ist der indigenen Bevölkerung keinerlei Angst mehr vor den Tieren anzusehen und ihnen ist der Wert derselben durchaus bewusst. Das Auffinden der geflohenen sowie der Raub der spanischen Pferde sorgten schließlich dafür, dass die Indianer in den Besitz der Tiere gelangten.

Folgen des spanischen Pferdeimports in den Plains

Die Texte Reisender aus späterer Zeit in die Plains zeigen, wie sich die Beziehung zwischen den einzelnen Völkern und den Pferden entwickelt hat. So heißt es bei Rene Robert Cavelier Sieur de La Salle (1669–1687):

> I forget to say that the savages [the CaddoPeople] who have horses use them both for war and for hunting. They make pointed saddles, wooden stirrups, and bodycoverings of several skins, one over the other, as a protection from arrows. They arm the breast of their horses with the same material, a proof that they are not very far from the Spaniards (Cox 1905: 55).

Wirft man einen ethnologischen Blick auf diese Aussage, dann zeigt sich schnell eine Übernahme des Pferdes in die indianische Kultur. Das Pferd wurde vollständig in die Kultur integriert, war aber als Fremdkörper erkennbar. Es blieb ein Exofakt, ein von außen zu den Indianern gebrachtes Objekt, das von ihnen genutzt wurde. Dieser Umstand mag durch das von La Salle aufgezeigte Verhalten im Umgang mit den Pferden klar werden, es zeigt sich aber auch an der Bezeichnung, die der Autor belegt, denn »[t]he Cadadoquis posses about thirty horses, which they call cavali« (Cox 1905: 48). Ein Exofakt zeichnet sich nach der gängigen Definition vor allem dadurch aus, dass es zwar innerhalb der Kultur, die es importiert, genutzt, aber nicht hergestellt werden kann (Feest 2003: 241). Tatsächlich kann La Salle auch zum Ende des 17. Jahrhunderts festhalten, dass einige Völker die Pferde wohl noch dadurch in ihren Besitz brachten, indem sie sie von den Spaniern stahlen, denn »[t]hey talked of a great nation called Ayona and Canohatino, who were at war with the Spaniards, from whom they stole horses« (Cox 1906: 115).

Dabei gilt es freilich zwischen den verschiedenen Völkern der amerikanischen Ureinwohner zu unterscheiden. Das zeigt sich zunächst nur in der Nutzung der Tiere. Nur weil eines den Umgang mit den Pferden kannte, wussten andere noch nichts von deren Nutzungsmöglichkeiten. Während ein Volk die Pferde noch stehlen musste, konnte ein anderes schon fortgeschritten sein und sie einfangen oder gar züchten.

Bereits 1914 veröffentlichte Wissler seine Studie zum Einfluss der Pferde auf die Völker der Plains und listete darin auch auf, wann welches Volk mit Pferden in Kontakt gekommen sein mag und wann sich die erste Erwähnung darüber findet.

Tribe	First Visit	First Mention of Horses
Arapaho	1804 Lewis and Clark	——
Arikara	1738 La Verendrye	1738 La Verendrye
Assiniboine	1658 Jesuits (?)	1742 La Verendrye, Jr.
Blackfoot	1751 Saint Pierre	1751 Saint Pierre
Cheyenne	1680 La Salle	——
Comanche	1714 La Harpe	1714 La Harpe
Crow	1742 La Verendrye, Jr.	1742 La Verendrye, Jr.
Gros Ventre	1784 Umfreville	1784 Umfreville
Hidatsa	1738 La Verendrye	1741 La Verendrye, Jr.
Kansas	1601 Oñate	1755
Kiowa	1682 La Salle	1682 La Salle
Iowa	1676 Zenobius	1724 Mead
Mandan	1738 La Verendrye	1742 La Verendrye
Missouri	1682 Tonty	1682 Tonty
Omaha	1761 (?)	——
Osage	1694 Gravier	1719 Du Tisné
Oto	1680 La Salle	——
Pawnee	1541 Coronado (?)	1704 Dunbar
Plains Cree	——	1738 La Verendrye
Ponca	1804 Lewis and Clark	——
Santee	1662 Radisson	1740 Peter Pond
Sarsi	1784 Umfreville	1784 Umfreville
Snake	1742 La Verendrye	1742 La Verendrye, Jr.
Teton	1680 La Salle	1742 La Verendrye, Jr.
Wichita	1541 Coronado	——

Abb. 1: Wisslers Auflistung der Völker und Pferde. Quelle: Wissler 1914: 6.

Wissler hat dabei nicht alle Stämme aufgeführt. Dennoch zeigen sich erstaunliche zeitliche Abstände zwischen den Kontakten der einzelnen Völker mit dem Pferd. Zwischen dem ersten Kontakt der Europäer mit den Wichita und dem der Arapaho und Ponca liegen mehr als 250 Jahre. Die beiden letzten scheinen zu diesem Zeitpunkt im Jahre 1804 keine Pferde zu besitzen, während andere Stammesverbände bereits in der Lage sind, mit den Pferden umzugehen.

Es liegt auf der Hand zunächst davon auszugehen, dass dauerhafter Kontakt zu Europäern ein sicherer Faktor war, der den Umgang mit Pferden bei den Indianern initiierte. Wo dieser nicht vorhanden war, gab es auch keine Pferde. Dieser Schluss ist allerdings trügerisch, wie das Beispiel der Shoshonen zeigt, die Wissler nicht aufführt. Zu diesen war Pierre Gaultier de Varennes, Sieur de La Vérendrye (1685–1749) erst im Jahre 1742 vorgedrungen, hatte aber keinen bleibenden Eindruck hinterlassen (Wissler 1914: 6). Sechzig Jahre später jedoch traf Meriwether Lewis (1774–1809) auf ein Mitglied des Volkes und beschreibt dies wie folgt:

> I discovered an Indian on horse back about two miles distance coming down the plain toward us. With [sic] my glass I discovered from his dress that he was of a different nation from any that we had yet seen, and was satisfyed of his being a Sosone; his arms were a bow and quiver of arrows, and was mounted on an eligant horse without a saddle, and a small string which was attatched to the underjaw of the horse which answered as a bridle (Lewis 1805).

Im Weiteren beschreibt Lewis sein vergebliches Bemühen, mit diesem in Kontakt zu treten, da er auf keines seiner Zeichen, die sich Lewis von anderen Stämmen der Rocky Mountains angeeignet hatte, reagierte (Ebd.). Obwohl wie erwähnt La Vérendry bereits bei ihnen gewesen war, waren den Shoshonen die Europäer bis zu diesem Zeitpunkt kaum bekannt gewesen. Dennoch beherrschten sie die Kunst des Reitens und dies sogar unter Zuhilfenahme einer Peitsche (Ebd.). Diese kulturelle Entwicklung im Umgang mit dem Pferd wirkt in Anbetracht der Tatsache des nicht vorhandenen Kontaktes seltsam und bedarf der Erklärung.

Dafür ist es hilfreich sich zunächst mit der Reise La Vérendryes zu befassen. Neben den Shoshonen reisten er und seine Söhne auch zu anderen Völkern, die definitiv mit dem Pferd vertraut waren. So schreibt er über die Mandan, dass diese »a number of domestic animals like horses and goats« (Burpee 1968: 121) aufzögen. Damit ist klar, dass auch die Zucht der Tiere bei den Mandan bekannt war und daher ebenso bei den Nachbarvölkern möglich gewesen sein dürfte. Der Status des Pferdes ist demnach in den fünfzig Jahren, die vergangen waren, seit La Salle in der Region unterwegs war, ein anderer geworden. Von einem Exofakt, das vorher gestohlen worden war, wandelte es sich zu einem Objekt [Feest 2003: 240; sowohl die Begriffe Artefakt als auch Naturfakt passen hier nicht, da das Pferd nicht künstlich bearbeitet worden ist (Artefakt), aber es auch nicht einfach als natürliches Objekt vorgefunden wurde (Naturfakt)], das nicht nur genutzt, sondern ebenso selbst hergestellt bzw. gezüchtet werden konnte.

Das Volk der Mandan war vor allem als Händler bekannt, die zwischen den einzelnen Indianervölkern umherzogen. So hatten sie von den Apachen, die ihrerseits mit den Pferden Handel betrieben, ihre Tiere erhalten. In ihrer handelnden Funktion unterhielten diese jedoch ebenso Kontakt zu den Shoshonen, die sich weiter westlich aufhielten. Damit war ein Handels- und Kontaktnetzwerk in den Plains gegeben, dass sich sogar an prominenten Beispielen festmachen lässt. So war etwa die bekannte indianische Führerin auf der Expedition von Lewis und Clark, Sacagawea, eine Shoshonin, die sie bei den Mandan fanden (Lewis 1805).

Für die Region westlich des Mississippi und die Great Plains ist damit gezeigt, dass die Pferde dieser Gebiete von den Spaniern, allen voran Coronado, eingeführt wurden, dort von den heimischen Völkern erbeutet wurden oder die Pferde selbst ausbrachen und dann von den Indianern, die unter dem kulturellen Einfluss der Spanier standen, genutzt wurden. Durch die Betrachtung der Quellen lässt sich also für einem Zeitraum von etwa 150 Jahren nachweisen, dass die amerikanischen Völker diesen Einfluss jedoch nicht mehr benötigten und selbsttätig dazu übergingen, Pferde zu züchten und auf europäische Weise zu nutzen.

Östlich des Mississippi

Der Erste, der östlich des großen nordamerikanischen Stroms Pferde importierte war 1539, wie bereits erwähnt, erneut ein spanischer Conquistador, Hernan de Soto. Die Intention für diesen Import ist recht eindeutig, wenn man einen Blick in die Quellen wirft. Mit 213 Pferden setzt er in Florida an Land und nur wenig später heißt es gleich, dass »[t]he horsemen killed two of [the Indians], and the other four escaped; because the country is cumbersome with woods and bogs, where the horses stuck fast, and fell with their riders, because they were weak with traveling upon the sea« (Ebd.). In Florida wiederholt sich erneut das, was auch in Mexiko und Peru passierte. Die Pferde werden als Kriegsinstrument eingesetzt und die Einheimischen versuchen, diese Tiere kampfunfähig zu machen, denn »[the Indians] killed two horses; one was the Governor's, and he was presently horsed again upon another« (Ebd.). In den unwirtlichen Regionen Floridas waren die Pferde aber nicht immer von Vorteil, so dass de Soto sich einiger entledigen wollte, als er einen Fluss mit Booten passieren musste. Von den Pferden, die sterben sollten, überlebten jedoch ein paar, so dass »the Indians went unto them, after the Spaniards were embarked. The horses were not acquainted with them, and began to neigh, and run up and down in such sort, that the Indians, for fear of them, leaped into the water« (Ebd.). Es brachen demnach Pferde de Sotos immer wieder aus und stießen auf das Interesse der Indianer, so dass sich hier wiederholen konnte, was auch schon in den Plains passiert war.

Größeren Einfluss auf die Bewohner der Ostküste und der Appalachen hatten aber die Siedler aus England und vor allem Frankreich. Bereits Wissler wies daraufhin, dass die Engländer nur geringen Anteil an der Verbreitung des Pferdes besaßen, wenn man von Virginia absieht, wo so viele Pferde eingeführt wurden und verwilderten, dass diese 1669 zu einer Plage wurden (Wissler 1914: 7). So zeigt etwa auch die Geschichte Virginias von 1624 aus der Feder von John Smith keinen Aspekt des Kulturkontakts via Pferd. Allein eine Stelle ist interessant, an der Smith schreibt: »All things that are able to do? them hurt beyond their prevention, they adore with their kinde of divine worship; as the fire, water, lightning, thunder, our Ordnance, peeces, horses, &c« (Smith 1624: 34).

Smith Aussage führt zu drei möglichen Deutungen. Erstens ist es möglich, dass es die Pferde de Sotos von Florida aus bis nach Virginia geschafft hatten, so dass sie dort verwilderten und von den Indianern als gefährliche Tiere angesehen wurden. Diese Möglichkeit aber ist auszuschließen. Das Pferd als Fluchttier wäre – wie auch in der Zeit der Paläoindianer – eine mögliche Jagdbeute gewesen, vor der man sich nicht übermäßig fürchten muss. Zweitens besteht die Möglichkeit, dass die Engländer Pferde dabei hatten und diese als Kriegsinstrument gegen die Indianer einsetzten. Da aber die ersten Pferde erst 1629 an der Ostküste ankamen (Wissler 1914: 7), ist dieser Fall nicht gegeben. Daher kann es sich drittens nur um einen literarischen Topos handeln. Die Geschichten der Spanier aus der Neuen Welt dürften auch in England bekannt gewesen sein, so dass es dazu gehörte, davon auszugehen, dass sich die Bewohner Amerikas vor Pferden fürchten, ob es sie gibt oder nicht. Demnach musste Smith die Erwartung des britisch-europäischen Publikums erfüllen.

Erst in der Mitte des 17. Jahrhunderts kam es zu größeren Einfuhren von Pferden in die französischen, englischen und auch niederländischen Kolonien in Nordamerika. Es versteht sich von selbst, dass ein Teil der dort lebenden einheimischen Bevölkerung von den Siedlern, die sich an der Ostküste Nordamerikas niederließen, beeinflusst wurde. So kann etwa Jacques Legardeur de SaintPierre (1701–1755) davon erzählen, dass »[t]he English are not ignorant of [the Indians], and I have myself seen the horses and saddles which the Indians obtain there« (Burpee 1968: 35). Anders als in den Plains bestand also ein reger Handelskontakt zwischen Indianern und Europäern an der Ostküste, der wahrscheinlich darauf zurückzuführen ist, dass in der Entstehungsgeschichte der dortigen Kolonien die Hilfe der einheimischen Bevölkerung unumgänglich war. Dennoch war diese Handelsbeziehung nicht frei von Problemen. So war es den Indianern in Massachusetts verboten, ohne gesonderten Beschluss der britischen Verwaltung ein Pferd zu kaufen (de John Anderson 2006: 201).

Der Handel mit den Tieren garantierte jedoch noch nicht einen fähigen Umgang mit den Tieren, im Gegenteil, es kam sogar zu Problemen mit den neuen Tieren, wie es der französische Gelehrte Joseph François Lafitau (1681–1746) in seinen *Moeurs des Sauvages Amériquains* beschreibt. Dort heißt es, dass die Ureinwohner, die nahe der französischen Städten wohnen, »sich seit einiger Zeit Pferde zugelegt« (Lafitau 1987: 328) haben, um Brennholz zu transportieren. Lafitau stellt fest, dass »die jungen Leute, denen es recht angenehm ist, mit Pferden umzugehen« (French 1850), diese Arbeit gerne machen. Die ursprünglich mit einer Aufgabe betrauten Mitglieder einer Gemeinschaft, im Beispiel Lafitaus sind es die Frauen, die mit der Beschaffung des Brennholzes beauftragt sind, werden durch eine jüngere Generation, die sich mit den Bräuchen der nicht einheimischen Franzosen angefreundet hat, abgelöst, die also das Tradierte durch eine scheinbare Verbesserung ersetzen will. Jedoch weist Lafitau auch darauf hin, welche Probleme es mit den neuen Methoden gab, wenn er in seinem Bericht mitteilt:

> [W]eil sie keine Stallung für [die Pferde] haben, so besteht alles, was sie thun mögen, darinnen, dass sie selbige in elende Plätze einsperren, wodurch sie sich aber gar leicht einen Weg zu machen wissen. Wenn sie nun [...] nicht genug Futter in diesen Behältnissen antreffen; so sind sie von selbst geneigt, sich nach den türkischen Weizenfeldern umzusehen, den sie lieber als Hafer fressen (Ebd.).

Auch wenn der Ursprung der Assimilation des Gebrauchs von Pferden ein direkter Kontakt mit den Europäern war, so lag die Initiative, um in den Besitz der Tiere zu gelangen, eindeutig bei den amerikanischen Ureinwohnern, denen die Nützlichkeit des Pferdes bewusst wurde, nachdem sie ihnen durch den europäischen Gebrauch vor Augen geführt worden war. Der dadurch in Bewegung gesetzte Transfer war also ein gewollter.

Die Jagd auf den Bison

Zu den größten Erzählungen über die weißen Siedler des Wilden Westens gehört die Ausrottung des Bisons, der, bevor der Europäer den Mittleren Westen der späteren USA besiedelte, dort in großen Mengen vorhanden war und deren Jagd den Indianern alles gab, was sie zum Leben brauchten. Anders als die Europäer seien die Indianer nachhaltig mit den Bisonbeständen umgegangen, so dass diese sich ohne Probleme regenerieren konnten. Mit dem Eindringen der Europäer aber sei das Ende der Bisons herbeigeführt worden.

Ähnlich wie die Vermutung, die Indianer haben auf ganz natürliche Art und Weise gelernt, wie man ein Pferd auf europäische Art und Weise als Reittier benutzt, gehört auch diese Idee in das Reich der europäischen Indianerromantik und lässt sich in dieser Fassung nicht halten. Die ersten Hinweise darauf, dass es sich hier um eine nicht ganz der Realität entsprechenden Darstellung handelt, gibt erneut La Vérendrye, der berichten kann, dass »[the Panana and the Pananis] never went on foot, but always on horseback, both when they hunted and when they went to war« (Burpee 1968: 336), was sich mit der oben genannten Aussage La Salles zu den Cappo deckt, die Pferde für Jagd und Krieg benutzten.

Da die Jagd auch schon vor dem Auftauchen der Europäer und ihrer Pferde zum Kulturgut der einheimischen Völker gehörte, ist es nur logisch davon auszugehen, dass sich die Jagd mit der Nutzung des Pferdes geändert hat. Damit das Pferd jedoch eine alte Tradition wie das Jagen, mit der immer auch bestimmte gesellschaftliche Aspekte verknüpft waren, verändern konnte, muss durch die Nutzung des Tieres eine positive Veränderung im Jagdverhalten eingeführt worden sein. Die Jagd wurde demnach wahrscheinlich effizienter.

Um diese Entwicklungsgeschichte nachvollziehen zu können, ist es nötig, sich zunächst das Wanderverhalten der Bisons vor Augen zu führen und es mit dem Niederschlagsgegebenheiten der Plains zu verbinden. Das Umherziehen in großen Gruppen ist für Bisons dabei eher untypisch und lediglich eine Folge von Futterknappheit, die viele kleinere Herden zu einem großen Trupp zusammenschließt. Dabei werden hunderte von Kilometern zurückgelegt, um neue Futter- und Wasserstellen aufzutun (Nowak 1991: 1432). Das Wegziehen vieler kleiner Herden in ganz andere Gebiete stellte für die sie jagenden Indianer ein großes Problem dar, weil man den Herden entweder hinterher ziehen musste, was bei großen Stämmen logistisch zu einer zeitlichen Diskrepanz zwischen den Bisonherden und den Völkern führen konnte, oder es bestand die Gefahr, dass die Nahrungsquelle verschwand, wenn man sich dem Zug der Bisons nicht anschloss. Die Wanderung der Tiere brachte sie zudem auch in den Teil der Plains, der wenig Niederschlag zu verzeichnen hatte. Diese Region war zu Fuß folglich nur schwer zu durchqueren.

Kennt man diese Ausgangssituation, ist es leicht vorstellbar, welchen Vorteil die Pferde darstellten. Die Wanderungsbewegungen der Bisons waren zu Pferd wesentlich leichter zu verfolgen, das Vordringen in die wasserarmen Regionen der Plains war mit weniger Gefahren verbunden, weil die enorme Geschwindigkeit der Pferde für eine schnelle Heimkehr sorgte. Durch die Einfuhr des Pferdes war es den Indianern schließlich möglich, sich komplett auf die Bisons einzustellen und ihnen das ganze Jahr über ohne Probleme zu folgen (Isenberg 2000: 41–44).

Darüber hinaus änderte sich die Jagdmethode. Es ist ersichtlich, dass das Jagen der riesigen Bisons vom Pferderücken aus, das den Jäger erhöht, eine andere Qualität haben muss, als zu Fuß. In der Zeit, als es noch keine Pferde gab, war das Jagen der Tiere recht mühselig. Getarnt im hohen Gras langsam gegen den Wind gehend war die erfolgreiche Jagd auf ein einzelnes Tier ein Triumph, der von mehreren Jägern gefeiert werden konnte. Die gleiche Anzahl von Jägern indes auf Pferden, die eine höhere Geschwindigkeit als die Bisons aufwiesen, sorgte für eine relativ größere Jagdbeute von mehreren Tieren. Hinzu kam ein weiterer von Joseph Whitehouse (1775-nach 1817) überlieferter Umstand, der sich während der Expedition von Lewis und Clark zutrug:

> The Big white a Chief of the mandans Came to Our fort in the Morning to Inform Us that the Buffelow was Close to us a Comeing in Captn Lewis and 15 Men turnd. Out to Shoot them the[y] killd 10, And the Indians Killd. 50 the two Captains Lewis & Clark took it in turn day about with a party Each day to goe a hunting And had Great Success until the 15th Inst. that the Buffelow got neerly twenty miles off Captn Clark and his party Returned On the Morning of the 16th (Lewis 1805).

Die Indianer jagten zusammen mit den Europäern, um ihnen zu helfen. Das angegebene Zahlenverhältnis von zehn auf Seiten der weißen

Amerikaner zu fünfzig erlegten Bisons auf Seiten der Indianer zeigt klar, welcher Vorteil mit der Jagd zu Pferde verbunden war. Die Europäer hingegen scheiterten bei ihren Jagdversuchen, wenn sie auf sich alleine gestellt waren, denn es heißt weiter: »Thursday January 3d [1805:] This morning some Buffalo came near our fort, the officers sent out 9 Men to hunt them, they returned but had killed none, One of the hunters killed a beautiful white hare, which is common in this Country.« (Ebd.).

Die Europäer imitierten in diesem Fall die Jagdkultur der Ureinwohner und lernten von ihnen, ohne freilich gleich Erfolg zu haben. Sie imitierten die Kultur der Ureinwohner, um zu überleben. Der Import des Pferdes sowie die Übernahme der europäischen Reitkunst durch die Indianer hat so ebenso zu Verminderung der Bisonbestände geführt, wie die spätere gezielte Jagd auf die Tiere durch die US-amerikanischen Siedler, wenn auch die Quantität in beiden Fällen unterschiedlich zu bewerten ist.

Andere Vertreter der Familie equidae in Nordamerika

Wie in Mittel und Südamerika wurden auch die Maultiere und Esel nach Nordamerika eingeführt, die ähnlich ihren großen Verwandten verwilderten, wenn sie wegliefen oder gestohlen wurden, wie das im oben genannten Fall Coronados der Fall war. Die Einfuhr der Maultiere in die späteren Vereinigten Staaten ist recht gut belegt, weil niemand anderes als der erste Präsident, George Washington (1732–1789), als Maultierzüchter bekannt war (Grizzard 2002: 275–276). So kann Thomas Cushing (1725–1788) Washington im Oktober 1785 berichten:

> I have the pleasure to Acquaint you of the safe arrival of a very fine Jack Ass, which I have just received from Glocester, a Town in this State, It was Sent to me by Mr David Pea[r]ce a Merchant there, who writes me, it came in a Ship of his from Bilboa & that he was directed to send it to me in order to be forwarded to your Excellency, It was accompanied by a Spaniard, to whose special Care he was Committed until delivered; […] I have taken care that the Spaniard and The Jack Ass should be well provided for, he is a fine Creature, just fifty Eight Inches high, & the largest that I believe ever came into this Country, As he has been something Bruised upon the Passage by the frequent tossing of the Vessell, although no ways essentially hurt (Crackel 2008).

Washington bezog seine Pferde aus Spanien, wie viele andere Züchter und Halter auch. Konnten sie entkommen, schlossen sie sich oftmals vorhandenen Herden von Wildpferden an. Selbiges galt für Maulesel, die im 18. Jahrhundert etwa aus Irland importiert wurden. Esel hingegen, die mit den Spaniern im 16. Jahrhundert nach Amerika kamen und auch in Nordamerika Verbreitung fanden, verwilderten in Amerika kaum, was an ihrem geringen Bestand lag (Benecke 1994: 317–318, 323).

Der Einfluss der Pferde auf die erzählende Kultur der Indianer

Ein solch gewaltiger Einschnitt wie der Import des Pferdes muss in einer naturverbundenen Kultur wie der der indianischen Völker Spuren hinterlassen. Diese finden sich vor allem in den mündlichen Überlieferungen der einzelnen Stämme. Am Beispiel der Erzählung des Erstkontakts zwischen dem Pferd und den Dakota soll dieses hier kurz gezeigt werden. Die Erzählung beginnt mit zwei Jägern, die am Ufer des Missouri entlang gehen, als ein Blitz in das Wasser einschlägt. An der gleichen Stelle sehen sie plötzlich, wie sich ein Tier, das einem Hirschen ähnelt, aus einem Strudel kämpft, an Land geht und dort anfängt Gras zu fressen (Wilson 2006: 125).

Auch wenn die Geschichte übertrieben erzählt wird, ist es doch keineswegs unwahrscheinlich, dass die Pferde sich an einem Fluss wiederfinden, bedenkt man die beschriebene Szene bei dem Übergang de Sotos an einem Fluss in Florida. Die Möglichkeit, dass ein Pferd aus den weiter im Landesinneren gelegenen Kolonien der Franzosen, Engländer oder Niederländer entkommen ist und den Missouri durch einen Fall ins Wasser überqueren muss, besteht ebenso.

Die beiden Jäger beobachteten das Tier noch eine Zeit lang, ehe sie zum Rat gingen und von ihrer Entdeckung berichteten. Hier wird entschieden, erst einmal abzuwarten. In der Zwischenzeit zeigt sich, dass das Tier trächtig ist und fohlt. Die Versuche der Dakota, beide Tiere einzufangen scheitern jedoch. Die Tatsache, dass die Pferde nahe dem Dorf bleiben, bestärkt die Dakota darin, beide Tiere zähmen zu wollen, weil sie so groß seien, »dass es sogar einen Menschen auf seinem Rücken tragen könnte. Auch ist es viel kräftiger und größer als die Hunde, die jetzt die Tragegestelle für unsere Lasten durch das Grasland ziehen. Wenn wir mit diesem Tier zur Jagd zögen, können wir viel größere Mengen an Fleisch zu unseren Häusern bringen« (Ebd. 127). In dieser Passage wird klar deutlich, woher die Vorstellung kommt, dass die Indianer durch ihre bloße Naturverbundenheit das Pferd nutzen würden. Während die Überlegung, den Hund durch das Pferd zu ersetzten, tatsächlich eine praktikable Möglichkeit darstellt, ist die Vorstellung der Reiterei sicherlich eine Übernahme europäischer Praxis, aus der sich dann erneut die Jagdmethode entwickelt hat, die oben beschrieben wurde.

Wie man den beiden Pferden habhaft werden könnte, spielt erneut in die beschriebene Vorstellung des Naturverbundenen Indianers hinein. Es ist einer der weisen Alten, der anmerkt, dass lediglich Achtung und Ehrerbietung das Pferd dazu bringen werden, den Dakota zu helfen, so dass es niemals schlecht behandelt werden kann (Ebd.).

Die kurze Wiedergabe der Geschichte belegt, dass das Pferd auch in der religiösen Vorstellungswelt der Dakota eine wichtige Rolle einnahm. Der Kontext, in der sie spielt, ist durch Himmelszeichen (Blitz) und Wasser, das man zu verehren und zu fürchten hat, (Missouri) klar als religiös definiert. Die Gesänge und Tänze, die zur Ehre des Pferdes veranstaltet werden, sowie verschiedene Erwähnungen von Traumbildern bestätigen diesen religiösen Fokus. Bezeichnend ist, dass jeglicher menschlicher Einfluss von außen, sei es durch Europäer oder andere indianische Volker, negiert wird, so dass einzig die Vorstellung überliefert wird, die Dakota seinen von alleine auf das Pferd gekommen. Darin lässt sich sicherlich – eine spätestens mit den Indianerkriegen eines Präsidenten Andrew Jackson (1767–1845) (Schäfer 2005: 75) einsetzende – Ablehnung der Euro-Amerikaner sehen, deren Verantwortung für die Einfuhr der Pferde verneint wird, wobei die tragende Rolle des Tieres herausgehoben werden soll.

Fazit: Pferde in Nordamerika – Jenseits der Fiktion

Das Bild der Indianer ist in Deutschland noch immer durch Karl Mays Winnetou und die Idee des »edlen Wilden« geprägt. Davon ausgehend ist es etwa möglich, eine Fernsehdokumentation zu zeigen, die das Erzählmuster der amerikanischen Ureinwohner aufgreift und vermittelt

(Arzt/Matthey 2009), obwohl eine Auswertung der Quellen ein anderes Bild vermitteln würde.

Vielmehr hat eine Art von kultureller Übersetzung dazu geführt, dass sich das Pferd in Nordamerika verbreitete. Dabei bleibt festzuhalten, dass eine vollständige Übersetzung erst durch das Erlernen von Kulturtechniken in Bezug auf das Pferd stattfand, da man das Reiten und die Herstellung des Materials (Zaumzeug, Sattel, Peitsche). Da der Erwerb und der Diebstahl der Tiere von den Europäern auch mit dem bloßen Einfangen entlaufener Tiere einherging, so dass es keinen direkten Kontakt zu Europäern geben musste, ist die Übersetzungsleistung in Bezug auf das Tier selber nur teilweise erfolgt.

Nach Bachmann-Medick ist eine vollständige kulturelle Übersetzung aber erst dann erreicht, wenn »von und zwischen den Kulturen« (Bachmann-Medick 32006: 239) übersetzt wird. Der Transfer des Pferdes und seiner Nutzung von europäischer Seite aus hin zu den amerikanischen Völkern stellt keine Wechselwirkung dar, so dass keine wirkliche kulturelle Übersetzung stattgefunden hätte. Die Rückkopplung kultureller Aspekte zeigte sich aber gerade in der Jagd auf Bisons. Während die Europäer den Indianern das Reiten zeigten, weiteten letztere die Reitkunst auf die Bisonjagd zu Pferde aus, was wiederum erstere durch die indianischen Jäger vermittelt bekamen. Mit diesem Beispiel ist dann auch eine andere romantische Vorstellung über die Indianer angekratzt worden, denn diese erlagen ebenfalls dem Wunsch nach einer effizienteren Jagdmethode, um mehr Fleisch zu haben, als sie vorher hatten.

Die romantischen Vorstellungen, die von den Indianern vorherrschen, sind dabei vor allem ein Produkt, der indianischen Vorstellungswelt, die in ihren Erzählungen hervortritt. Darin spielen die Europäer keine Rolle und die Domestizierung des Pferdes ist einzig eine Leistung der Indianer selbst. Das damit im Zusammenhang stehende, durch Spanier, Engländer, Franzosen und Niederländer übermittelte europäische Erbe, das im Pferd verborgen liegt, wird dabei komplett ignoriert.

Quellen

Bachmann Medick, Doris: *Cultural turns. Neuorientierung in den Kulturwissenschaften*, Reinbek ^{3}2006, 239.

Burpee, Lawrence (Hg.) (1968), *Journals and Letters of Pierre Gaultier de Varennes de La Vérendrye and his sons*, Toronto 1968.

Columbus, Christoph (2000), *Der erste Brief aus der neuen Welt, Lateinisch Deutsch*, hrsg. und übers. von Robert Wallisch, Stuttgart.

Cox, Isaac (Hg.) (1905), *The Journeys of Rene Robert Cavelier Sieur de La Salle*, Bd. 1, New York.

Cox, Isaac (Hg.) (1906), *The Journeys of Rene Robert Cavelier Sieur de La Salle*, Bd. 2, New York.

Crackel, Theodore (Hg.) (2008), *The Papers of George Washington*, Digital Edition, Charlottesville, 17.07.2013, http://rotunda.upress.virginia.edu/founders/default.xqy?keys=GEWNprint0403–02–026555

French, Benjamin (Hg.) (1850), *Historical Collections of Louisiana*, Bd. 2, Philadelphia, 16.07.2013, http://www.gutenberg.org/files/34997/34997h/34997h.htm.

Lafitau, Joseph Francois (1987), *Die Sitten der amerikanischen Wilden im Vergleich zu den Sitten der Frühzeit*, hrsg. von Helmut Reim, Weinheim (= Reprint Halle 1752).

Lewis, Meriwether, *The Journal of the Lewis and Clark Expedition*, 20.07.2013, http://lewisandclarkjournals.unl.edu/index.html.

Lockhart, John Ingram (Hg.) (1844), *The Memoirs of the Conquistador Bernal Diaz Del Castillo*, London.

Smith, John (1624), *The Generall Historie of Virginia, New England and the Summer Isles*, London.

Wilson, Mary Louise Defender (2006), *Die Welt wird niemals enden. Geschichten der Dakota*, hrsg. und übers. von Michael Schlottner, Frankfurt/Leipzig.

Winship, George P. (Hg.) (1896), *The Coronado Expedition*, Washington.

Winship, George P. (Hg.) (1904), *The Journey of Coronado*, New York.

Literatur

Bachmann Medick, Doris (32006), *Cultural turns. Neuorientierung in den Kulturwissenschaften*, Reinbek.

Benecke, Norbert (1994), *Der Mensch und seine Haustiere*, Stuttgart.

Feest, Christian (2003), Materielle Kultur, in: Fischer, Hans/Beer, Bettina (Hg.): *Ethnologie. Einführung und Überblick*, Berlin, S. 239254.

Grizzard, Frank (2002), *George Washington: A Biographical Companion*, Santa Barbara.

Isenberg, Andrew (2000), *The Destruction of the Bison. An Enviromental History*, Cambridge.

Kelly, L et al. (o. J.), Genetic characterisation of the Uruguayan Creole horse and analysis of relationships among horse breeds, in: *Research in Veterinary Science*, H. 72, 2002, 6773.

Krech III, Shepard (o. J.), »Paleoindians and the Great Pleistocene DieOff.« *Nature Transformed*, 06.07.2013, http://nationalhumanitiescenter.org/tserve/nattrans/ntecoindian/essays/pleistocene.htm

MacFadden, Bruce (1994), *Fossil Horses: Systematics, Paleobiology, and Evolution of the Family Equidae*, Cambridge.

Martin, Paul (1967), Prehistoric Overkill, in: ders./Wright, Herbert E. : *Pleistocene Extinction the search for a Cause*, New Haven, 75 – 120.

Morus (Richard Lewinsohn) (1952): *Eine Geschichte der Tiere. Ihr Einfluss auf Zivilisation und Kultur*, Hamburg.

Nowak, Ronald (1991), *Walker's Mammals of the World*, Bd. 2, Baltimore/London.

Oeser, Erhard (2007), *Pferd und Mensch. Geschichte einer Beziehung*, Darmstadt.

Schäfer, Peter (2005), *Die Präsidenten der USA in Lebensbildern. Von George Washington bis George W. Bush*, Köln.

Simpson, George (1961), *Horses: The Natural History of Library Edition*, Garden City.

Wang, Xiaoming/Tedford, Richard H. (2008), How Dogs Came to run the World, in: *Natural History*, H. Juli-August, 1823.

Wissler, Clark (1914), The Influence of the Horse in the Development of the Plains Culture, in: *American Anthropolgist*, Jg. 1, H. 16, 125.

Film

Arzt, Volker/Matthey, Heinz von (2009), *Tiere, die Geschichte schrieben. Das Pferd*, Deutschland.

Waffe, Ungeheuer und Mythos – Die Pferde der Conquistadoren

Heiko Schnickmann

Wie das Pferd nach Spanien kam

So schwer es auch zu glauben sein mag: Eine Geschichte der Pferde der Conquistadoren, die im Auftrag der katholischen Könige Spaniens Amerika einnahmen, beginnt bei den islamischen Arabern. Der Prophet Mohammed hatte den Nutzen der Tiere für die Ausbreitung des Islams erkannt und so lässt sich in der Sammlung Riyad us-Salihin nachlesen, dass er gesagt haben soll, dass »[w]enn jemand sich ein Pferd hält, um es für die Sache Allahs einzusetzen, beseelt von seinem Glauben an Allah und der Verheißung Allahs, so wird am Tag der Auferstehung das Futter sowie der Dung und Urin des Pferdes zu seinen Gunsten angerechnet werden« (An-Nawawī 1330).

Die Haltung von Pferden, ihre Erziehung und schließlich ihr Einsatz waren für die Verbreitung des islamischen Glaubens essentiell. Es verwundert folglich nicht, dass die Araber einigen Wert darauf legten, Pferde zu züchten, die dieser Aufgabe gerecht werden konnten. Die Entstehung des Vollblutarabers, der ältesten Pferderasse der Welt, geht auf genau diese Einstellung zurück und lässt sich daher auch tatsächlich bis in das frühe Mittelalter zurückverfolgen (Benecke 1994: 308).

Bereits im 9. Jahrhundert wurden erste Pferde dieses Typs nach Spanien importiert und fanden vereinzelt ihren Weg nach Frankreich und Mitteleuropa. Das Prestige, das von diesen Pferden ausging, findet sich beispielhaft im Abenteuerepos *Herzog Ernst*. Der Held, der, verstoßen vom heimischen Königshof in die Fremde aufbricht, in der er allerhand Gefahren abwehren muss, um schließlich zurück an den Hof zu kommen, erfährt an einem anderen Königshof, dass herausgefunden werden soll, wer der edelste unter den Rittern sei. Zu diesem Zweck wird »ein vil schœne castellân« (Herzog Ernst: 4603) herbeigeführt, auf dessen Rücken sich Ernst schwingt und so seine Ritterlichkeit unter Beweis stellt. Die literarische Episode zeigt klar, welch hoher Stellenwert den arabischen Pferden aus Spanien bereits im mitteleuropäischen Hochmittelalter zukam.

Auch wenn der Kontakt zwischen den christlichen Spaniern und den islamischen Mauren auf der iberischen Halbinsel äußert ambivalent war, lässt sich der bereits mit dem Frühmittelalter beginnende Austausch zwischen beiden Kulturen nicht verneinen. Beispielhaft wird das etwa an den arabischen Traktaten zur Medizin, die an der Schule von Toledo ins Lateinische übersetzt wurden (Driesch 22003: 90).

Darunter befanden sich beispielsweise die Werke des in Andalusien lebenden Gelehrten, Ibn al-'Awwam, auf dessen Überlieferung das im 14. Jahrhundert entstandene Buch zur Tierheilkunde des in spanischer Sprache schreibenden Johan Alvares de Salamiellas zurückgeht. Die literarische Vermittlung von Wissen über die medizinische Versorgung der Pferde führte schließlich zur Einführung von Examensprüfungen für Tierärzte, von denen die erste für das Jahr 1436 belegt ist (Ebd.).

Weniger bedeutend für das Prestige, aber dafür umso mehr als Arbeitskraft, waren die Maultiere. Sie waren zunächst ebenso eine Züchtung des Nahen Ostens und verbreiteten sich dann im gesamten islamischen Mittelmeerraum bis nach Spanien. Dort bauten die Araber eine blühende Maultierzucht auf, die ähnlich dem Pferd, auch in den christlichen Teil der Halbinsel vordrang. Die Qualität der Tiere war so überzeugend, dass sie oftmals das Pferd als Reittier ersetzten, was König Alfons X. 1248 dazu veranlasste, ein Verbot auszusprechen. Dem folgend sollten einzig Frauen und Kleriker noch auf den Maultieren reiten (Grzimek 1976: 56).

Sowohl die Pferde als auch die Maultiere Spaniens waren demnach von erlesener Qualität und mit ihnen ging eine reiche Tradition einher. Es versteht sich von selbst, dass eine solche das Denken der Conquistadoren prägte, als sie sich aufmachten, Amerika zu erobern.

Eine Leistung der Spanier: Die Wiedereinführung des Pferdes nach Amerika

Das Pferd hatte sich ursprünglich in Amerika entwickelt, war aber zusammen mit anderen Säugetieren vor rund 10.000 Jahren ausgestorben.

Der erste Europäer, der auf seiner zweiten Reise ab 1493 wieder Pferde auf die karibischen Inseln und somit auf amerikanischem Boden einführte, war Christoph Columbus. Zu den Auswirkungen auf die Einwohner dieser Inseln machte der Admiral zwar keine Angaben (Morus 1952: 150), allerdings war dieser erste Import entscheidend für den weiteren Verlauf der spanischen Expansion.

Das Verschiffen von lebendigen Tieren stellte immer ein Problem dar. Schon die Reise zwischen dem spanischen Festland und den Kanaren war mit dem Tod einer Vielzahl von Tieren verbunden, die wohl die Meeresschwankungen nicht ertrugen. Ruhige See war daher für eine gelungene Überfahrt nötig, obwohl trotzdem nur wenige Pferde die Seefahrt von Europa nach Amerika überstanden (Humboldt 2009: 208).

Ungeachtet der geringen Zahl verbreitete Columbus die überlebenden Pferde auch auf der Insel Kuba, so dass diese unter spanischer Aufsicht gedeihen konnten. Als sich Hernán Cortés aufmachte, nach Mexiko überzusetzen, konnte er so ohne Probleme auf Pferde aus dem spanischen Mutterland verzichten und griff für die Planung seines Zuges auf kubanische Pferde zurück. Sein Begleiter Diaz del Castillo erinnert sich, dass

> »Cortes had a dark chesnut stallion, which died afterwards at St. Juan de Ulloa. Pedro de Alvarado and Hernando Lopez d'Avila had jointly an excellent brown mare, which had been broken-in for the field of battle as well as for tournaments. [...] Alonso Hernandez Puertocarrero had a grey-coloured mare, which Cortes had purchased for him with the golden borders of bis state-robe, it was capitally trained for the field of battle. Juan Velasquez de Leon's mare was of the same colour, a noble and powerful animal, full of fire and eager for battle: we commonly termed it the ›short tail‹. Christobal de Oli had a dark brown fine-spirited horse. Francisco de Montejo and Alonso de Avila had between them a sorel-coloured horse, but of little use in battle. Francisco de Morla had likewise a dark chesnut stallion, one full of fire and wonderfully swift. The light-coloured horse of Juan de Escalante was not worth much. The grey- coloured mare of Diego de Ordas, which would never foal, was neither very swift. Gonzalo Bomiuiguez had a small dark-brown nag, a very swift and noble animal. Also the brown-coloured horse of Pedro Gronzalez de Truxillo was a swift animal. Moron, who was a native of Yaimo, had a small horse which was pretty well trained. Vaena, of Trinidad, had a darkish-coloured horse, though a bad leaper. The light-coloured chesnut Galloway of De Lares was, on the other hand, a splendid animal and a capital runner. Ortiz, the musician, and a certain Bartolome Garcia, who had applied himself to the art of mining, had between them a very good

> dark-coloured horse, which they named the Arriero (mule-driver,) and was one of the best animals of the whole corps. Juan Sedeno, of the Havannah, had a fine chesnut mare, which foaled on board« (Lockhardt 2007: 98).

So erreichte Cortés, obwohl mit sechzehn Pferden von Kuba losgesegelt, mit siebzehn Pferden die Küste Mexikos. Das neu geborene Fohlen aber war für den geplanten kriegerischen Einsatz, der im Bericht Diaz Del Castillos deutlich durchschimmert, nicht geeignet. Für die Aufzucht und Ausbildung des Fohlens war schlicht keine Zeit vorhanden. Die Tradition im Umgang mit Pferden und die damit einhergehende Bedeutung dieser Tiere war wohl verantwortlich dafür, dass man das junge Pferd nicht tötete, sondern mit sich führte. Erst als die zu durchquerenden Gegenden zu unwirtlich für ein Jungtier wurden, trennte man sich von dem Fohlen. Es sollte das erste Pferd in einer langen Reihe von Tieren werden, die von den Spaniern in die Wildnis entlassen wurden (Oeser 2007: 98).

Anders als auf den Inseln der Karibik sind die Begegnungen zwischen den Einheimischen Mittel- und Südamerikas und den spanischen Pferden in zahlreichen Quellen beschrieben worden. Dabei ist vor allem die Tatsache, dass es sich bei den Tieren um völlig unbekannte Wesen handelte, von enormer Bedeutung für den Umgang mit denselben.

Abschreckung der Indios, oder: Der Mythos vom teilbaren Ungeheuer

Es ist eine durchaus imposante Vorstellung. Cortez und die Seinen erscheinen auf Pferden sitzend am Horizont der einheimischen Bevölkerung. Angsterfüllt fliehen diese und berichten von diesen seltsamen Wesen. Literarisch wurde diese Vorstellung bereits im 17. Jahrhundert von der Dichterin Juana Inés de la Cruz bearbeitet, als sie 1689 die Nymphe America danach fragen ließ, »[q]ué Centauros monstrüosos // contra mis gentes militan?« (»Welche ungeheurlichen Centauren kämpfen gegen mein Volk?«; Cruz 1955: 7). Dieses Bild des Centauers, der die Azteken in Angst und Schrecken versetzte, hielt lange an und wurde von den spanischen Eroberern forciert. Dabei bildeten sich erstaunliche Legenden. So existiert bis heute die immer wieder tradierte Erzählung, dass die Einheimischen Reiter und Pferd für ein Wesen hielten, dass sich teilen ließe (Auch hier sei kurz Diaz Del Castillo zitiert, bei dem es heißt: »The Indians, who had never seen any horses before, could not think otherwise than that horse and rider were one body«; Oeser 2007: 100). So schön diese Geschichte auch klingen mag, sie unterschätzt die Vorstellungskraft der Azteken Mexikos. Der Mensch neigt dazu, Dinge, die ihm fremd sind, mit ihm bekannten Dingen zu vergleichen. Dass dieses auch für Tiere gilt, zeigen nicht nur zahlreiche mittelalterliche Zeichnungen fremder Tiere, denen man ansieht, wie dem Zeichner das Tier erklärt wurde, es zeigte sich ebenfalls in der Phase der europäischen Expansion, etwa durch sprachliche Eingliederung unbekannter Tiere in das bestehende Sprachsystem, wie es etwa bei den brasilianischen Tupinamba der Fall war, die die ihnen fremden Hühner sprachlich einfach zu kleinen Truthühnern erklärten (Léry 1580: cap. X). Die zu stellende Frage ist also, ob es in Mexiko Tiere gab, die mit dem Pferd verglichen werden konnten. Die dabei hervorstechenden Merkmale des Pferdes wären etwa seine Geschwindigkeit, die Tatsache, dass es auf vier Beinen läuft und dabei relativ hoch ist. Ein solches Tier, relativiert man die Höhe, findet sich in Mexiko durchaus. Im Bericht von Diaz Del Castillo finden sich einige Hinweise auf Hirsche und Rehe, die dort vorhanden waren und natürlich gejagt wurden (Lockhart 1844: 103). Eine Beschreibung der Pferde unter Zuhilfenahme dieser Tiere scheint auf Seiten der Indios nicht abwegig, so dass eine gewisse Vertrautheit hergestellt werden konnte.

Hinzu kommt eine weitere ganz praktische Tatsache, die in so manchem imaginierten Bild außen vor bleibt. Zwar stellt sich der Einsatz der berittenen Pferde durchaus ehrerbietig dar, doch eine Sache bleibt dabei vergessen. Cortés setzte nicht mit Beibooten an die Küste Mexikos, er landete mit seinen Schiffen (Oeser 2007: 98). Dieser Umstand sorgte dafür, dass die Einheimischen sehen konnten, wie die Schiffe entladen wurden. Die mitgebrachten Pferde waren wie andere Lasten auch im Laderaum der Schiffe untergebracht worden. Um sie an Land zu holen, benötigte man einen Lastkran, wie er ebenso im Hafen Barcelonas genutzt worden war, um die Pferde an Bord zu bringen. Christoph Weiditz zeigte die Unterbringung eines Pferdes mit Hilfe eines solchen Krans in seinem Trachtenbuch (Weiditz 1994: Taf. LXII), das in den zwanziger Jahren des 16. Jahrhunderts entstand. Ein solches Verladen jedoch brauchte bei siebzehn Pferden seine Zeit. Hinzu kam der von Diaz Del Castillo beschriebene Umstand, dass »[w]hen our horses, which had been such a length of time at sea, now stepped on firm ground again, they appeared very awkward and full of fear« (Lockhart 1844: 73). Für alle einheimischen Beobachter dürfte daher klar gewesen sein, dass Pferd und Reiter eben kein einheitliches Wesen bildeten.

Dass sich dieser Mythos dennoch solange hielt, hat folglich andere Ursachen. Auch wenn die Einheimischen wussten, dass es so etwas wie Ross und Reiter gab und sie immerhin auf Hirsche als Vergleichsobjekte setzen konnten, dürfte der kriegerische Einsatz von Tieren neu für sie gewesen sein. Es verwundert also nicht, wenn sich um die Pferde ein ganz eigener Vorstellungshorizont etablierte, den die Spanier zu nutzten wussten.

Bernardino Vazquez de Tapia, ein weiterer Reiter aus Cortés Kavallerie, schrieb so in seinem Bericht, dass die Azteken nur nachts angriffen, weil sie fest daran glaubten, dass die Pferde dann nichts sehen könnten (Vázquez). Unter diesen Umständen konnte der Conquistador in aller Ruhe die Behauptung aufstellen, dass »the Indians stand in great awe of our horses, and imagine that these and our guns alone fight the battle« (Lockhart 1844: 78). Das Bewusstsein dieses Faktors führte dann auch abseits des Schlachtfeldes zu Bemühungen, diese Angst zu untermauern. Bei einer Verhandlung mit ein paar Häuptlingen (Cacique) Mexikos passierte es, dass

> »[a]t this moment the stallion was brought and fastened at a short distance from the spot where Cortes and the caziques were holding the conference: as the mare was likewise near at hand, the stallion immediately began to neigh, stamp the ground and rear itself, while its eyes were continually fixed on the Indians who stood in front of Cortes' s tent, as the mare was placed behind it. The caziques, however, thought the animal was making all these movements against them and appeared greatly agitated. When Cortes found what effect this scene had made upon the Indians, he rose from his seat, and walking to the horse, took hold of the bridle, and desired his servant to lead it away. Aguilar, however, was to make the Indians believe that he had ordered the horse not to do them any injury« (Ebd. 79).

Neben der kriegerischen Überlegenheit einer Kavallerie wurde von den Conquistadoren das Unwissen über die Tiere genutzt, um Überlegenheit auszudrücken. Cortés zeigte den versammelten Oberhäuptern, wie sein Einfluss auf das Verhalten der Tiere konkret aussah.

Ein solches Beispiel belegt inwiefern die Spanier im direkten Kontakt mit der einheimischen Bevölkerung mit deren Vorstellung spielten und diese strategisch nutzten. Darüber hinaus jedoch änderte sich der

Umgang mit ihren Pferden auch abseits des direkten Kontakts, wenn sich diese Verhaltensänderungen mit diesem begründen lassen. So zeichnete sich in der Vorstellung der Conquistadores selbst ab, wie besonders die Stellung ihrer Pferde für ihren Eroberungszug war. Francisco Lopez de Gomara schreibt etwa, »that previous to the arrival of Cortes with the cavalry, the holy apostle St. Jacob or St. Peter in person had galloped up on a gray-coloured horse to our assistance« (Ebd. 76). Ähnliches weiß Vazquez de Tapia zu berichten, denn »[w]ährend wir in der Schlacht in großer Gefahr waren, wurde jemand auf einem Schimmel kämpfend erblickt, der die Niederlage der Indianer verursachte. Dieses Pferd war nicht unter denen gewesen, die wir bei uns hatten«. Dieser Bericht kann realiter nicht der Wahrheit entsprechen. Dennoch ist er für Vazquez de Tapia wahr, der vielleicht wirklich den Schimmel gesehen hat. Dieses Trugbild jedoch lässt sich eben auf eine starke Veränderung der spanischen Vorstellung in Bezug auf ihre eigenen Pferde zurückführen.

Das Aufeinandertreffen von Spaniern und Azteken führt zu einer Mystifizierung des Pferdes auf beiden Seiten. Ursache dafür waren vor allem aber die kriegerischen Auseinandersetzungen zwischen beiden Parteien und nicht eine von vornherein dagewesene seltsame Vorstellung über die Natur von Ross und Reiter auf Seiten der Indios.

Cortés und der Einsatz der Kavallerie

Bereits Alfred W. Crosby weißt darauf hin, dass die spanischen Conquistadoren ohne Pferde nicht vorstellbar gewesen seien (Crosby 2003: 79). Dieser Umstand hat nicht nur mit der Mystifizierung der Tiere zu tun, er stützt sich nämlich ebenso auf den militärischen Einsatz der Pferde. Dabei gilt es freilich Einschränkungen vorzunehmen. Denn so vorteilhaft der Einsatz von Pferden auch sein kann, um eine Schlacht zu entscheiden, überall ist ein solcher Einsatz nicht sinnvoll. Der Begründer der Geopolitik, Halford Mackinder etwa, macht schon darauf aufmerksam, dass sich die großen Reiterhorden der Geschichte einzig in den flachen Steppengebieten Asiens entwickelten und dort ihre Schlagkraft festigten, die in Europa für Aufsehen sorgen sollte (Mackinder 1904: 430). Die Bedingungen für einen effektiven Einsatz der Reiterei werden an diesem Beispiel deutlich; nicht der dichte Wald ist das ideale Einsatzfeld für sie, die Steppe, das flache Land, das ungepflügte Feld.

Bedenkt man dies, ist der Einsatz von Pferden in Yucatan kaum möglich, besteht die Insel doch zum Großteil aus Regenwald, Feuchtwald und Trockenwald. Einzig im Nordwesten findet sich Dornbuschsavanne (http://www.yucatan.gob.mx/menu/?id=flora), die einen Einsatz der Kavallerie möglich macht. Diese besondere Situation spürte Cortés bei einem Kampf mit den Maya. Die Pferdeeinheit schaffte es erst zwei Stunden nach der Infanterie an einer Schlacht teilzunehmen, weil der Weg beschwerlich war. Als diese das Schlachtfeld jedoch erreichte, sorgte der flache Grund schnell für eine Überlegenheit auf Seiten der Spanier, die mit Lanzen auf die Maya zuritten und ohne Probleme deren Rüstungen durchbrachen. Hatten die Maya bis zum Eintreffen der Pferde die Spanier ohne größere Probleme in Schach gehalten, führte der Einsatz der Pferde schließlich zu einem ersten Sieg über die einheimische Bevölkerung, die sich schließlich in die Wälder zurückzog (Hassig 2006: 62).

Trotzdem war sich Cortés des taktischen Nachteils bewusst, der durch das ungünstige Gelände für die Kavallerie entstand. Dies mag mit ein Grund für seinen Entschluss gewesen sein, sich zunächst nicht mit Yucatan zu befassen. Nach dieser erfolgreichen Schlacht, die auf Seiten der Maya viele Leben gekostet hatte, nahm man diplomatische Beziehungen auf und erfuhr so, dass alles Gold der Maya aus Mexiko stammte. Der Kosten-Nutzen-Aspekt für ein weiteres Vorgehen gegen die Maya war somit zu hoch, so dass man sich nach kurzer Rückkehr nach Kuba zur Quelle des Goldes ins Landesinnere aufmachte, wo Cortés schließlich auf die Azteken traf. Erst nachdem er deren Reich eingenommen hatte wandte er sich 1524 erneut Yucatan zu, durchquerte es aber nur. Die eigentliche Eroberung Yucatans begann erst 1528 und sollte knapp fünfzehn Jahre in Anspruch nehmen. Cortés eroberte das Reich der Azteken dagegen in nur fünf Jahren. Ein Grund dafür dürfte in den geographischen Unterschieden liegen. Im Gegensatz zum Reich der Maya auf Yucatan war das der Azteken relativ frei von Wald. Abgegrenzt durch die Berge der Sierra Madre im Süden und im Osten erstreckte es sich vor allem in den Berg- und Talregionen Mexikos, wo der Einsatz von Pferden wesentlich leichter war als im dichten Gestrüpp des Urwaldes von Yucatan. Nicht verschwiegen werden darf natürlich die politische Situation, die Cortés‘ Siegeszug wesentlich vereinfachte. Montezuma war, folgt man Castillos Bericht, kein beliebter oder respektierter König. Seine Macht ging vor allem von Furcht aus, die die Landes- und Regionalfürsten vor ihm hatten. Cortés hörte sich wiederholt an, wie diese sich beschwerten, so dass es ein Leichtes war, unzufriedene Regionalfürsten von Montezuma abzubringen (Lockhart 207: 136–142).

Anders war es beim Nachbarstaat Tlaxcala, dessen Hauptstadt erobert werden musste. In diesem Kampf spielten die Pferde die entscheidende Rolle. Schon im Vorfeld machte sich bemerkbar, dass man in diesem Staat vom spanischen Vorgehen wusste. Vor allem der Einsatz der unbekannten Tiere war den Tlaxcalteken zu Ohren gekommen. Die Effizienz der Pferde im Kampf war als ein taktisches Problem identifiziert worden, das es zu umgehen oder ganz auszuschalten galt. So berichtete Cortés selbst davon, wie eine erste Begegnung ablief, als sich seine Truppen nach Tlaxcala aufmachten:

> Als wir den Hügel hinaufgeritten waren, erblickten die zwei Reiter, die ich vorausgeschickt hatte, eine Anzahl Indianer mit Federbüschen, ihrem Kriegsschmuck, und mit Schwertern und Schilden, die jedoch die Flucht ergriffen. [...] Ich ritt zu ihnen hin, worauf sie, es mochten etwa fünfzehn sein, nach ihren versteckt stehenden Landsleuten riefen und gleich so ungestüm mit uns fochten, daß sie uns zwei Pferde töteten und drei verwundeten, ebenso zwei Reiter (Cortés 1975: 51).

Den Tlaxcalteken war bewusst, dass die Pferde die Schlacht entscheiden würden, so dass sie die kurze Gelegenheit, die sie hatten, sofort nutzten, um die Zahl der Tiere zu dezimieren. Als der Rest des spanischen Trupps zu der Vorhut aufschloss, war der kurze taktische Vorteil der Azteken verschwunden und sie zogen sich, obwohl zahlenmäßig überlegen, schnell zurück.

Den Vorteil der Reiterei auszuschalten war dann auch Ziel in einer der Schlachten um Tlaxcala selber. So berichtet es zumindest Castillo, denn

> [t]he chief object of the enemy was to capture one of our horses, in which they did not altogether fail; for, as Pedro de Moron on his well-trained mare, attended by three others of our cavalry, was attempting to break through the enemy's ranks, the Indians wrenched the lance out of his hand, and fell furiously upon him with their broad swords, wounding him. severely. They gave his mare such a terrific cut with the same weapon in the neck, that the animal instantly fell down dead. [...] The enemy retreated, carrying off the dead mare, which was subsequently cut into pieces to be sent into every township of Tlascalla. As we afterwards learnt, the horse's shoes, the Flan-

ders hat, and the letter we sent them, were brought as an offering to their idols (Lockhart 1844: 149).

Der Sinn, der im Zerteilen der Stute lag, hatte mit großer Sicherheit symbolische Bedeutung. Selbst wenn das Tier und sein Reiter nicht als Einheit angesehen wurden, war die Gefahr, die von dem Pferd ausging, für die Tlaxcalteken evident. Die Tötung des Tieres und sein Zerteilen sollten vor Augen führen, dass ein Kampf gegen die Tiere lohnte und nicht unausweichlich zu einer verlorenen Schlacht führen musste. Um die Azteken aber im Irrglauben zu lassen, der Verlust eines Pferdes stelle keinen taktischen Nachteil dar, kam Cortés zu dem Schluss, dass »[i]t would be no harm if our horse were to gallop up and down the country a little; the Tlascallans might otherwise think we had had enough of it in the last battle: we must show them that we are constantly at their heels« (ebd. 149). Dennoch wurde auf Seiten der Spanier klar, dass jede Form eines individuellen Angriffs, der der Tötung des Pferdes vorausgegangen war, sofort durch die Überzahl der Gegner gestraft werden würde. Die Strategie wurde daher darauf verlegt, geschlossen die Flanken der Feinde anzugreifen (Hassig 2006: 129). Mit diesem Plan machten sich die Spanier am 5. September 1519 auf, Tlaxcala endgültig einzunehmen. Die Bedeutung der Pferde für diese Schlacht wird bereits in der Aufstellung der Truppen deutlich. Castillo weist so daraufhin, dass man erst dann dazu überging die Fußtruppen aufzustellen, als die Reiterei bereits ihre Stellung eingenommen hatte (Lockhart 1844: 150–151). Der geschickte taktische Einsatz der Pferde und Waffen sorgte für einen Rückzug der Tlaxcalteken, so dass die Schlacht zu Gunsten der Spanier ausging, obwohl alle Pferde verwundet worden waren (Ebd. 152).

Da dem Versuch die Pferde zu verletzen auf Seiten der Tlaxcalteken nur geringer Erfolg beschert wurde, änderte sich auch auf ihrer Seite die Taktik. Man ging nun davon aus, dass, wie schon erwähnt, die Pferde nur tagsüber eingesetzt werden könnten, in der Nacht aber nutzlos seien (Vázquez). Daher beschloss man einen Nachtangriff auf die Spanier zu wagen, denn Zitat eventuell anpassen »wenn es keine Pferde gab – wegen der Fußsoldaten machten sie sich keine großen Sorgen«. Diese taktische Einschätzung der Tlaxcalteken erwies sich jedoch als Irrtum, da die Spanier auch nachts ausritten, was dazu führte, dass die Azteken schnell den Rückzug antraten. Auf dieser Erfahrung aufbauend, befahl Cortés, »dass wir nachts ausrückten« (Ebd.). Der Kampf um Tlaxcala führte zu einem Patt, das Gelegenheit bot, Friedensverhandlungen aufzunehmen und sich auf einen Frieden zu einigen, der das Kämpfen zunächst beendete.

Danach zogen die Spanier weiter nach Mexico. Auch bei den anstehenden Schlachten zeigte der Einsatz der Pferde seine entscheidende Wirkung. Anfangs machte es allerdings nicht den Anschein, als ob sich der Einsatz der Pferde tatsächlich auszeichnen würde. Ein Blick auf eine Karte der Region, die Cortés durchzog, zeigt, dass es in ihr zahlreiche Flüsse gibt. In der gut organisierten staatlichen Struktur des Aztekenreichs waren diese Flüsse durch Brücken für eventuelle Übergänge nutzbar gemacht worden. In der Kriegszeit waren es aber Fallen, die die Azteken ohne weiteres anwendeten. So rissen sie viele Brücken ab und ließen oftmals nur eine einzige stehen, die sie dann ohne großen Aufwand bewachten, um die Spanier auf ihr anzugreifen. Castillo beschreibt einen solchen Kampf im Detail und mit allen Folgen für die Pferde:

> Now the most obstinate conflict ensued for the possession of this [bridge], and, as misfortunes never come singly, it happened that two of our horses should slide out on the wet planks, become unmanageable, and roll over into the lake. This caused the bridge itself to overbalance and fall down. A number of Mexicans that instant fell furiously on us, and, though we exerted ourselves to the utmost, and cut down numbers of the enemy, we were unable to recover the bridge. As, however, those behind, kept continually pushing on those in front, the opening in the canal was speedily filled up with dead horses and their riders, who were inevitably lost if they were unable to swim (Lockhart 1844: 349).

Die Gefahr, einen der taktischen Vorteile zu verlieren, war unmittelbar gegeben. Dennoch wurde unter vielen Verlusten das andere Ufer erreicht. Das Scharmützel an der Brücke stellte jedoch lediglich einen Vorgeschmack auf die Schlacht bei Otumba dar, bei der die Verluste der Spanier enorm wurden. Die schiere Zahl der Azteken, die gegen die spanischen Eindringlinge aufmarschierten, sorgte für Furcht unter den spanischen Eroberern. Dennoch verließ sich Cortés vor allem auf seine Reiterei, wie dezimiert sie auch sein mochte. Seine Taktik hatte Erfolg. Weil die Ebene flach war und sich hervorragend für den Galopp eignete, war es den Reitern möglich, eine Lücke in die feindlichen Linien zu reißen, die von den spanischen Fußsoldaten augenblicklich gefüllt wurde. Der Einsatz und der Erfolg der Pferde brachten den Spaniern einen Motivationsschub, der die Schlacht entscheiden sollte, denn, wie Castillo bemerkt, »[a]lthough both horse and rider were severely wounded, yet they continued to fight most valiantly. It seemed as if we who formed the cavalry had double our usual strength; for, though we were covered with wounds, and each moment received fresh ones, yet we never gave them thought, but kept dashing in upon the foe without intermission« (Ebd. 355).

Der Sieg der Spanier war damit eingefahren, das Aztekenreich war gefallen, und ein Kolonialreich wurde errichtet, das Kaiser Karl V. zu dem Monarchen machen sollte, in dessen Reich die Sonne nie unterging. Cortés nutzte, das machen die Auszüge aus den Quellen deutlich, das Pferd auf zwei Ebenen. Der erste Gebrauch der Tiere stand klar in einer europäischen Tradition. Der Einsatz der Kavallerie war in Europa immer nötig gewesen, um Schlachten zu gewinnen. Während in Europa aber oftmals die bessere Taktik im Umgang mit der Reiterei den Ausgang der Schlacht entschied, kam auf einer zweiten Ebene in Mexiko noch ein mentaler Aspekt dazu. Cortés nutzte das unbekannte Tier für eine Kriegsführung, die ohne Frage durchaus als psychologisch bezeichnet werden kann. Der reale Einsatz der Pferde auf freiem Feld, die damit erzielte Geschwindigkeit und Stoßkraft sowie der taktische Einsatz der Tiere als Vorhut in Verbindung mit einem durch die Spanier forcierten negativ besetzten Mythos um das Pferd per se sorgten bei der Eroberung Mexikos für einen Sieg der europäischen Eroberer.

Die Eroberung des Inkareichs

Wenn Cortés auch derjenige war, der dafür sorgte, dass Pferde wieder amerikanisches Festland betraten, so war er nur indirekt für die Verbreitung der Tiere in Amerika verantwortlich. Zahlreiche andere Conquistadoren des 16. Jahrhunderts folgten ihm und drangen dabei in Gebiete vor, die bisher außer Acht gelassen worden waren. Der bekannteste Epigone, obwohl einige Jahre älter als der Eroberer Mexikos, war Francisco Pizarro, der bereits zahlreiche Erfahrungen bei Reisen im karibischen Raum gesammelt hatte. Der grandiose militärische, wirtschaftliche und politische Erfolg, der Cortés beschieden war, sorgte bei Pizarro für den Wunsch, ähnliches zu erreichen.

Eine Legende der Muisca aus Kolumbien kam ihm da gerade recht. Bei diesen hatte es einmal die Tradition gegeben, dass der zukünftige König des Volkes dem Sonnengott Gold opfern musste, das einem See übergeben wurde (Engl/Engl 1975: 253). Pizarro war von dem Wunsch erfüllt, den See dieser Legende, die sich zur Sage vom Goldland Eldorado entwickelten sollte, zu finden. Nach anfänglichen Problemen erreichte Pizarro 1526 endlich Peru, wo er erste Erfolge vorzuweisen hatte, so dass er 1531 mit königlichem Befehl und einem Expeditionscorps von mehreren hundert Mann und Pferden an die Küste des heutigen Ecuador zurückkehrte.

Pizarro war sich bewusst, Eldorado noch nicht gefunden zu haben, gab aber die Hoffnung noch nicht auf, so dass er kleinere Einheiten aussandte, die sich auf die Suche nach dem König und seinem Goldreich machen sollten. Unter anderem beauftragte er seine drei Brüder Juan, Gonzalo und Hernando Pizarro mit Expeditionen, die andere Regionen auffinden sollten.

Dass Pizarro in seinem Tun Cortés nachfolgte, zeigte sich nicht nur in seiner Motivation, Gold zu finden und Reiche zu erobern. Auch der Einsatz von Pferden ist ein deutliches Zeichen. Die ersterem und seinen Männern überlieferten Berichte hatten deutlich vor Augen geführt, dass der Einsatz der Reiterei von Vorteil sein konnte. Die bereits erwähnten Schwierigkeiten, die etwa die Landschaft Yucatans für die Tiere bedeutete, wurden jedoch ausgeblendet. Dabei wäre es durchaus von Vorteil gewesen, sich diese eingehender bewusst zu machen.

Betrachtet man die Regionen, die das Inkareich umfasste, sind vor allem Wälder und Gebirge auszumachen. Mochten letztere für Pferde nur ein geringes Problem darstellen, das sich erst in höher gelegenen Regionen dramatisch auswirken konnte, so stellten Regen- und Nebelwälder die Expediton vor große Probleme. Gonzalo Pizarro begann von Quinto im heutigen Ecuador aus seine Suche nach dem Goldland und schrieb später in einem Brief an Kaiser Karl V.:

> Sieben Meilen von der Stadt entfernt wurde das Gelände bereits schwer passierbar, und hohe Bergketten türmten sich vor uns auf. Für Menschen und Tiere [neben Pferden auch Hunde und Schweine] mussten wir uns den Weg freischlagen und gelangten so schließlich zu der Provinz Sumaco. Da Reiten unmöglich war, schlug ich hier unser Quartier auf, damit die Spanier und die Pferde sich erholen konnten; denn alle waren erschöpft von den Strapazen bei der Überwindung der großen Kordilleren und dem Schlagen der zahlreichen Brücken über die Flussläufe [...] Das Vorland der Kordillere ist wegen des vielen Wassers und zahlreicher Sümpfe und zwischenliegender Bergketten unbewohnbar. [...] Ich versuchte von einigen Indios, die sich ergreifen lassen, in Erfahrung zu bringen, wo das Zimtland liege [...] und

> machte mich selbst mit 80 Soldaten auf den Marsch. Pferde konnten wir wegen des unwegsamen Geländes unmöglich mitnehmen (Ebd. 254–255).

Die Conquistadoren waren für ihre Expedition schlecht ausgerüstet. Dem Vorbild nachfolgend, verließen sie sich auf Pferde, die ihnen aber schließlich zu einer Belastung wurden, so dass sie sich von ihnen trennen mussten. Zu den Schwierigkeiten der natürlichen Bedingungen kamen zudem noch solche zwischen den Eroberern selbst hinzu. So verließ sich Gonzalo Pizarro auf seinen Begleiter Orellala, der aber nicht erschien, da diesem seinerseits Probleme beim Befahren des Amazonas begegneten, so dass es zu Versorgungsschwierigkeiten kam. In dieser Situation erwiesen sich die Pferde, die man zwischenzeitlich wieder in die Expedition eingegliedert hatte, dann doch noch als nützlich, denn »[s]eit Tagen hatte keiner etwas anderes zu essen bekommen als Blattknospen von Lianen, irgendwelche von den Bäumen gefallene Kerne, die man vom Boden auflas, und allerhand giftiges Tierzeug. In diesen Wüsteneien waren schon [...] mehr als 100 Pferde gegessen worden« (Ebd. 258). Auf dem Rückmarsch, da die Expedition abgebrochen wurde, kam es zu einer Situation, die in ähnlicher Weise bereits Cortés erleben musste. Auf den Behelfsbrücken verloren die restlichen Pferde den Halt und stürzten ab, wobei die Kadaver der Tiere schließlich noch verzehrt wurden, um den Hunger zu stillen (Ebd. 259).

Gonzalo Pizarros Bericht führt vor Augen, wie unbekannt und ungewohnt das Gebiet war, dass die Spanier abschritten. Einen Vorwurf kann man ihnen sicher nicht machen, wenn sie die klimatischen und geographischen Unterschiede des riesigen Kontinents nicht abschätzen konnten und daher natürlich auf die Erfahrungsberichte anderer Reisender zurückgreifen mussten. Es zeigt sich doch an anderer Stelle, dass diese von Vorteil sein konnten. So unbeholfen die Suche nach Eldorado und den Zimtwäldern ablief, so effektiv war der Einsatz der Reiterei in Schlachten.

Hemming führt an, dass die Eroberung der Inkas zu einer Zeit stattfand als die spanische Kavallerie in Europa gerade dabei war, durch Reformbemühungen eine Spitzenstellung aufzubauen. Neben verbesserten Rüstungen und Waffen änderte sich auch der Reitstil der Spanier. Die schweren mittelalterlichen Rüstungen hatten ausgedient und wurden durch leichtere ersetzt. Das wiederum führte dazu, dass der Reiter mehr Bewegungsfreiheit genoss. Um diese optimal ausnutzen zu können, war es zudem notwendig, dass sich das Führen der Pferde änderte. Das

Zaumzeug wurde so nicht mehr im Maul des Tieres sondern am Hals befestigt. Diese Erleichterung des Pferdes sowie die vorher genannten Änderungen an der Rüstung hatten Auswirkungen auf den Reiter, der nun in der Lage war, wesentlich schneller zu reiten, so dass sich die Strategien in der Feldschlacht änderten (Hemming 2003: 111–113).

Diese Reformbemühungen fanden ihre Umsetzung beim Kampf um das Reich der Inka. Dabei versteht es sich von selbst, dass die Gefahr, die von der Reiterei der Spanier ausging nicht nur in Mexiko erkannt wurde, sondern auch bei den Inka recht schnell in die strategischen Planungen miteinbezogen wurde. Die Vorteile der Einheimischen lagen klar auf der Hand. Sie kannten das Gelände wesentlich besser, waren deutlich in der Überzahl und gerade die Inka besaßen Erfahrungen im Kampf, hatten sie doch ihr Reich in den Anden keineswegs auf friedlichem Wege aufgebaut, sondern ihren Nachbarvölkern in mancher Schlacht gegenüber gestanden. Recht schnell dürfte den Inka daher klar gewesen sein, dass ihre strategische Schwachstelle darin bestand, den Spaniern nichts entgegen setzen zu können. Daher musste das Ziel darin bestehen, die Stärke der spanischen Pferde auszuschalten. Dafür griffen die Inka vor allem auf alte Tricks zurück, die sie bereits in früheren Kämpfen erfolgreich angewandt hatten: Sie bauten Fallen.

Eine klassische Falle für die Pferde war etwa die Grube in der Erde, in die spitze Holzstämme eingelassen wurden. Diese wurden geschickt mit Blattwerk getarnt. Es ist jedoch kein einziger Fall überliefert in dem eine solche Falle funktioniert hätte (Ebd. 158). Stattdessen ersannen die Inka neue Ideen für dieser Art der Falle. So hoben sie keine großen Gruben mehr aus, sondern kleinere Löcher, die so tief waren, dass die Pferde darin mit einem Bein stecken bleiben konnten. Pizarro selber geriet in eine solche Falle und wurde von seinem Pferd abgeworfen (Ebd. 203). Daneben wurden aber auch neue Fallen ersonnen, indem etwa das Gewicht der Tiere ausgenutzt wurde. Es wurden Flüsse umgelenkt, um Schlachtfelder sumpfig zu machen, so dass die Pferde einsinken mussten (Ebd. 194).

Trotz dieser Versuche den taktischen Vorteil der Pferde einzudämmen, waren die Spanier in der Lage, ihre Reiterei geschickt einzusetzen, wie das Beispiel von der Schlacht von Teocajas zeigt. Das Gelände war für die Kavallerie perfekt gewählt. Es war flach und unbewachsen, so dass ein schnelles Voranschreiten möglich war. Die Taktik setzte voll und ganz auf die Pferde. Waren zunächst nur zehn Pferde zu sehen, so hatten sich von der großen Armee der Inka unbemerkt vierzig weitere Reiter mit ihren Tieren den Inka-Truppen genähert und griffen diese vollkommen überraschend an. So schafften es die Spanier ohne Probleme, riesige Löcher in die Truppenaufstellung der Inka zu schlagen, indem sie neben den Lanzen auch die Pferde einsetzten, mit denen sie zahlreiche einheimische Krieger niedertrampelten (Ebd. 196–197). So zeigt sich auch bei den Inka ähnlich wie im Beispiel der Azteken, dass die Pferde einen wichtigen strategischen Vorteil boten. Von ganz anderer Art war hingegen der Einsatz der Maultiere, die von den Spaniern mitgebracht wurden.

Das Pferd als Erkennungszeichen der Zivilisation

Nach den bekannten Eroberungs- und Plünderungszügen in Mexiko und Peru begann Spanien mit einer Konsolidierung der eroberten Gebiete, wobei man weiterhin in unbekanntes Land vordrang. Vom Rio de la Plata aus wurde das Gebiet des heutigen Argentinien erschlossen. 1545 reiste Hernando de Ribera im Auftrag des königlichen Gouverneurs de Vaca in nördliche Richtung den Fluss hinauf. An der Stelle, an der sich die Flüsse Yaiva und Yacareati zu einem Fluss verbanden, ging er an Land und marschierte mit seinen Leuten ins Landesinnere und holte bei den Einheimischen Erkundigungen über weiter entfernte Regionen ein. Bei einer dieser Unterredungen erfuhr er, dass man dort Menschen gesehen habe. »Diese Leute seien Weiße gewesen, hätten Bärte getragen und einige Tiere mit sich geführt (nach ihren Berichten waren es Pferde). Sie sagten, dass auf den Pferden Reiter gewesen seien« (de Ribera 1984: 433).

Mit diesen letzten Aussagen hätte für die Spanier klar gewesen sein müssen, dass die hinteren Regionen der La Plata-Region bereits von den Anden her kommend von spanischen Eroberern erkundet und eventuell sogar schon in Besitz genommen worden waren. Gegen die letztere Vermutung jedoch sprach die Tatsache, dass diese recht schnell wieder umgekehrt waren, da ihnen der Wassermangel in der Region zu schaffen machte (Ebd. 433–434).

Das Auftauchen von Reitern ist für die spanische Expedition ein klarer Hinweis darauf, dass unabhängig von ihnen bereits Spanier von Peru aus in die Region vorgedrungen sind. Ohne den Verweis auf die

Pferde wäre eine solche eindeutige Zuordnung kaum möglich gewesen. Die Erzählung der einheimischen Bevölkerung sorgte dann auch für eine schnelle Rückkehr de Riberas an seinen Ausgangspunkt. Dennoch wurde später eine weitere Expedition losgeschickt. Unter den Soldaten befand sich auch der deutsche Söldner Ulrich Schmidl, der heute als einer der ersten Historiographen Argentiniens gilt.

Im Nachklang – Maultiere als Erben der Conquista

Am Anfang war darauf eingegangen worden, dass neben der spanischen Pferdezucht auch die Maultierzucht eine lange Tradition hatte, die auf die Araber zurückging. Diese Tiere, bei denen es sich um die Kreuzung zwischen Pferdestute und Eselhengst handelt (bei einer Kreuzung aus Eselstute und Pferdehengst, spricht man beim Nachkommen vom Maulesel), werden im Gegensatz zu den Pferden in der Beschreibung der Eroberungen Süd- und Mittelamerikas konsequent ausgeklammert, auch wenn Alfred Crosby erwähnte, dass diese »widley used as beats of burden«, schränkt er gleich ein und erklärt, »they never became as plentiful as horses«, weil deren Verbreitung und die von Ochsen Maultiere im Prinzip überflüssig machte (Crosby 2003: 96).

Es versteht sich von alleine, dass der kriegerische Einsatz der Tiere sicherlich gering war, obschon Grzimek das ganz anders sieht und dezidiert auf den Nutzen der Tiere als Lasttiere während der Eroberungszüge hinweist (Grzimek 1976: 56). Tatsächlich aber erzählt etwa Diaz del Castillo über einen solchen Einsatz der Tiere nichts. Erst später wird deutlich, dass Cortés auch Maultiere nach Mexiko brachte. So schreibt er über Alonso Zuaco dieser sei »on a mule to Vera Cruz« (Lockhart 1844: 285) geschickt worden. Auch Diaz del Castillo selbst passiert ähnliches, »when I was thrown on the back of a mule, and sent in chains to the place whence I date my letter« (Ebd. 287). An anderen Stellen wird aber deutlich, dass die Tiere nicht bloß dazu genutzt wurden, Menschen gegen ihren Willen zu transportieren, sondern als Lasttiere Verwendung fanden. So habe man Maultiere etwa nach Nicaragua geschickt, die »laden with horseshoes« (Ebd. 288). In dieser Funktion finden die Tiere dann bereits kurz nach der Conquisda sogar unter den Einheimischen Verwendung. So heißt es bei Diaz del Castillo, dass »[m]ost of the caziques breed their own [...] mules, which they employ in carrying goods for sale to the different markets« (Ebd. 393).

Diese Übernahme des Maultieres findet man dabei nicht bloß in Mexiko. Der Nutzen für die indigene Bevölkerung des restlichen Lateinamerikas wird von Bödeker wie folgt beschrieben: »Das Pferd ist besonders in Brasilien das Stiefkind unter den Haustieren, während alle Sorgfalt dem Maultier zugewendet wird« (Bödeker 1908: 31). Diese Entwicklung begründet Bödeker vor allem mit dem landwirtschaftlichen Nutzen des Maultiers, das gegenüber Pferd und Ochse kräftiger, ausdauernder und genügsamer sei (Ebd. 32). Hinzu kommt wohl durchaus noch ein weiter Umstand. Dass gerade innerhalb der indigenen Bevölkerung das Pferd auf Grund seines gewaltsamen Einsatzes keinen besonders guten Ruf besaß, ist durchaus ein weiterer Faktor für das Erstarken des Maultieres. Das von den Europäern militärisch genutzte Tier wurde abgelehnt, was zu einer vermehrten Nutzung eines anderen europäischen Tieres führte, das neben seinem praktischen Nutzen für die kargen Regionen Südamerikas nicht nur besser geeignet war, sondern auch im Vergleich zum Pferd neutral, wenn nicht positiv konnotiert war. Freilich ist dieses nicht flächendeckend der Fall, denn tatsächlich besteht natürlich eine ebenso große Verbreitung von Pferden in Lateinamerika.

Die Pferde der Conquistadoren – eine überlegene Waffe?

Egal ob Schulbuch oder populärwissenschaftliches Sachbuch – wer sich mit der Eroberung der Amerikas durch Spanien auseinandersetzt, stößt immer wieder auf das Pferd. Dieser Umstand ist erstaunlich, wenn man bedenkt, dass die Rolle von Tieren innerhalb der Geschichte immer nur als eine marginale betrachtet wurde. Am spanischen Pferd in Amerika aber kommt man nicht vorbei. Das ist ein Hinweis darauf, wie gut die spanischen Historiographen gearbeitet haben. Noch fünfhundert Jahre später wirken ihre Hinweise auf ihre Pferde nach, wie es etwa Vázquez de Tapia belegt, als er schrieb: »Und wir wären große Gefahr gelaufen, wenn die Pferde nicht gewesen wären, die wir von den Schiffen geholt hatten« (Vázquez). Schon dieser Satz zeigt augenfällig, welche Bedeutung den Pferden beigemessen wurde.

Die genauere Auswertung der Quellen zeigt allerdings ein anderes Bild. Oftmals waren die Pferde sogar ein Problem beim Transport oder ihre Schlagkraft konnte nicht voll ausgenutzt werden. Die beispielhafte Aussage Vázquez de Tapias aber verweist auf das Gegenteil und bedarf so der Erklärung. Weiter oben wurde versucht zu widerlegen, dass die Einheimischen Mittelamerikas die Pferde und Reiter als Ungeheuer angesehen haben, dennoch war ihnen natürlich bewusst, dass mit den Pferden in einer offenen Feldschlacht zu rechnen war und diese in einer solchen Situation eine mächtige Waffe darstellten. Diese Sicht speist sich aber aus der Feststellung, dass es in Amerika keine Pferde gab, so dass diese Tiere für Angst und Schrecken sorgten. Aus dem Fokus gerät dabei aber der andere Blickwinkel. Als die Spanier aus ihrer Kultur, in der Pferde und deren Einsatz im Krieg eine Selbstverständlichkeit darstellten, auf eine Welt trafen, die diese Tiere nicht nur nicht domestiziert hatte, sondern gar nicht kannte, waren sie nicht minder überrascht. Die daraus folgende Verwunderung auf Seiten der Spanier, die gegen Araber auf Pferden gekämpft hatten, die Kriege mit anderen europäischen Mächten zu Pferd geführt hatten und die auch davon wussten, dass keine dreihundert Jahre vor der Eroberung Amerikas aus Asien Reiter in Osteuropa eingefallen waren, ist es wohl gewesen, die den Einsatz der Tiere für die Eroberung überschätzte.

Ohne Frage waren die Pferde wichtig. In jeder europäischen Feldschlacht spielten natürlich Pferde eine Rolle und ein geschickter Einsatz der Tiere konnte zweifellos über Sieg oder Niederlage entscheiden – umso mehr, wenn der Gegner dieses Kriegsinstrument nicht besaß. Dennoch waren die Pferde kaum wichtiger als etwa der Einsatz von Kanonen und der Körperrüstungen.

Vor allem aber geht aus den Quellen zur Eroberung Mexikos klar hervor, dass oftmals gar nicht gekämpft werden musste, weil sich vereinzelte Fürsten den Spaniern anschlossen, um sich etwa gegen Montezuma aufzulehnen. Das Kommen der Spanier war so ein willkommener Anlass, diesen unbeliebten Herrscher zu entmachten.

Das Pferd war demnach ein Mittel von vielen, um die Eroberungszüge gegen Maya, Azteken und Inka durchzuführen. Seine Bedeutung wird und wurde wegen seiner fehlenden Existenz in Amerika einfach überschätzt. Dass aber die übermittelten Erzählungen vom Ungeheuer nicht unbedingt unwahr, aber doch überzogen waren, lässt sich am ehesten noch einmal durch den Gewährsmann Diaz del Castillo bestätigen, der gegen Ende seines Berichts bereits anmerkte: »All the caziques keep good establishments, they have their horses with beautiful saddles and trappings, and whenever they travel through the country are attended by numerous pages. [...] Some of the most expert horsemen are to be found among them, particularly among the inhabitants of Cheapa de los Indios« (Lockhart 1844: 392–393).

Wenn sich das Pferd als Statussymbol so schnell etablierte, dass dies schon ein Teilnehmer des Eroberungszuges Cortés' bemerkte, ist es recht unwahrscheinlich, dass es als Monster angesehen wurde. Dann nämlich wäre es abgelehnt worden. Die Ureinwohner erkannten lediglich die Gefahr, die von diesen Tieren ausging. Man täte den amerikanischen Hochkulturen jedoch Unrecht, glaubte man, sie wären nicht in der Lage gewesen, ein sterbliches Tier von einem mythologischen Ungeheuer zu unterscheiden.

Quellen

An-Nawawī, *Riyad us-Salihin*, 25.05.2013, http://www.koransuren.de/islam_sammlung/riyad_us_salihin/ riyad_us_salihin.html.

Cortés, Hernan (1975), *Die Eroberung Mexicos*, hrsg. von Herman Hohmann, Tübingen.

Cruz, Juana Inés de la (1955), *Obras completas de Sor Juana Inés de la Cruz*, Bd. 3, Mexiko-Stadt, 25.05.2013, http://digital.library.wisc.edu/1711.dl/IbrAmerTxt.Spa0001.

De Ribera, Hernando (1984), Konquistadorenzug von Asunción aus in den Gran Chaco, in: Meyn, Matthias et al. (Hg.), *Berichte zur Geschichte der europäischen Expansion*, Bd. 2. *Die großen Entdeckungen*, München, S. 428 – 435.

Engl, Lieselotte/Engl, Theodor (Hg.) (1975), *Die Eroberung Perus in Augenzeugenberichten*, München.

Herzog Ernst (2006), *Mittelhochdeutsch. Neuhochdeutsch*, hrsg. und übers. von Bernhard Sowinski, Stuttgart.

Léry, Jean de (1580): *Histoire d'un Voyage Faict en la Terre du Brésil*, Paris, 17.05.2013, http://www.mafua. ufsc.br/BT1730002.html.

Vázquez de Tapia, Bernardino (1544), *Ein Augenzeugenbericht der Conquista Mexikos*, 24.05.2013, http://www.motecuhzoma.de/vazquez-de-tapia.html, übers. von Felix Hinz.

Weiditz, Christoph (1994), *Authentic everyday dress of the Reenaissance: all 154 plates from the »Trachtenbuch«*, Mineloa.

Literatur

Benecke, Norbert (1994), *Der Mensch und seine Haustiere*, Stuttgart.
Bödeker, Ernst (1908), *Maultierhaltung und Maultierzucht*, Hannover.
Crosby, Alfred (2003), *The Columbian Exchange. Biological and Cultural Consequences of 1492*, Westport/London.
Driesch, Angela von den/Peters, Joris (22003), *Geschichte der Tiermedizin. 5000 Jahre Tierheilkunde*, Stuttgart.
Grzimek, Bernhard (1976), Ohne Rasse, ohne Art. Von Pferdehengst und Eselstute, in: *Die Zeit* 11, 56.
Hassig, Ross (2006), *Mexico and the Spanish Conquest*, Norman.
Hemming, John (2003), *The Conquest of the Incas*, Boston/New York.
Humboldt, Alexander von (2009), *Die Entdeckung der neuen Welt*, hrsg. von Ottmar Ette, übers. von Julius Ludwig Ideler, Frankfurt/Leipzig.
Lockhart, John Ingram (Hrsg.) (1844), *The Memoirs of the Conquistador Bernal Diaz Del Castillo*, 2 Bde., London.
Mackinder, Halford (1904), The Geographical Pivot of History, in: *The Geographical Journal* 4/23, S. 421 – 437.
Oeser, Erhard (2007), *Pferd und Mensch. Die Geschichte einer Beziehung*, Darmstadt.

Internet

http://www.enotes.com/legend-el-dorado-essays/legend-el-dorado. http://www.yucatan.gob.mx/menu/?id=flora (9.6.2013).

Die Krieg-in-Sicht-Krise – Pferde als taktisches Element der militärischen Aufrüstung

Frank Jacob

Einleitung

Die Krieg-in-Sicht-Krise brachte Europa 1875 an den Rand eines erneuten Krieges zwischen den Großmächten (Puntila 1971: 266). Otto von Bismarck, der Eiserne Kanzler, »plunged Europe into a deep panic« (Stone 2010: 11) und sorgte für einige Verunsicherung darüber, inwieweit ein Frieden zwischen dem Deutschen Kaiserreich und der französischen Republik überhaupt möglich war. Zwar wurde diese Episode der europäischen Außenpolitik und Diplomatiegeschichte bereits des Öfteren eingehender untersucht (Daudet 1880; Fuller 1919; Herzfeld 1922; Höjer 1940; Jeismann 1957; Jouwersma 1928; Lajusan 1926; Schach 1922; Wereszycki 1961; Winckler 1922)[1], aber dabei wurde sie eher selten in einen größeren Zusammenhang gestellt (Stone 2010: 11). Die »first and only major foreign policy failure« (Ebd. 17), des sonst nicht selten überlegen agierenden Bismarcks, sorgte schließlich dafür, dass aus einer lokalen Krise zwischen den deutschen und französischen Interessen eine solche internationaler Brisanz werden sollte. Aus dem Reichskanzler selbst machte sie sogar einen Kriegstreiber, der als politischer Verlierer der Ereignisse des Jahres 1875 hervorgehen würde (Janorschke 2010: 11–12).

Ungeachtet dessen bleibt gerade seine Rolle während der Krieg-in-Sicht-Krise, neben der Frage nach seinem späteren Interesse an deutschen Kolonialerwerbungen in der Mitte der 1880er Jahre, ein Faktor,

1 Die Arbeit beruft sich besonders auf die neueren Arbeiten von Stone und Janorschke, die hier aufgrund ihrer bestehenden Aktualität nicht im historiographischen Überblick aufgeführt sind. Die Arbeit von Jerusalimskij, die eher in der Tradition der programmatischen Sowjetgeschichtsschreibung steht, sollte im Gegensatz dazu nicht überbewertet werden, zumal sie in Bismarck eine treibende Kraft hinter einem deutschen Präventivkriegsplan zu sehen gewillt ist.

der noch nicht umfassend geklärt werden konnte. Die Frage danach, warum er diese internationale Krise provoziert zu haben scheint, gehört folglich immer noch zu den Unklarheiten, die den Eisernen Kanzler umgeben (Baumgart 2010: 9). Fakt ist, dass Kennans Annahme, dass »Anfang April [1875] […] der überwiegende Teil Westeuropas fest von der ernsthaft drohenden Gefahr eines bevorstehenden Kriegsausbruchs zwischen den beiden Mächten überzeugt« (Kennan 1981: 24) gewesen sein soll, überholt ist, denn sicherlich sollte die Krise per se, wer auch immer sie zu verantworten hatte, nicht in einen erneuten Konflikt der Großmächte münden. Ob Bismarck die auslösenden Artikel nun zu verantworten hatte, was Stone annimmt, oder nicht, wie es Janorschke unterstreicht (Baumgart 2010: 9–10), muss ungeklärt bleiben, denn keine der beiden Positionen ließe sich ohne neue Quellenfunde ausreichend beweisen. Derlei Spekulationen über die Verantwortlichkeiten der Krieg-in-Sicht-Krise stehen demnach nicht im Mittelpunkt der Untersuchung. Vielmehr geht es darum zu zeigen, welche Bedeutung den möglichen Pferdeankäufen tatsächlich beigemessen werden muss. Deshalb wird besonders der Wert der potentiellen equinen Aufrüstung auf französischer Seite untersucht. Dazu soll trotzdem nicht auf einen kurzen Abriss der Krise selbst verzichtet werden. Im Anschluss daran soll aber die Frage nach dem Bedrohungspotential, welches scheinbar durch den möglichen Ankauf deutscher Pferde durch das französische Militär geschaffen wurde, eingehender beantwortet werden.

Im Fokus der Untersuchung stehen deshalb gerade nicht der Eiserne Kanzler oder andere führende Diplomaten des ausgehenden 19. Jahrhunderts, sondern die Vierbeiner, deren potentiell militärischer Einsatz für so viel Aufruhr sorgen konnte, dass sich Europa 1875 am Rande eines erneuten Waffenganges wiederfand.

Die Krieg-in-Sicht-Krise

1871 war durch die Gründung des Deutschen Reiches eine »neue Super-Großmacht« (Geiss 1995: 153) im Herzen Europas entstanden, die das bisherige politische Gleichgewicht zerstören sollte. Bismarck erkannte dabei die Problemlage des neuen Staates, die durch die geografische Mittellage, die Feindschaft Frankreichs, welches nach der Niederlage im

Deutsch-Französischen Krieg 1870/71 Elsaß-Lothringen hatte abtreten müssen, sowie die deutsche Abhängigkeit von Russland und Österreich-Ungarn bestimmt wurde (Schmidt 2004: 193–196). Folglich musste Bismarcks oberstes Ziel in der Sicherung des Status quo von 1871 bestehen, so dass seine Politik in den kommenden Jahren zunächst zurückhaltender gestaltet war, um eine Gefährdung der bestehenden Verhältnisse und damit ein Einschreiten der anderen Großmächte zu verhindern (Haffer 2010: 591–593). Da er also einen Zustand anstrebte, der »sowohl den deutschen Interessen als auch der Labilität des Staatssystems Rechnung trug« (Ebd. 594), verwundert es nicht, dass der Eiserne Kanzler immer wieder die territoriale Saturiertheit des Kaiserreiches wie eine unumgängliche Heilsformel gegenüber ausländischen predigte. Er habe kein Interesse an Kolonien, da seine Karte von Afrika in Europa liege und diese unnötigen Erwerbungen sowieso einem Zobel gleichkämen, den jene anstrebten, die noch nicht einmal Hemden besäßen. Bismarck schien genügsam geworden zu sein, nachdem er sein Ziel einer Nationalstaatsgründung unter preußischer Führung erreicht hatte. Zumindest hatte er erkannt, dass ein anderer außenpolitischer Kurs ohne das Protegieren einer anderen Großmacht unmöglich gelingen konnte.

Und so beschränkte sich Bismarck, der immer wieder die Verständigung Frankreichs mit Russland, England sowie Österreich-Ungarn fürchtete und von diesem Cauchemar des Coalitions sein Leben lang geplagt wurde, darauf, eine Anlehnung an die russischen und österreichischen Interessen zu erreichen, um Frankreich auch weiterhin isoliert zu halten. (Ebd. 604) Doch 1875 hatte sich die Lage verändert und eventuell nutzte der Reichskanzler die sich bietende Vorlage, um die Schwächen der bestehenden Koalitionen zu testen, um zu sehen, inwieweit bereits ihm feindliche Bündnisse bestanden und um zu überprüfen, ob seine Furcht vor einem Dreibund zwischen Russland, Österreich-Ungarn sowie Frankreich tatsächlich ihre Berechtigung besaßen. Er ergriff also erstmals seit dem Sieg über den französischen Erzfeind die außenpolitische Offensive (Canis 2008: 88; Hilgruber 1981: 129–146; Wolter 1983: 168–170).

Trotz der Furcht vor einem Erstarken des westlichen Nachbarn stand allerdings Russland im Zentrum von Bismarcks Überlegungen. Schon die Mission Radowitz (Lappenküper 1991; Lappenküper 1990; Stone 2010: 125–131) war möglicherweise dazu gedacht, die Bande zum Zarenreich enger zu knüpfen und dem Deutschen Reich die Reziprozität der östlichen Großmacht zu sichern, es ist jedoch nicht eindeutig zu klären, ob Bismarck Radowitz tatsächlich die »freie Hand« anbieten ließ, um sich eben diese für sein Vorgehen im Westen sichern zu können (Janorschke 2010: 25). Sicherlich war es Teil seiner auf lange Sicht angelegten Strategie, Deutschlands Position in Europa zu stabilisieren (Stone 2010: 339), das Zarenreich war aber ebenso wenig bereit, den Hebel auf die deutsche Außenpolitik so einfach aufzugeben. Es ist also, wenn auch nicht belegbar (Canis 2008: 90), zumindest denkbar, dass das Scheitern der Mission-Radowitz zu einem echten Stresstest der europäischen Verhältnisse, also der Krieg-in-Sicht-Krise geführt haben könnte, selbst wenn Stone zu der Aussage gelangt, dass beide Ereignisse keinen direkten Zusammenhang besitzen (Stone 2010: 19). Darüber hinaus müssen nicht allein die deutsch-französischen Verhältnisse im Vordergrund von Bismarcks Denken gestanden haben, so dass eine engere Bindung Österreich-Ungarns an das Deutsche Kaiserreich ebenfalls eine durchaus logische Erklärungsoption bereitstellen würde (Ebd. 27–28). Augenscheinlich ist es jedoch wenig sinnvoll, Spekulationen über mögliche Motive Bismarcks zu führen, ohne die eigentliche Krise betrachtet zu haben.

Ende Februar 1875 hatte der Reichskanzler selbst von dem Ankaufswunsch der Franzosen Mitteilung erhalten: »Bei Abgang des Kuriers erfahre ich, daß deutsche Pferdehändler den Auftrag haben, 10.000 Militär-Reitpferde ohne Preisbeschränkung mit 50 frs Provision pro Stück ohne Verzug für Frankreich aufzukaufen. (GP Nr. 155). Gleichzeitig äußerte er bereits zu diesem Zeitpunkt, dass Gegenmaßnahmen angebracht erscheinen und erlässt am 4. März schließlich ein allgemeines Pferdeausfuhrverbot: «Der Unterzeichnete ist weit davon entfernt, eine Störung des europäischen Friedens jetzt für bevorstehend zu erachten, aber selbst wenn Deutschland, dessen Pferdebedarf für das Heer noch heute nicht allseitig erfüllt ist, nur innerhalb der nächsten drei Jahre in die Notwendigkeit versetzt würde, zu rüsten, so würde ein Abgang von 10.000 Reitpferden immer fühlbar bleiben." (GW Nr. 210) Bismarck blieb also den französischen Ambitionen gegenüber misstrauisch, selbst wenn er selbst vermutlich nicht an einen unmittelbar bevorstehenden Krieg geglaubt hat (Haffer 2010: 608).

Ergänzt wurde das Ankaufsgesuch jedoch zusätzlich durch ein neues Kadergesetz, das am 12. März 1875 in Paris von der Nationalversammlung verabschiedet wurde. Dieses Gesetz hatte zur Folge, dass die Kriegsstärke des französischen Heeres um 144.000 Mann stieg (Canis 2008:

92–93) und Frankreich damit trotz geringerer Bevölkerung militärisch überlegen gewesen wäre, wenn es tatsächlich zu einem Krieg gegen das Deutsche Reich gekommen wäre (Hildebrand 2008: 4; Janorschke 2010: 12–13; Kennan 1981: 23). Tatsächlich sollten durch das Gesetz in jedem Regiment nun vier statt bisher drei Bataillone entstehen, die numerische Überlegenheit hätte sich aber lediglich im direkten Waffengang und nicht in Friedenszeiten bemerkbar gemacht. Ungeachtet der Tatsache, dass die Bedrohung in erster Linie nur auf dem Papier bestand, empfanden Presse und Militär in Deutschland die Vorgänge als Bedrohung. Moltke, der bereits 1873 und 1874 in Denkschriften vor der militärischen Stärke Frankreichs gewarnt hatte, fühlte sich durch die aktuellen Entwicklungen bestätigt und ging sogar von einer deutschen Initiative im Kriegsfall aus (Janorschke 2010: 193–194). In einer erneuten Denkschrift, die er im April 1875 verfasste, wies Moltke energisch auf die numerische Überlegenheit des französischen Heeres im Kriegsfall hin und auch die Nationalzeitung widmete seit dem 19. März 1875 insgesamt zehn Artikel der Behandlung des Gesetzes und seiner Folgen (Ebd. 194–195).

Darüber hinaus widmeten sich auch militärische Zeitschriften wie das *Militärwochenblatt* dem Gesetz und seinen Konsequenzen, wobei stets betont wurde, dass die Maßnahmen Frankreichs auf einen Revanchekrieg gegen das Deutsche Reich abzielten (Ebd. 196). Dass diese Befürchtungen und die Formulierung des Präventivkriegsgedankens später von der französischen Diplomatie genutzt werden konnte, war also vor allem eine Folge der paranoiden Betrachtung der militärischen Lage in den entsprechenden Kreisen des Kaiserreiches. Hinzu kamen jedoch diplomatische Verwicklungen, die Bismarcks Position innerhalb der Krieg-in-Sicht-Krise erschweren sollten. Am 18. März traf der Reichskanzler den russischen Botschafter in London, Schuwalow, in Berlin zu einem Gespräch. Da dieser als Nachfolger Gortschakows als Außenminister gehandelt wurde, kam Bismarck auf den Punkt und forderte Reziprozität. Deutschland würde Russland im Osten unterstützen, sofern das gleiche für Deutschland im Westen galt. Allerdings ist dieses Gespräch nur durch Schuwalow überliefert, so dass kein endgültiges Urteil getroffen werden kann, aber möglicherweise wollte sich der deutsche Kanzler nur der russischen Unterstützung im Falle einer Verschärfung der Krise versichern (Canis 2008: 93).

Insgesamt wird diese Forderung des Reichskanzlers an verschiedenen Stellen überliefert, so dass man durchaus davon ausgehen kann, dass er hier nach einer Art Rückendeckung suchte. Das strategische Ziel des Eisernen Kanzlers dürfte dabei eine Art »geteilte[r] Vormacht« (Ebd. 95) zwischen dem Zarenreich und dem Deutschen Reich. Dieses Ziel formulierte er gebetsmühlenartig immer wieder: »Die natürliche Voraussetzung der intimen Beziehungen, die wir mit Rußland unterhalten und zu unterhalten wünschen ist Reciprocität im Verständniß und in der Unterstützung für nothwendige Forderungen der beiderseitigen politischen Aufgaben.« (GW Nr. 185) Seine Pläne dahingehend scheinen jedoch nicht aufgegangen zu sein und obwohl keine der beteiligten Mächte wirklich an einem Krieg interessiert war, brach eine europäische Krise aus, die den Kontinent an den Rand eines solchen bringen konnte (Hildebrand 2008: 4).

Besonders die Haltung der Presse zum neuen Gesetz und den Pferdekäufen erschwerte die diplomatische Lage, denn »[e]inige Blätter witterten in dem Wunsch, Pferde zu kaufen, die bedrohlichen Absichten Frankreichs, seine Streitkräfte für einen Angriff vorbereiten zu wollen.« (Kennan 1981: 25) Selbst wenn das Kadergesetz als solches die Friedensstärke des französischen Heeres nicht verändert hatte, so war sich die Öffentlichkeit nicht bewusst, welche tatsächliche Folgen dessen Verabschiedung haben würde. Es war also vielmehr die »Dialektik übertriebener Angst vor militärischen Auseinandersetzungen« (Ebd. 26) als eine real existierende Bedrohung, die die deutsche öffentliche Meinung beherrschte.

Am 8. April 1875 war schließlich in der *Post* ein Artikel von Konstantin Rößler erschienen, der durch seinen Titel *Ist der Krieg in Sicht?* der Krise ihren Namen geben sollte. Dass Bismarck den Artikel in Auftrag gegeben haben soll, war für die Zeitgenossen nicht überraschend, da Rößler und die *Post* schon in der Vergangenheit »nicht selten für offiziöse Zwecke« (Hildebrand 2008: 4) im Sinne des Reichskanzlers instrumentalisiert worden waren. Der Journalist war regelmäßig für das Pressebüro des Auswärtigen Amtes tätig gewesen, kannte Bismarck folglich auch schon länger. Doch das war nicht der einzige Beitrag von journalistischer Seite, der die Krise anfeuerte. Die *Kölnische Zeitung* druckte einen Artikel mit dem Titel *Neue Allianzen* und warnte darin vor der Gefahr eines Bündnisses zwischen Österreich-Ungarn, Frankreich und Italien. Die ultramontane Bedrohung, vor der Bismarck stets gewarnt hatte, schien sich durch diese Verbindung zu bewahrheiten (Canis 2008: 97).

Zwar schien der Reichskanzler selbst von den Artikeln überrascht gewesen zu sein (GW Nr. 234), Zeitgenossen machten ihn dafür verantwortlich, unterstrichen sogar: »Als Ängstigungsmittel war der «Krieg-in-Sicht-Artikel» vom Fürsten befohlen.« (Rich 1956: 93) Darüber hinaus schien das diplomatische Personal in Paris von der Krise ebenso überrascht zu sein, denn »Die deutsche Botschaft in Paris wußte von gar nichts. Wir hatten nur den «Krieg-in-Sicht-Artikel» gelesen, ohne ihn jedoch zu verstehen; denn im Augenblick schwebte zwischen Berlin und Paris keine einzige Frage, welche sich zur Kriegsfrage hätte aufbauschen lassen.« (Ebd. 116)[2] Es lässt sich nicht mit abschließender Sicherheit klären, ob Bismarck die Artikel selbst in Auftrag gegeben hatte oder zumindest schon vor deren Veröffentlichung darüber wusste. Eine eindeutige Bewertung der Angelegenheit bleibt damit also auch weiterhin nur Spekulation (Baumgart 1999: 414–415; Kennan 1981: 28; Schmidt 2004: 204–205). Glaubt man Hildebrand, so war der Reichskanzler lediglich versucht, die politische Lage zu sondieren und seine diplomatischen Möglichkeiten auszuloten (Hildebrand 2008: 4).

Im Gegensatz dazu machte Holstein eher die Neigungen Bismarcks für die Krise verantwortlich: »So war es dem Fürsten auch zur Gewohnheit geworden, die französische Regierung, von deren damaliger Ohnmacht er überzeugt war, bei jeder Gelegenheit zu bedrohen und zu ängstigen, ohne kriegerische Absicht.« (Rich 1956: 117) Tatsächlich könnte es sich um eine Art Stresstest des europäischen Gleichgewichtes gehandelt haben, in dem Bismarck herauszufinden gedachte, inwieweit er mit

---

2 Die Aussagen Holsteins geben zwar durchaus das wieder, was viele von Bismarcks Zeitgenossen gedacht haben mögen, aber es gilt dabei zu bedenken, dass die Schilderungen des Legationsrates in Paris insgesamt betrachtet nicht darum bemüht schienen, ein ausgewogenes Bismarck-Bild zu zeichnen. Folgendes Zitat belegt die eher negative Haltung zum Reichskanzler treffend: »Für Bismarck war es ein psychologisches Bedürfnis, seine Macht dadurch fühlbar zu machen, daß er quälte, ängstigte, mißhandelte. Seine pessimistische Weltanschauung, die sich längst wie ein Mehltau auf jede menschliche Freude gelegt hatte, ließ ihm nur diese eine Unterhaltung übrig, und spätere Geschichtsforscher werden zu konstatieren haben, daß das Regime Bismarcks eine fortgesetzte Orgie der Menschenverachtung und Menschenmißhandlung, kollektiv wie individuell, war.« (Rich 1956: 117) Zudem soll »eine der größten Erschwerungen des Verkehrs mit dem Fürsten Bismarck seine völlige Verachtung nicht nur der Menschheit, sondern auch der Wahrheit [gewesen sein]«. (Ebd. 118)

der Unterstützung Russlands, aber auch Österreich-Ungarns rechnen konnte. Darüber hinaus wollte der möglicherweise Frankreich erneut in seine Schranken weisen, denn eine »Kriegsgefahr zu beschwören, faktisch mit Krieg zu drohen, bedeutete den stärksten politischen Druck, um das Ziel, die Unterordnung, ohne Krieg zu erreichen.« (Canis 2008: 97) Schließlich musste man ein Erstarken Frankreichs befürchten und die angestrebten Aufrüstungen des Nachbarlandes gingen für viele »weit über das Bedürfnis einer friedlichen Politik und über die materiellen Kräfte des Landes hinaus[ ]« (GP Nr. 158)

So schnell sie entstanden war, flaute diese erste Krise jedoch wieder ab. Als Radowitz jedoch Ende April bei einem Dinner in der englischen Botschaft in Berlin mit dem französischen Botschafter Gontaut-Biron sprach und dabei erklärte, dass von dessen Land ein nicht zu unterschätzendes Bedrohungspotential ausgehe, das das Deutsche Reich mit der Notwendigkeit eines Präventivschlages beantworten müsste, wenn dafür eine Berechtigung anzunehmen ist (Janorschke 2010: 15). Der französische Botschafter meldete diese Aussagen natürlich nach Paris, wo der Außenminister Decazes sie nutzte, um die anderen Großmächte von einer Aktion zu Gunsten Frankreichs zu überzeugen. Er selbst bestätigte dabei immer wieder: »In Frankreich sei niemand für Krieg.« (GP Nr. 167) Diese Haltung konnte er auch überzeugend in London und St. Petersburg vertreten, wodurch der Argwohn der dortigen Regierungen gegen Bismarck und die deutsche Pressekampagne geschürt wurde (Canis 2008: 97–98). Dabei verfolgte er eine klare Strategie: »Paris wollte seine Position in der Krieg-in-Sicht-Krise vor den Augen des Auslandes als passiv beziehungsweise friedfertig und das deutsche Verhalten als aggressiv erscheinen lassen, was noch von größerem Vorteil sein würde, wenn es zu einer Neugruppierung der europäischen Staaten kommen sollte.« (Haffer 2010: 611)

Da nicht nur Radowitz, sondern auch Moltke immer wieder auf die Präventivkriegsoption verwiesen hatten, konnte das Deutsche Reich nun als Aggressor dargestellt werden und Gortschakow stellte sich ermutigend an die Seite Frankreichs, welches er zu weiteren Rüstungen animierte (Canis 2008: 99; Hildebrand 2008: 4). Insgesamt betrachtet war es »Bismarcks fixe Idee von der Bedrohung Deutschlands durch das katholische Europa[, die] […] seinen Gegnern genauso in die Hände [spielte] wie seine Bereitwilligkeit, der Kriegspanik ihren Lauf zu lassen in der Hoffnung, die Franzosen damit in eine vernünftigere Einstellung zu schrecken.« (Kennan 1981: 35) Der Realpolitiker Bismarck kann nicht die Absicht verfolgt haben, einen Krieg gegen Frankreich heraufzubeschwören, sondern versuchte lediglich, die Franzosen »einschüchtern und ihnen die Ungezogenheiten abgewöhnen [zu wollen], die sie sich fortgesetzt seit dem Kriege gegen uns erlaubten.« (Rich 1956: 92) Frankreich sollte isoliert und Österreich-Ungarn an die Macht des deutschen Kaiserreiches erinnert werden (Ebd. 4). Resümierend kann man also zusammenfassen, dass die Krise per se die »Möglichkeiten und Grenzen deutscher Außenpolitik demonstriert« (Hildebrand 2008: 5) hatte. Der Eiserne Kanzler musste anerkennen, dass er gezwungen war, zwischen den Interessen der Großmächte zu lavieren, sofern er die Existenz des Deutschen Reiches nicht aufs Spiel zu setzen bereit war, da ein erneuter Krieg gegen Frankreich, ohne das Wohlwollen der anderen Mächte, nicht möglich war (Hilgruber 1981: 138).

Die Krise endete schließlich mit einem Sieg der russischen Außenpolitik sowie der Stärkung Frankreichs im Konzert der Großmächte (Puntila 1971: 266). Großbritannien und Russland hatten Bismarck in seine Schranken gewiesen, da sie nicht bereit waren, einer erneuten Schwächung des französischen Nachbarn durch das Deutsche Reich zuzustimmen. Russland agierte mit der Unterstützung Englands als eine Art »Festlandsdegen« (Scholtyseck 1994: 313) gegen die deutsche Kriegstreiberei, welche in einem Artikel der *Times* vom 6. Mai 1875 unter dem Titel *A French War Scare* auch der britischen Öffentlichkeit vor Augen geführt worden war. Russland war also nicht mehr bereit, Deutschlands halbhegemoniale Rolle eines Vermittlers innerhalb des Dreikaiserbündnisses zu akzeptieren und Gortschakow drängte auch eine zunehmende Stärkung der russischen Position innerhalb dieses Verhältnisses. Anstatt Reziprozität zu erhalten, wurde Bismarck gezeigt, dass man in St. Petersburg die entscheidenden Hebel der Macht in Händen hielt und durchaus gewillt war, diese einzusetzen, um das Deutsche Reich daran zu erinnern, dass die Hegemonie in Europa nicht in deutschen Händen lag (Canis 2008: 87). Der russische Außenminister ging sogar so weit, dass er ein Zirkular an alle Botschaften des Zarenreiches senden ließ, in dem er betonte, dass nur das Eingreifen des Zaren dazu in der Lage war, den Frieden zu sichern. Das machte Bismarcks Niederlage endgültig und nachhaltig. Die Krieg-in-Sicht-Krise wurde zum größten außenpolitischen Fehler seiner Karriere und scheint ihn in gewisser Hinsicht verbittert und nie wieder losgelassen zu haben (Janorschke 2010: 16–17). Ungeachtet ihres Ausgangs soll mit Blick auf die Krieg-in-Sicht-Krise jedoch noch einmal dezidiert auf die Rolle der Pferde eingegangen werden, schließlich war es deren bevorstehender Ankauf durch Frankreich, der den Stein sprichwörtlich erst ins Rollen brachte.

Die Bedeutung der Pferde

Die höchste Priorität Bismarcks bestand seit 1871 in einer Isolation Frankreichs. Um sich in das Großmachtgefüge zu integrieren hatte er stets die Saturiertheit des Deutschen Reiches betont und keine aggressionsorientierte Außenpolitik betrieben. Allerdings hatte der politische Fall Tiers in Frankreich und die Neuausrichtung der dortigen Politik die Ängste des Reichskanzlers vor einem anti-deutschen Bündnis geschürt: »MacMahon's election as French president, there can be no doubt that this event had severely shaken Bismarck's international system.« (Stone 2010: 70) Als 1873 der Bischof von Nancy einen Pastoralbrief veröffentlichte, in dem die Wiedervereinigung Elsass-Lothringens mit Frankreich gefordert wurde, verlangte Bismarck energisch, diesen Vorfall zu ahnden und eine Wiederholung zu vermeiden, er nahm jedoch auch die Bedrohung, die von diesen Revancheforderungen ausgingen, wahr (Ebd. 72). 1875 muss er dann das Gefühl gehabt haben, dass sein *Cauchemar des Coalitions* langsam real werden könnte und reagierte. Ungeachtet der Tatsache, dass die Krieg-in-Sicht-Krise durchaus politische Ziele verfolgte, versuchte Bismarck aber ebenfalls, die Aufrüstung Frankreichs zu verhindern, zu reduzieren oder zumindest zu verzögern. (Ebd. 31 und 38)

Die steigende Zahl der französischen Pferdeankäufe schien also nicht grundlos beunruhigend zu sein. So seien bereits 1874 nicht nur 600 Pferde aus Deutschland bezogen worden, sondern der Botschafter in London, Graf Münster, äußerte, dass er »selbst einen Pferdehändler kenne, der voriges Jahr mehrere Tausend geliefert habe, und daß jetzt die Beweise von Kontrakten für mindestens 10.000 Pferde vorgelegen hätten, ehe die Kaiserliche Regierung sich zum Pferdeausfuhrverbot entschlossen habe.« (GP Nr. 165) Hohenlohe hatte bereits eher von scheinbaren Pferdekäufen der Franzosen berichtet, allerdings hatte auch die ungarische Regierung die Ausfuhr von 15.000 Pferden untersagt. Um die neuen Reformen des Kadergesetztes umzusetzen hätte das französische Militär, laut des Militärattachés in Paris, Major von Bülow, wohl 20.000 Pferde pro Jahr benötigt (Janorschke 2010: 147–148). Dabei bestanden die Franzosen scheinbar auf deutschen oder dänischen Pferden, da nur diese die Qualität besäßen, auch zu militärischen Zwecken eingesetzt werden zu können. Es scheint daher nicht nur Bismarcks Absicht gewesen zu sein, »Frankreich [zu] ärgern« (Ebd. 149), sondern vielmehr die Geschwindigkeit der französischen Rüstungsambitionen zu verlangsamen.

Dem Botschafter in Paris, Hohenlohe, schrieb er Ende Februar 1875 deshalb, dass er keinen Anlass sehe, » eine Reorganisation, die den Charakter einer Kriegsrüstung trägt, einer notorisch gegen uns gemeinten Rüstung, mit deutschen Pferden beschleunigen zu helfen.« (GP Nr. 155) Der Verkauf von »10.000 Reitpferde[n] wäre ein Aderlaß, den wir noch empfinden würden, wenn wir in etwa 3 Jahren mobil zu machen hätten, und wenn wir die Vorbereitungen Frankreichs, welches außerhalb Deutschlands diese Menge von brauchbaren Pferden schwer findet, auch nur verlangsamen, so kann auch darin schon ein Gewinn liegen.« (Ebd.) Im Gegensatz dazu sah Hohenlohe keine Veranlassung, von Kriegsvorbereitungen zu sprechen, da bereits Bülow darauf hingewiesen hatte, dass die Franzosen jährlich 20.000 Pferde benötigten, um den Ausbauplan einhalten zu können. »Ankäufe bis zu dieser Höhe l[ieß]en sich also, an sich betrachtet, als ein Ergebnis der beschlossenen Reorganisation erklären« (GP Nr. 156), wobei der schnelle Abwicklungswunsch und die hohen Provisionen für die Händler doch zur Verwunderung anhielten. Denn diese Faktoren gaben dem Ankaufswunsch einen durchaus bedrohlichen Charakter:

> »Es muß also angenommen werden, daß die Durchführung der Armeereorganisation nach Möglichkeit beschleunigt werden soll, und daß diese Rücksicht, sowie der Wunsch, die heimatlichen Ressourcen für eine eintretende Mobilmachung zu schonen, wichtiger erschienen sind, als entgegenstehende Beweggründe ökonomischer Art. Damit gewinnt die Reorganisation selber um so mehr den Charakter einer Kriegsrüstung.« (Ebd.)

Ungeachtet dessen sieht Hohenlohe jedoch keine akute Kriegsgefahr, wobei die Tatsache, dass die Pferde in Deutschland gekauft werden sollten, doch Anlass zur Beunruhigung geben musste, denn »[i]m Interesse der Selbsterhaltung liegt der Wunsch nahe, dem Feinde nicht Kriegsmaterial in die Hände zu geben, dessen Ausfall unter Umständen bitter empfunden werden kann.« (Ebd.) Bülow wies zwar darauf hin, dass die Franzosen ihre Reitpferde auch in Osteuropa erwerben könnten, Bismarck bemerkte dazu jedoch nur kurz: »Die dortigen sind weniger u[nd] zum Theil garnicht brauchbar.« (Ebd.)

Selbst wenn Bülow sich der militärischen Tragweite des Kadergesetzes bewusst schien und unterstrich, dass es sich um keine direkte Bedrohung von französischer Seite handelte, so konnte auch er nicht umhin, die zumindest langfristig entstehende Gefährdung der deutschen Sicherheit herauszustellen:

> »Wir können daran erinnern, daß seit 3 Jahrhunderten Frankreich, sobald es sich dazu hinlänglich stark fühlte, stets die Initiative des Ueberfalls und Angriffs gegen Deutschland genommen hat und für uns daraus die Lehre ziehen, daß wir einem so händelsüchtigen Nachbar gegenüber dauernd auf der Hut bleiben müssen.« (GW Nr. 252)

Decazes hingegen bestritt die französische Absicht, in Ungarn Pferde angefragt zu haben, wobei er Wiener Juden für dieses Gerücht verantwortlich machte und empfahl, das Pferdeausfuhrverbot aufzuheben, um die politische Lage wieder zu entspannen. (GP Nr. 169) In Deutschland schien man sich in diplomatischen Kreisen jedoch einig zu sein: »Wir wissen […], daß die französische Armee, um die gewaltige Friedensstärke zu erreichen, welche ihr vorgezeichnet ist, noch 15 000 bis 20 000 Pferde nötig hat, wünschen aber, daß sie diesen Bedarf mit andern als mit unsern Pferden decke.« (GP Nr. 171) Bismarck sah auch weiterhin eine Bedrohung in den Ankäufen, da die baldige Aufstockung der französischen Armee eine direkte Gefahr darstellen würde.

Es bestanden in Deutschland aber auch Zweifel darüber, ob es sich um echte Kaufabsichten handelte, denn weder in Mecklenburg, Holstein, noch auf der Hamburger Pferdemesse waren Franzosen in Erscheinung getreten, die insgesamt mehr als 20 Pferde gekauft hätten, wobei diese für die Pariser Omnibusgesellschaft gedacht waren (Janorschke 2010: 151). Gleichzeitig zielte die Maßnahme des Ausfuhrverbotes jedoch explizit gegen Frankreich, denn Belgien erhielt beispielsweise eine Sondergenehmigung, Pferde anzukaufen. Die Krise diente mit Blick auf die Pferde selbst vor allem den Spekulanten, die Frankreich als Folge des Verbotes Tiere anboten. 30.000 Pferde wurden sogar aus den USA offeriert (Ebd. 154). Dauerhaft schien es also gar nicht möglich, den Zufluss an Pferden nach Frankreich zu stoppen und bereits 1876 wurde das Ausfuhrverbot wieder aufgehoben, da die Pferdezucht als deutscher

Industriezweig unter dem Verbot zu leiden hatte (Ebd. 150). Insgesamt betrachtet war das Verbot also nur wenig effektiv, konnte also auch lediglich dazu dienen, den Prozess der Aufrüstung in Frankreich zu verlangsamen.

Bedenkt man, dass das Deutsche Kaiserreich ebenfalls Maßnahmen ergriffen hatte – zum Beispiel das Landsturmgesetz von 1875, das die Zahl der Truppen im Kriegsfall ebenfalls erhöhte oder die erfolgreiche Umstellung auf das M71 Gewehr, die 1875 abgeschlossen worden war –, die die Schlagkraft des eigenen Heeres steigern sollten, so scheint es absurd, aufgrund der Pferdeankäufe der Franzosen von einer echten Bedrohung sprechen zu wollen. (Ebd. 155) Beide Staaten hatten lediglich versucht, im Rüstungswettlauf mit dem potentiellen Gegner der Zukunft nicht ausgebootet zu werden. In diesem Fall handelte es sich bei den Pferden also vor allem um ein Mittel, eine schlagkräftigere Armee zu erhalten.

Schluss

Entgegen der ursprünglichen Absichten, die Bismarck gehegt haben mochte, stellte die Krieg-in-Sicht-Krise eine erhebliche außenpolitische Niederlage dar. Sie bestätigte den Glauben daran, dass Berlin eine Bedrohung des europäischen Friedens darstellte und untergrub Bismarcks Formel der Saturiertheitsbekundung (Stone 2010: 115). Für den Reichskanzler entwickelten sich die Ereignisse zu einer außenpolitischen Niederlage, bei der sich Gortschakow zum Retter des Friedens auf dem Kontinent stilisieren konnte, da nur der Einspruch des Zaren einen erneuten Kriegsausbruch verhindert hätte. Zu einem echten Vorgehen gegen den französischen »Erbfeind« fehlte Bismarck folglich die so notwendige Rückendeckung der anderen Großmächte. Aufgrund der Entwicklungen beschleunigte die Krise aber möglicherweise die Annäherung an Österreich-Ungarn und die Abkehr von Russland gleichermaßen (Janorschke 2010: 479). Die Zusammenarbeit des Zarenreiches mit Frankreich mündete zwar erst 1894 in einem Bündnis, die Krieg-in-Sicht-Krise stellt jedoch den ersten Schritt in diese Richtung dar, der 1879 und 1886 durch eine erneute Kooperation der beiden Mächte verstärkt wurde (Kennan 1981: 14–18). Eine Aussage, wie sie Stone mit

Blick auf die politische Bedeutung der Krise getroffen hat, geht jedoch etwas zu weit und setzt einen gewissen Glauben an die Zwangsläufigkeit der Ereignisse deutscher Geschichte voraus: »Looking at the war scare in its broader historical context, it really marked the beginning of that fateful military competition among the leading continental powers that was to turn into an arms race which played a significant role in bringin about the First World War.« (Stone 2010: 353)

Im Gegensatz dazu kann eine Betrachtung der Krieg-in-Sicht-Krise aber zeigen, dass Pferde im letzten Drittel des 20. Jahrhunderts für die militärischen Strategien der europäischen Großmächte durchaus von Bedeutung gewesen sind und einen nicht zu unterschätzenden Faktor der Rüstungspolitik dargestellt haben. Demnach war der Kauf einer großen Menge dieser Tiere durchaus ein Signal, das zu einer Bedrohung interpretiert werden konnte und das den Ausbruch der Krise erst möglich gemacht hatte. Zudem wäre eine Stärkung der eigenen Kräfte bei einer gleichzeitigen Schwächung des Gegners jedem Militärvertreter aufgestoßen, der sich zu diesem Zeitpunkt auf deutscher Seite befunden hätte. Man darf also bei der Diskussion um die Genese der Krise per se nicht vergessen, dass es tatsächlich einen triftigen Anlass für Spekulationen über eine französische Bedrohung und deutsche Präventivschlagsoptionen gegeben hatte, nämlich die Tatsache, dass Frankreich gewillt schien, eine schier unverhältnismäßig große Menge Pferde auf einmal zu erwerben. Damit zeigt sich, dass die Geschichte der Vierbeiner doch sehr eng mit der des Menschen verbunden ist, sogar im Bereich der internationalen Diplomatie.

Literatur

Baumgart, Winfried (1999), *Europäisches Konzert und nationale Bewegung. Internationale Beziehungen 1830–1878*, Paderborn et al.

Baumgart, Winfried (2010), Foreword, in: James Stone, *The War Scare of 1875. Bismarck and Europe in the Mid-1870s*, Stuttgart, S.9–10.

Canis, Konrad (22008), *Bismarcks Aussenpolitik 1870 bis 1890. Aufstieg und Gefährdung*, Wissenschaftliche Reihe der Otto-von-Bismarck Stiftung, Bd.6, Paderborn et al.

Canis, Konrad; Gall, Lothar; Hildebrand, Klaus; Kolb, Eberhard (Hg.) (2005): *Otto von Bismarck. Gesammelte Werke*, Neue Friedrichsruher Ausgabe, Abteilung III: 1871–1898, Schriften, Bd.2: 1874–1876, bearbeitet von Rainer Bendick, Paderborn et al. (GW).

Daudet, Ernest (1880), *Souvenirs de la Présidence du Maréchal de Mac-Mahon*, Paris.

Fuller, Joseph V. (1919), The War Scare of 1875, in: *The American Historical Review* 23:2, S.196–226.

Geiss, Imanuel (1995) »Weltpolitik«. Die deutsche Version des Imperialismus, in: Schöllgen, Gregor (Hg.), *Flucht in den Krieg? Die Aussenpolitik des kaiserlichen Deutschland*, Darmstadt, S.148–169.

Haffer, Dominik (2010), *Europa in den Augen Bismarcks. Bismarcks Vorstellungen von der Politik der europäischen Mächte und vom europäischen Staatensystem*, Paderborn et al.

Herzfeld, Hans (1922), *Die deutsch-französische Kriegsgefahr von 1875*, Berlin.

Hildebrand, Klaus (32008), *Deutsche Aussenpolitik 1871–1918*, Enzyklopädie Deutscher Geschichte Bd. 2, München.

Hilgruber, Andreas (21981), *Bismarcks Außenpolitik*, Freiburg.

Höjer, Torvald (1940), *Bismarck, Decazes och den europeiska krisen 1875*, Uppsala.

Janorschke, Johannes (2010), *Bismarck, Europa und die »Krieg-in-Sicht«-Krise von 1875*, Wissenschaftliche Reihe der Otto-von-Bismarck-Stiftung, Bd.11, Paderborn et al.

Jeismann, Karl-Ernst (1957), *Das Problem des Präventivkrieges im europäischen Staatensystem mit besonderem Blick auf die Bismarckzeit*, München.

Jerusalimskij, Arkadi (1938), Franko-germanskij krizis 1875 g, in: *KraArch* 6, S.106–149.

Jouwersma, Willem (1928), *De duitsch-fransche oorlogscrisis van 1875 en haar voorgeschiedenis de verhouding tusschen Franrijk en Duitschland van 1871–1875*, Leiden.

Kennan, George F. (1981), *Bismarcks europäisches System in der Auflösung. Die französisch-russische Annäherung 1875 bis 1890*, Frankfurt am Main et al.

Lajusan, A. (1926), L'Alerte diplomatique du printemps de 1875, in: *Revue d'histoire moderne* 1, S.368–384.

Lappenküper, Ulrich (1991), Auf dem Weg in die Krieg-in-Sicht-Krise: Bismarcks Eingreifen in den spanischen Bürgerkrieg 1874/75, in: *Historisches Jahrbuch* 111, S.53–101.

Lappenküper, Ulrich (1990), *Die Mission Radowitz: Untersuchungen zur Russlandpolitik Otto von Bismarcks (1871–1875)*, Göttingen.

Lepsius, Johannes; Mendelssohn Bartholdy, Albrecht; Thimme, Friedrich (Hg.) (1926), *Die Große Politik der Europäischen Kabinette. Sammlung der Diplomatischen Akten des Auswärtigen Amtes*, Bd. 1: *Der Frankfurter Friede und seine Nachwirkungen 1871–1877*, Berlin. (GP)

Puntila, Lauri A. (1971), *Bismarcks Frankreichpolitik*, Göttingen et. al.

Rich, Norman; Fisher, M. H. (Hg) (1956), *Die geheimen Papiere Friedrich von Holsteins*, Bd.1: *Erinnerungen und politische Denkwürdigkeiten*, Göttingen.

Schmidt, Rainer F. (2004), *Otto von Bismarck (1815–1898): Realpolitik und Revolution*, Stuttgart.

Schoch, Gustav von (1922), *Der Kriegslärm von 1875*, Leipzig.

Scholtyseck, Joachim (1994), *Alliierter oder Vasall? Italien und Deutschland in der Zeit des Kulturkampfes und der »Krieg-in-Sicht«-Krise 1875*, Dissertationen zur Neuesten Geschichte Bd. 24, Köln et al.

Stone, James (2010), *The War Scare of 1875. Bismarck and Europe in the Mid-1870s*, Stuttgart.

Wereszycki, Henryk (1961), Alarm wojenny 1875 roku w świetle niewyżyskanych źródeł, in: *Kwartalnik Historyczny* 68, S.189–708.

Winckler, Martin (1965), Der Ausbruch der »Krieg-in-Sicht«-Krise vom Frühjahr 1875, in: *Zeitschrift für Orientforschung* 14, S.671–713.

Wolter, Heinz (1983), *Bismarcks Außenpolitik 1871–1881. Außenpolitische Grundlinien von der Reichsgründung bis zum Dreikaiserbündnis*, Berlin.

Vom kriegsentscheidenden Faktor zum Sinnbild antiquierter Kriegsführung – Pferde im Burenkrieg und im Russisch-Japanischen Krieg

Frank Jacob

Einleitung

Bereits während der Ereignisse des Russisch-Japanischen Krieges 1904/05 konnten Vertreter der deutschen Presselandschaft konstatieren: »Es gibt keine größeren Gegensätze als die Taktik der Buren und die im gegenwärtigen Kriege von den Japanern befolgte Taktik [...] Immerhin sieht man, daß die Taktik kein abstrakter Begriff ist, sondern sich nach Volksart, Gelände und Nebenumständen modelt.« (»Buren- und japanische Taktik,« *Der Tag*, Nr.445, 22.9.1904, BArch R 8034-II/8170) Ungeachtet dessen können jedoch beide Kriege, also sowohl der Russisch-Japanische Krieg als auch der Burenkrieg (1899–1902) als Imperialkriege[1] bezeichnet werden. Letztgenannter entwickelte sich während seines Verlaufes zu einem »costly job« für die Britische Regierung (Nasson 2000: 111), ja sogar zu einer Art von Tragödie, die im Nachhinein oft bedauert wurde, zumal aus einem scheinbar »splendid little war« eine Auseinandersetzung wurde, die das Ansehen des Britischen Empire gefährdete (Ebd. 112). Aufgrund der Neuartigkeit des Konfliktes, indem bereits ersichtlich wurde, dass nicht mehr nur eine zahlenmäßige Überlegenheit für den Ausgang eines Krieges verantwortlich war, sondern auch die Anwendung neuer Technologien und Guerillataktiken, unterscheiden den Burenkrieg von den anderen Kolonialkriegen des Empire

1 Dierk Walter beschreibt den Idealtypus des Imperialkrieges folgendermaßen: »Imperialkrieg soll demnach sein, der (a) im Zeichen der europäischen Expansion bzw. des Imperialismus (b) in der Regel von europäischen oder europäisierten Imperien als Kernmächte des westlichen Weltsystems (c) mit dem Ziel der (Re-)Integration von abhängigen Gebieten an der Peripherie unmittelbar in das jeweilige Imperium und damit mittelbar in das Weltsystem geführte, (d) transkulturelle, (e) asymmetrische, (f) zeiträumlich entgrenzte, (g) irreguläre, (h) totale und (i) enthegte Krieg.« (Walter 2011: 19)

(Bender 2009: 99). Nicht nur aufgrund seiner Auswirkungen – gerade mit Blick auf die Entstehung der Imperialismustheorie eines John A. Hobson (1858–1940) (Hobson 1902) –, sondern besonders in Folge der Art des »Guerillakrieg der täglichen Gewalt und Gegengewalt« (Rose 2011: 239) stellt der Burenkrieg ein »Paradebeispiel für den modernen Imperialkrieg« (Ebd. 238) dar.

Während das britische Militär von einem schnellen Sieg gegen die als unterlegen betrachteten Siedler der Burenrepubliken, des Transvaal und des Oranje Freistaates, ausging, stellte die Erfahrung des Krieges, in der sich viele der immer noch vorherrschenden militärischen und taktischen Planungen als veraltet herausstellten, als ein Novum dar, über das zudem international berichtet wurde, weshalb der Burenkrieg ebenfalls als ein modernes Medienereignis zu betrachten ist (Pakenham 1982: 125–136). Besonders die vorherrschende Meinung in Bezug auf den Einsatz der Kavallerie, von der man dachte, sie könnte in den Weiten des Kriegsschauplatzes ihre Stärke ausspielen, schien durch die Art und den Ausgang des Krieges widerlegt zu werden (Ebd. 139).

Ähnliches gilt für den Russisch-Japanischen Krieg, diesen »Kampf um Ostasien« (Hildebrand 2005: 28), der ebenfalls als ein »Expansionskrieg« (Nish 2005: 12), ja sogar als »imperialist war par excellence« (Goldfrank 2005: 88) bezeichnet werden kann. Während Japan seinen Einfluss in Korea durch die russischen Expansionen in Ostasien gefährdet sah und deshalb schließlich dem Zarenreich den Krieg erklärte, ging es für das Zarenreich in erster Linie um den prestigeträchtigen Status einer Großmacht, die sicherlich nicht eine Auseinandersetzung mit dem um ein Vielfaches kleineren Inselstaat zu scheuen brauchte (Hildebrand 2005: 30–3). Der Krieg, der von Steinberg als »World War Zero« bezeichnet wurde (Steinberg), war jedoch mehr: Er war eine »regional confrontation with substantial global aspects, important and enduring international implications and immense […] military reverberations« (Steinberg 2005: 105), die ebenso wie der Burenkrieg den Anbruch einer neuen Zeit belegte. Moderne Technologien wie Maschinengewehre, Artillerie oder Schlachtschiffe kamen hier massiv zum Einsatz und wiesen bereits auf die Materialschlachten des Ersten Weltkrieges (1914–1918) hin. Dieser sollte zwar besonders mit Blick auf die Erinnerungskultur der Ereignisse den Konflikt in Ostasien überschatten, aber die neuen Dimensionen des Krieges im 20. Jahrhunderts wurden bereits in den Schlachten in der Mandschurei ersichtlich. Darüber hinaus etablierte sich Japan endgültig als Großmacht. Carl Peters (1856–1918) stellte beispielsweise fest, dass »wie immer auch der Fortgang des blutigen Würfelspiels in Ostasien sein mag: eines ist schon heute festgestellt. Nämlich, daß die weiße Rasse von neuem einen zum mindesten ebenbürtigen Gegner auf der Erde gefunden hat.« (Peters 1944b: 345–346) Und er fährt fort:

> Die Japaner zeigen sich an Mut, Disziplin und Organisation den kriegerischen Nationen der indoarischen Rasse völlig ebenbürtig, und mit angespanntem Interesse blickt die ganze Erde auf dieses so unerwartete Phänomen hin. Es ist die Überraschung, welche Europa empfunden haben mag, als plötzlich das Preußen Friedrichs des Großen seinen Rang unter den Starken der Welt einzunehmen begann (Ebd. 346).

Ungeachtet der globalhistorischen Tragweite der beiden Konflikte an den Peripherien der Welt wird der folgende Beitrag sich jedoch nicht mit derselben, sondern vielmehr mit der animalischen Ebene, namentlich der Rolle der Pferde und der Kavallerie im Burenkrieg und im Russisch-Japanischen Krieg auseinandersetzen. Dazu soll zunächst ersterer abgehandelt sowie anschließend mit den Ereignissen in Ostasien verglichen werden. Nach einer kurzen Einführung in die Geschichte dieser beiden Imperialkriege, die mit Blick auf deren Behandlung, die im deutschen Wissenschaftsraum meist unterrepräsentiert ist, erfolgt jeweils in einem ersten Schritt ein Abriss der Ereignisse sowie der Bedeutung des Konflikktes, um anschließend die Rolle der Pferde in den Auseinandersetzungen näher zu beleuchten. Dabei soll vor allem gezeigt werden, dass erstens die equine Ebene der Kriegsführung einen Wandel durchlief und zweitens die Berücksichtigung »tierischer Perspektiven« für das Verständnis von Militärgeschichte bedeutend, in manchen Fällen sogar unerlässlich ist.

Der Burenkrieg

Zu Beginn des Burenkrieges 1899 lebten etwa 160.000 Buren in den beiden freien Republiken, welche lediglich eine milizartige Armeeorganisation mit 40.000 bis 55.000 Mann stellen konnten (Rose 2011: 217). Die Buren, Nachfahren zumeist niederländischer Siedler, die nach der Übernahme der Herrschaft der Kapkolonie durch die Briten im Zuge des sogenannten Großen Treks ins Inland umgesiedelt waren, wurden zwar von den Führungseliten Londons als »zivilisatorisch Zurückgebliebene« (Ebd. 217) betrachtet, allerdings konnten sie den britischen Truppen bereits 1881 bei Majuba Hill eine schmachvolle Niederlage beibringen. Dabei wurden von 354 Soldaten der Armee Großbritanniens 93 getötet, 122 verwundet und 58 gefangen genommen (Ebd. 218). Ungeachtet dessen und ungeachtet des gescheiterten Jameson Raids (1895/1896) (Longford 1982) waren letztendlich das »Prestige- und Integrationsbedürfnis des Empire« (Rose 2011: 219) dafür verantwortlich, dass es 1899 erneut zur Auseinandersetzung kam.

Der erhoffte schnelle Sieg blieb erneut aus. Die Buren waren mit dem neuen Modell des Mauser-Gewehres »flächendeckend neu bewaffnet« (Ebd. 220) und verfügten ebenfalls über 155m-Haubitzen des französischen Herstellers Creusot sowie 75mm-Geschütze aus der Produktion der deutschen Firma Krupp. Nachdem der letzte Kompromissversuch im Zuge der Konferenz von Bloemfontein im Juni 1899 gescheitert war und die Briten ihre Truppen bereits damit begonnen hatten, ihre Truppen an die Grenze zum Transvaal zu verlegen sowie Verstärkung auf dem Seeweg zu entsenden, begann schließlich als Folge eines abgelaufenen burischen Ultimatums der Krieg. Dieser verschlang statt den erwarteten 10 Millionen Pfund 223 Millionen und kostete rund 22.000 Soldaten im Dienst des Britischen Empire das Leben, wohingegen die Buren lediglich einen Verlust von etwa 6.000 Mann zu verzeichnen hatten (Ebd. 221; Waag 2000: 46). Trotz der Dimensionen, die der Konflikt als solcher annahm, wurden seine Auswirkungen nur wenig beachtet, zumal die Rolle aller britischen Auseinandersetzungen des frühen 20. Jahrhunderts im Schatten des »Großen Krieges« standen (Hickling 2000: ix). Trotzdem bröckelte bereits hier das Bild des Britischen Empire, das nicht mehr nur zur Verteidigung zu den Waffen griff, sondern ebenfalls um periphere Gebiete in den Bannkreis des Weltreiches zu zwingen. Ebenso offenbarte der Burenkrieg die schlechte Vorbereitung des Britischen Empire auf eine neuartige Form des Konfliktes und es wurde offensichtlich, dass »[a]n army is only as good as its training, its equipment and its leadership.« (Ebd. xi)

Schon die ersten Wochen des Burenkrieges bewiesen, dass die Briten nicht im Geringsten auf die neuartige Kampfweise eines auf Mobilität angewiesenen Guerilla-Krieges vorbereitet waren und am 11. Oktober 1899 waren es die Buren, die die Kampfhandlungen eröffneten, als sie im Zuge einer ersten Offensive in Natal eindrangen und die auf Dundee und Ladysmith verteilten britischen Truppenkontingente attackierten (Beckett 2000: 31; Rose 2011: 222). Die burischen Kommandeure wussten, dass sie aufgrund ihrer unorthodoxen und irregulären Form der Armeeorganisation keine Chance mehr haben würden, einen Sieg zu erringen, sobald die britischen Verstärkungen eintrafen, weshalb sie in dieser Intitialphase des Krieges zwangsläufig die Offensive ergreifen mussten. Selbst wenn die Briten im Gegensatz zu 1881 nicht mehr in den auffälligen roten Uniformen zu Felde zogen, sondern in Khaki gekleidet waren, boten sie den erfahrenen Schützen der Buren gute Ziele. Die Erfolgsrate der Abschüsse wurde zudem durch das neue Mauser-Gewehr, das den britischen Martini-Henry-Gewehren mit Blick auf Durchschlagskraft, Reichweite, Treffsicherheit sowie Zuverlässigkeit überlegen war, erhöht (Ebd. 223; Waag 2000: 63). Die Buren attackierten folglich aus der Distanz und waren bestrebt, die Frontlinie möglichst weit auszudehnen, um den numerischen Vorteil des Gegners zu negieren. Der Verlust von fast 500 Soldaten bei Dundee versetzte den Briten einen Schock, ebenso wie eine Folge von Niederlagen, die die britischen Medien dazu veranlasste, von einer Black Week des Empire zu sprechen (Rose 2011: 223–226).

Ein Rückzug, wie er 1881 erfolgt war, schien jedoch schon ob des Selbstverständnisses der global führenden Imperialmacht ausgeschlossen zu sein, ganz besonders nicht, da der Krieg als solcher ein weltweites Medieninteresse auf sich gezogen hatte (Ebd. 227). Bereits während des Kriegsgeschehens selbst wurde damit begonnen, eine umfangreiche Geschichte des Krieges zu veröffentlichen (Amery 1900–1909), die den Leser unter anderem darüber informierte, was diese »völlig neue« (Beckett 2000: 33) Kriegserfahrung mit sich brachte. Die Zahl der toten Soldaten überstieg alles, was die Briten in den bisherigen Kolonialkriegen erlebt hatten und Elemente wie die Eisenbahn, der Telegraph sowie elektrische Beleuchtung bildeten die Möglichkeiten und Folgen eines technisierten Krieges ab. Mit den knapp 450.000 Männern, die das Empire nach Südafrika entsenden musste, mit einem Krieg, der statt einem Monat beinahe drei Jahre tobte und fast zehn Millionen Pfund verschlang, war er »also clearly a transitional conflict on the cusp between the traditional and the modern« (Ebd. 34).

Nachdem die Städte Kimberley und Ladysmith entsetzt und die Hauptstadt des Transvaal Pretoria eingenommen worden waren, hatten die Briten zwar geglaubt, dass der Konflikt beendet sei, doch die Hoffnungen sollten im Mai 1900 nicht in Erfüllung gehen. Der Oberbefehlshaber Frederick Sleigh Roberts (1832–1914) kehrte nach England zurück, sein Stellvertreter Herbert Kitchener (1850–1916) musste jedoch noch zwei Jahre einen erbitterten Krieg gegen die Guerilla-Taktiken der Buren führen, die von Überfällen und Hinterhalten gekennzeichnet war, besonders da nun die jüngere Generation der Buren – Louis Botha (1862–1919), Koos de la Rey (1847–1914), Nicolaas de Wet (1873–1960) – die Führung des Gegners übernommen hatten (Rose 2011: 229–230).

Das sogenannte Kommando-System der burischen Guerillakämpfer war bestens für derlei Taktiken geeignet und da man zu Beginn der Auseinandersetzung wusste, dass man den Krieg langfristig nicht gewinnen konnte, konzentrierten sich die Gegner der Briten darauf, aus dem Hinterhalt zu attackieren und die britische Truppe wann immer möglich zu malträtieren (Waag 2000: 45). Zudem besaßen die Buren den Heimvorteil und kannten sich wesentlich besser im Gelände aus, wobei sie zudem die harschen Bedingungen des Kampfortes, des sogenannten Velds, gewohnt waren. Die britische Arroganz unterschätzte den Einfluss dieser Faktoren maßlos, so dass man sich in Regierungs- und Bevölkerungskreisen nach den Ereignissen der Black Week sowie den anhaltenden Verlustmeldungen zunächst fassungslos fragen musste: »„How could a country of backwoodsmen, whose entire population was no more than that of an average British town, stand against the British Empire?« (Ebd. 49)

Die Unterschätzung des Gegners sowie die schlechte Vorbereitung auf einen Konflikt, der zumeist von Bewegung gekennzeichnet war, wurden offensichtlich. (Ebd. 51) Weder Mensch noch Tier waren auf die klimatischen Gegebenheiten des Velds vorbereitet, wo sich extreme Hitze am Tag und extreme Kälte in der Nacht abwechselten. (Ebd. 52) Mit den Buren als abgehärtetem Gegner, der sich darüber hinaus als exzellent herausstellte, wenn es darum ging, die Briten in einen Hinterhalt zu locken, sah man sich schlussendlich einer Art von natürlichem Guerillakämpfer gegenüber (Bakkes 1979: 294). Die Buren ritten auf den Gegner zu, bis sie in Schussweite waren, attackierten die Briten und flohen in die Weite des Raumes. Dabei wurde durch das Kommando-System die existierende Organisationsstruktur der burischen Gesellschaft fortgeführt, so dass die Wahl der Offiziere zwar nicht immer über deren Fähigkeit entschied, aber bereits zu Beginn des Krieges ein ausgiebiges Gemeinschaftsgefühl bestand, dass zudem durch den gemeinsamen Kampf um die Heimat und die politische Freiheit der unabhängigen Republiken gegen einen schier übermächtigen Feind gestärkt wurde (Waag 2000: 56–61).

Die Buren stellten zwar insgesamt nie mehr als 45.000 Mann im Feld, eine Zahl, die zudem vermutlich nur im Dezember 1899 erreicht wurde, schienen aber für den Gegner unsichtbar zu bleiben (Wallace 1976: 29). Mit ihren Ponys, die an die Gegebenheiten angepasst waren, verschmolzen sie zu »tough and wiry products of their particular environment« (Ebd. 32). Um dieser Art der Kriegführung etwas entgegensetzen zu können, sah sich Kitchener schließlich dazu gezwungen, zu besonders unmenschlichen und grausamen Gegenmaßnahmen zu greifen. Die Farmen, in deren Nähe ein Überfall stattgefunden hatte, wurden niedergebrannt (Rose 2011: 231) und die Bevölkerung in Konzentrationslager gebracht. Während des Krieges wurden in über 40 dieser Lager überwiegend burische Frauen und Kinder interniert (Bender 2009: 102; Nasson 2000: 111; Waag 2000: 54; Wallace 1976: 200–201). Diese Mischung aus einer Politik der »verbrannten Erde« (Coetzer 2000) und der unmenschlichen Behandlung von Frauen und Kindern, über die vor allem Emily Hobhouse (1860–1926) (Hobhouse 1901) berichtete, symbolisierte »zweifellos [...] das größte Leid während des Burenkrieges und den totalen, auch die Zivilbevölkerung einschließenden Charakter der Kriegführung.« (Rose 2011: 235) Darüber hinaus wurden noch mehr als 8000 sogenannter Blockhäuser errichtet, die über eine Distanz von mehr als 3700 Meilen mit Stacheldraht verbunden wurden (Ebd. 233; Wallace 1976: 335–339).

Es war erst durch diese schrittweise Einschränkung der Guerilla-Kriegsführung der Buren möglich, den Burenkrieg zu beenden, da die Kommando-Einheiten am Ende nicht nur zu viele Pferde, sondern auch jeglichen Nachschubweg eingebüßt hatten und nicht mehr in der Lage waren, die Kampfhandlungen fortzusetzen (Spence 2000: 127; Wallace 1976: 385–394). Trotz der Niederlage der Buren gegen das Britische Empire nimmt der Krieg zwischen 1899 und 1902 immer noch eine besondere Stellung innerhalb der südafrikanischen Erinnerungskultur ein (Nasson 2000: 112). In Darstellungen, welche zumeist in den 1930er

Jahren publiziert wurden[2], stilisierten die Autoren die unbeugsamen Buren als die Helden dieses Konfliktes, die sich letzten Endes nur der numerischen Überlegenheit sowie den barbarischen Methoden des Gegners beugen mussten. Obwohl die Beziehungen zwischen den Kolonien und dem imperialen Zentrum bis dato völkerrechtlich als innerstaatlich betrachtet worden waren (Kleinschmidt 2013: 97), hatte der Burenkrieg auch Auswirkungen auf das Verhältnis des Empire zu seinen Kolonien, zumal nicht nur englische Einheiten, sondern ebenfalls Soldaten aus den Dominions Australien und Kanada (Carman 2000) nach Südafrika verschifft wurden, um am Kampfgeschehen teilzunehmen.

Besonders auf erstgenannte hatte die Teilnahme am Burenkrieg eine durchaus integrative Wirkung (Wilcox 2002: 297), selbst wenn zu Beginn des Konfliktes in Australien nicht unbedingt eine Kriegsbegeisterung bestanden hatte (Connolly 1978). Die Aussage, dass Australiens Soldaten »(were a)nxious to fight for the Mother Country's cause and eager with the spirit of adventure, they pressed upon a reluctant Great Britain their services in the quarrel with Paul Kruger's Transvaal Boers« (Wallace 1976: 1) scheinen somit eher romantischen Wunschvorstellungen als der harten Realität der Werbungsstuben entsprochen zu haben. Ungeachtet dessen wurden die Australier jedoch aufgrund ihres eigenen Lebensstils als sogenannte Colonials – also ausgestattet mit einer »generic colonial identity« – als bestens geeignet betrachtet, um gegen die Buren in Südafrika zu Felde zu ziehen (Wilcox 2002: 299). Diese Stereotypen wurden nicht nur von den englischen Befehlshabern, sondern später ebenso von der australischen Populärliteratur geteilt (Burness 2000).

Darüber hinaus hatte der Burenkrieg innerhalb des Empire eine starke Wirkung. Während der Krieg weltweit wie der biblische Konflikt zwischen David und Goliath dargestellt wurde, versuchte beispielsweise der Alldeutsche Verband in Deutschland, die existierende Bureneuphorie für sich zu nutzen, um Stimmung gegen den britischen Kolonialrivalen zu schüren (Bender 2009: 30–31). Darüber hinaus wurden von deutschen Firmen allerhand Burenprodukte vertrieben (Ebd. 32) und der Kriegsverlauf per se erregte ein durchaus breites Medienecho, welches mit dem Druck von Karten des Kampfgebietes in den meisten deutschen Presseerzeugnissen im Oktober 1899 begann (Ebd. 46). Der stete Gesichtsverlust des politischen Rivalen, der nicht einmal gegen eine

2 Ein Beispiel bietet Raal (1938).

Handvoll Bauern bestehen konnte, wurde in den Kriegsjahren genauso ausgeschlachtet, wie die augenscheinlichen Motive, Habsucht und Gier, die die Briten überhaupt erst in den Krieg getrieben hatten (Ebd. 49, 61 und 92). Die Tragweite des Burenkrieges war folglich enorm, zumal er international rezipiert und diskutiert wurde, besonders wenn es um das Schicksal der burischen Frauen und Kinder ging, die als Insassen der Konzentrationslager zu leiden hatten. Allerdings waren das nicht die einzigen Opfer, die vor allem durch Unterernährung gefordert wurden. Besonders die equine Ebene des Konfliktes scheint oft vergessen zu werden, weshalb sie im Folgenden genauer dargestellt wird.

Pferde im Burenkrieg

Es ist nicht übertrieben zu behaupten, dass »South Africa was a graveyard for horses. The army used half a million over the course of the war, and at least two in every three were ›expended‹, as the War Office put it.« (Wilcox 2002: 131) Pferde waren ein essentieller Bestandteil des Burenkrieges und das nicht nur, weil sie zur Identitätsstiftung der australischen Truppenkontingente, von denen fast alle als berittene Einheiten am Kriegsgeschehen teilnahmen, beitrugen. Diese Kontingente wurden 1902 sogar als »Australian Commonwealth Horse« zusammengefasst, mit einem Abzeichen versehen und aus den Australiern wurden stereotypisch aufgeladen schließlich die »Horsetralians« (Ebd. 326). Das nicht wenige von ihnen gar keine guten Reiter waren (Wilcox 2000: 10), spielte schlussendlich keine Rolle mehr, da sie unter diesem neuen Emblem subsumiert wurden.

Viele Offiziere hielten an diesem Bild fest und bezeichneten die australischen Soldaten als »natural scouts, natural horsemen, natural soldiers« (Ebd. 7), wobei durch den Verbrauch von 67 Millionen Schuss während des Krieges belegt wird, dass sie zumindest keine guten Schützen gewesen sein dürften. (Spence 2000: 116) Die Liebe zu Pferd und Schusswaffe wurde sowohl von den Australiern als auch von den Briten bescheinigt. (Havelock 1867: 65) Für die Etablierung des Bildes eines britischen Soldaten kolonialen Ursprungs gereichte der gemeine australische Soldat des Burenkrieges jedoch zur geeigneten Schablone. Ruyard Kipling beschrieb sie als »[d]ark, tall men, most excellent horsemen, hot and angry, waging war as war, and drinking tea as a sandhill drinks water.« (Kipling 1949)

Der Burenkrieg brachte nicht nur eine neue Form des Soldaten, sondern vor allem einen neuartigen Einsatz von Pferden, a »new kind of cavalry that rode horses for mobility rather than the charge« (Wilcox 2000: 8). Aus säbelziehenden Soldaten auf Pferden wurden »above all mounted riflemen« (Ebd.) und »most volunteers were this new breed of horse soldier« (Ebd.). Dadurch belegte der Burenkrieg erstmals eine neuartige »nion of the rifle with the horse« (Childers 1910: 217). Eingesetzt wurde nun eine berittene Infanterie, also Soldaten, die zwar als Infanterie ausgebildet, aber beritten unterwegs waren, um das Kampfgeschehen zu erreichen. Darüber hinaus wurden die sogenannten Mounted Rifles, eine Art irregulärer Kavallerie, die ebenfalls mit Infanteriewaffen ausgerüstet, aber nicht als Infanterie ausgebildet war, eingesetzt (Spence 2000: 119). Um die Mobilität der Truppe und damit die Gesundheit und den Zustand der Pferde so lange wie möglich aufrecht zu erhalten, was in einem Kriegsgebiet dieser Größe, in dem nur 5024 Meilen Schienennetz verlegt worden waren, unabdinglich war (Potempa 2011: 444), begleiteten auch Sattler, Hufschmiede sowie in der Regel ein bis zwei Veterinäroffiziere die Kontingente (Beckett 2000: 34; Wilcox 2002: 135–136). Die Verlustzahlen der Pferde stiegen aber unaufhaltsam mit jedem Monat des Krieges an.

So ritten beispielsweise von 167 Victoria Mounted Riflemen, die 1899 in Südafrika angekommen waren, im November 1900 nur noch 15 das selbe Pferd (Ebd. 134). Drei bis vier Prozent der Tiere, also ungefähr 13.000, waren auf der Reise zum Kriegsschauplatz gestorben (Spence 2000: 121; Wilcox 2002: 140). Die Pferde, die die Seereise überlebten, mussten dann mit Reiter, Verpflegung und Ausrüstung etwa einhundert Kilogramm an Last tragen, während die geringen Wasserrationen dafür sorgten, dass die Tiere den ganzen Tag ohne Wasser auskommen mussten. Das in Verbindung mit den langen Gewaltmärschen sorgte dafür, dass viele Pferde zu Skeletten abmagerten, deren Beine aufgrund des Klimas und der Belastung angeschwollen waren (Spence 2000: 122–124; Wilcox 2002: 132–133). Durch die stringente Belastung durch die Verfolgungsjagden der Buren, überschritten viele Reittiere einen gewissen Müdigkeits- bzw. Erschöpfungsgrad und sollten sich in der Folge nie mehr davon erholen (Spence 2000: 123).

Hinzu kam, dass die meisten Pferde nicht für den Krieg ausgebildet waren – die Ausbildung eines Kriegspferdes konnte bis zu fünf Jahre in Anspruch nehmen –, aber ebenso wie die Soldaten die Gefahr von einer Kugel getroffen zu werden teilten, was dazu führte, dass viele der Tiere ebenso nervös waren wie ihre Reiter (Ebd. 123; Wilcox 2002: 137). Gerade weil die Buren oftmals direkt auf die Pferde zielten, die aus der Distanz leichter zu treffen waren als die Reiter, zumal es keinen Unterschied machte, ob der Tod des humanen oder des animalen Kriegsteilnehmers den Gegner schwächte, fielen besonders viele Pferde feindlichen Kugeln zum Opfer. Doch konnten sie im Veld nicht nur von Kugeln, sondern sogar vom Blitz getroffen werden (Spence 2000: 121–122).

Ebenso dramatisch stellte sich die Futterversorgung für die Tiere dar, denn im Gelände waren meist kaum ausreichend Gras und Wasser für die Pferde vorhanden (Wilcox 2002: 131), so dass die reale Gefahr der Unterfütterung bestand. Die europäischen unter ihnen mochten das dünne und bittere Gras, das im südafrikanischen Winter, also zwischen April und September wuchs, nicht und die Logistik der Briten, besonders mit Blick auf die Futterversorgung der Tiere, stellte ein echtes Problem dar (Beckett 2000: 36; Spence 2000: 124–126). Die Unterernährung machte die Pferde zusätzlich anfällig für Krankheiten wie die Blauzungenkrankheit (Beckett 2000: 36; Spence 2000: 122; Wilcox 2002: 131). Ganz ähnlich wie bei der Ausbildung der eigenen Soldaten waren die Briten auch mit Blick auf die Versorgung der tierischen Kriegsteilnehmer überfordert, ja konnten noch nicht einmal den benötigten Nachschub an Pferden ohne Fremdkäufe decken.

Das führte dazu, dass viele der Tiere erst importiert werden mussten und keine Zeit hatten, sich an das neue Umfeld anzupassen. Viele der Pferde wurden schlicht und einfach verschlissen und starben im wahrsten Sinne des Wortes wie die Fliegen (Wilcox 2002: 133). Selbst wenn viele Australier ihre robusten Tiere mitbrachten, reichten diese kaum aus, um über den gesamten Krieg die zunehmend berittenen Einheiten auszustatten. Diese Walers,

> named for their eastern Australian origin [were] powerful, active, grass-fed horses, bred partly for military use, looked almost as impressive as the charges of the regular cavalry, and often more impressive than the mounts of other volunteers. But endurance, not power, and an undiscriminating palate and a small stomach, were essential if a horse were to survive and carry its rider on long, thirsty, hungry marches (Ebd. 134).

Das Gros des Nachschubes kam aus Nordamerika, Ungarn, Großbritannien, Argentinien und Australien, wo die Händler versuchten, nachdem die britischen Reserven an Tieren erschöpft waren, einen üppigen Gewinn aus dem Kriegsgeschehen zu erwirtschaften. So wurden auf australischen Pferdemärkten Reittiere für 8 bis 15 Pfund erworben, obwohl diese qualitativ den britischen nachstanden, aber zumindest besser waren als die argentinische Konkurrenz (Ebd. 135–140; Wilcox 2000: 4). Mit zunehmender Dauer sank jedoch die Qualität des australischen Nachschubes. Qualität war allerdings nicht mehr wirklich entscheidend, zumal die meisten Tiere sowieso innerhalb des ersten Monats in Südafrika umkommen würden.

Insgesamt überlebten von 518.794 im Burenkrieg eingesetzten Pferden nur 158.643, wobei keines der australischen und nur 1 der 8.000 neuseeländischen Tiere zurückgebracht wurde, da man keine Krankheiten einführen wollte. Auch wenn also drei Prozent der australischen Pferde überlebten, mussten sie den Rest ihres Lebens in Südafrika verbringen (Spence 2000: 121; Wilcox 2002: 141). Darüber sollte jedoch keine Diskussion in der Öffentlichkeit stattfinden, es ging vielmehr um die taktischen Lehren, die die weltweiten Militärstrategen aus dem Krieg ziehen konnten. Es war offensichtlich, dass die Sicherung der Nachschublinien in diesem Kriegsraum von elementarer Bedeutung gewesen sind, so dass vor allem eine Diskussion über die Beherrschung von Raum im sogenannten »Kleinen Krieg« einsetzte (Potempa 2011: 461–462). Das blieb nicht die einzige Debatte, die während und nach dem Burenkrieg geführt wurde.

Die Auseinandersetzung mit den Buren fiel mit einer internen Debatte britischer Militärs über die Zukunft der Kavallerie zusammen, die sich in erster Linie um die Bewaffnung der Einheiten drehte (Bou 2000: 99). Während die Traditionalisten die *arme blanche*, also den Säbel favorisierten und beizubehalten gedachten, befürworteten die Reformer das Gewehr und wollten die Hiebwaffe lediglich als Sekundärbewaffnung im Einsatz sehen. Die Diskussion per se war aufgrund der Einführung von Magazingewehren in der zweiten Hälfte des 19. Jahrhunderts begonnen worden und der zunehmende Einsatz von Artillerie und Maschinengewehren machte es fraglich, ob die Kavallerie überhaupt weiterhin traditionell, also in Form von Kavallerieschlachten agieren konnte (Ebd. 99–100). Im Zuge des Amerikanischen Bürgerkrieges (1861–1865) war ersichtlich, dass der Trend wohl eher in Richtung der berittenen Infanterie zu gehen schien. Die Kavalleristen selbst hielten vehement an ihrem Glauben fest, dass in Zukunft Gefechte ganz klassisch von, mit dem Säbel bewaffneter, Kavallerie geführt würden. Dabei war im kolonialen Umfeld schon in den vorherigen Auseinandersetzungen, z.B. dem Zulu-Krieg 1870 oder dem Ägyptischen Krieg 1882 auf berittene Infanterie umgestellt worden (Ebd. 102).

Durch die Bewaffnung mit dem Gewehr erhielt der Reiter zudem eine strategische Präsenz, die vor allem durch eine größere Reichweite, die der Säbel allein nicht garantieren konnte, gewährleistet wurde. Hinzu kommt, dass die Ausbildung berittener Infanterie einfacher war, was durch den Erfolg der unorthodox agierenden Burenverbände noch bekräftigt wurde (Ebd. 105). Gegen die mobilen Buren war eine nicht berittene Infanterie zudem beinahe hilflos, ein Tatbestand, den die britischen Befehlshaber zu spät erkannten. Zudem kam die klassische Kavallerie nur selten in die Reichweite des Gegners, war also nutzlos und bot ein günstiges Ziel für die Schützen und die Artillerie der Buren. Die hitzige Debatte (Ebd. 110–112) über die Zukunft dieses Truppenbestandteils wurde zwischen Traditionalisten und Reformen noch über ein Jahrzehnt geführt und man kam bis zum Ausbruch des Ersten Weltkrieges zu keinem eindeutigen Ergebnis.

Pferde im Burenkrieg bildeten keinen Teil der klassischen Kavallerieschlacht, sie waren vielmehr ein logistisches Moment, das es der Infanterie in berittener Form ermöglichte, zur Schlacht selbst zu gelangen (Beckett 2000: 38–39; Wilcox 2002: 339). Es wurden zwar in der Folge vereinzelte Reformen umgesetzt, im Großen und Ganzen hielten die Traditionalisten der Militärstrategie am Einsatz der Kavallerie fest und sollten bis zum Ausbruch des Großen Krieges die Oberhand behalten. Die generelle Art der Kriegsführung änderte sich folglich nur wenig, und das, obwohl auch im folgenden großen Konflikt von globaler Tragweite, dem Russisch-Japanischen Krieg, die Kavallerie kaum eine Rolle spielte (Beckett 2000: 39–44; Bou 2000: 114).

Der Russisch-Japanische Krieg

Der Krieg zwischen Japan und dem Zarenreich sollte über die Zukunft Ostasiens entscheiden, zumal beide Mächte danach strebten, ihren Einfluss in diesem Gebiet auszudehnen, die langfristigen Ursachen für die Zuspitzung des Konfliktes liegen allerdings weit zurück (Auslin 2005: 3). Die von Russland ausgehende geopolitische und strategische Bedrohung für das japanische Sicherheitsbedürfnis reicht bis zum Ende des 18. Jahrhunderts zurück und kann in den Jahren bis zum Ausbruch des Krieges manchmal mehr, manchmal weniger wahrgenommen werden. Erste russische Expansionsvorstöße zwischen 1813 und 1821 wurden nach dem Ende des Krimkrieges 1856 erneut aufgenommen, nachdem bereits drei Jahre zuvor Truppen auf Anweisung des Zaren Sachalin besetzt hatten (Ebd. 10–11). Einen Monat nach dem amerikanischen Commodore Matthew C. Perry (1794–1858) erreichte schließlich auch Efim Putiatin die Küsten des Inselreiches. Aufgrund des Abschlusses eines ungleichen Vertrages zwischen dem japanischen und russischen Kaisereich wurden die Kurilen geteilt und Sachalin blieb im gemeinsamen Besitz (Ebd. 12). 1855 Die expansionistische Ambitionen in Asien wurden zudem Ende der 1850er Jahre durch die von Nicholai Muraviev im Amur-Gebiet eingeleiteten Operationen bestätigt, wodurch die russische Bedrohung – die japanischen Expansionsziele zielten mitunter auf diese Gegend, weshalb beispielsweise die 1901 gegründete Kokuryûkai (Amur-Gesellschaft) (Jacob 2013; Jacob 2014), den Namen des Flusses als bezeichnendes Emblem wählte – noch zusätzlich unterstrichen wurde.

1861 wurde ein russischer Versuch, die strategisch bedeudente Insel Tsushima im Japanischen Meer zu besetzen, lediglich durch eine englische Intervention vereitelt. Zwar einigten sich Japan und Russland über die Besitzverhältnisse mit Blick auf Sachalin und die Kurilen, welche 1875 durch einen Austausch-Vertrag geregelt wurden. Die im Folgejahr vom japanischen Kaiserreich erzwungene Öffnung des koreanischen Nachbarlandes öffnete allerdings eine neue Konkurrenzsphäre (Auslin 2005: 18). Nachdem Japan zunächst den Einfluss in Korea ausbauen konnte, kam es in den folgenden Jahren zu einem stetig wachsenden Konflikt mit China, das die Halbinsel als Teil seines traditionellen Tributsystemes betrachtete. Die Auseinandersetzung um den dortigen Einfluss spitzte sich schließlich zu und 1894, nur kurze Zeit nachdem die ersten ungleichen Verträge mit Großbritannien revidiert werden konnten (Ebd. 54), eröffnete Japan den Krieg gegen das Reich der Mitte. Das japanische Kaiserreich, welches seit 1853 eine sehr umfangreiche Moderniserung sowie Industrialisierung durchlaufen hatte, siegte gegen den scheinbar übermächtigen Gegner und versuchte, das eigene Einflussgebiet durch den Vertrag von Shimonoseki weiter auszubauen. Dem Besitzanspruch auf die Liaodong-Halbinsel und damit einem direkten Zugang zur chinesischen Hauptstadt wurde von der sogenannten Tripelintervention Russlands, Frankreichs und des Deutschen Reiches, welche Japan auf den Rang einer Mittelmacht verwies (Kreiner 2005: 55), widersprochen. Da Großbritannien Neutralität wahrte, blieb der japanischen Regierung keine Alternative, als einzulenken, allerdings war damit der Kurs für einen kommenden Krieg gegen das Zarenreich, welches als Initiator dieser Intiative in Erscheinung trat, vorgezeichnet.

Die Ursache für den Kriegsausbruch 1904 ist schlussendlich aber gerade in der schwachen Stellung Chinas und Koreas zu suchen (Nish 2005: 45). Das Ringen um diese beiden Einflusssphären, welche wirtschaftliche Prosperität sowie Großmachtstatus versprachen, wurde in der direkten Phase vor der japanischen Kriegsentscheidung von einem lokalen Disput am Grenzfluss zwischen diesen beiden Ländern, dem Yalu, aufgeheizt. Alexander Bezobrazov (1855–1931) (Zur Vita vgl. Lukoianov 2005: 67–68), ein mit dem Zaren befreundeter »Abenteurer« versuchte, mit Holzgeschäften in der Region reich zu werden sowie einen russischen Brückenkopf für eine weitere Expansion Richtung Süden zu errichten (Schimmelpenninck van der Oye 2005: 38). Diese Aktion wurde von russischen Politikern, wie Sergei Witte (1849–1915), der eher einen langsamen Ausbau des russischen Einflusses in Folge des Ausbaus der Transsibirischen Eisenbahn seit 1891 gefordert hatte, kritisiert, da er die Meinung vertrat, dass gerade die Aktionen des Abenteurers Bezobrazov zur Kriegsbereitsschaft Japans beigetragen habe (Lukoianov 2005: 65). 1898 hatte letztgenannter Konzessionen zum Holzfällen am Yalu für die kommenden 20 Jahre erworben und begann zügig damit, diese zu nutzen, zumal er innerhalb von fünf Jahren diesesVorhaben vorangetrieben haben musste, um die Rechte nicht wieder zu verlieren. In die diplomatisch schwierige Phase der russisch-japanischen Beziehungen nach dem Boxeraufstand fiel also zudem diese unnötige Aktion.

Zusätzlich wollten die sogenannten Bezobrazovski ihre Konzessionen ausweiten und eine Eisenbahnlinie errichten sowie Eisenerz abbauen. Bezobrazov selbst schien nach einer Annexion der nördlichen Teile Koreas zu streben, möglicherweise um durch die Umsetzung der zarischen Expansionspläne eine möglichst schnelle Karriere zu machen. Es sollte eine Art Brückenkopf in Korea errichtet werden, letztendlich scheiterten seine Pläne allerdings an einem stetigen Geldmangel sowie einer erfolgreichen Intervention von Witte, Wladimir Lamsdorf (1844–1907) und Alexei Kuropatkin (1848–1925) im März 1903 (Ebd. 70–79). Das aggressive Vorgehen dieser auf finanziellen Gewinn und schnellstmögliche Beförderung durch den Zaren konzentrierten Gruppe erhöhte stetig den Druck auf die japanische Regierung, die sich von diesem Vorgehen zangsläufig bedroht fühlen musste.

Je mehr Russland seinen Einfluss in der Mandschurei, dem direkten chinesischen Grenzgebiet ausbaute, desto wichtiger war es für Japan, die eigene Kontrolle in Korea zu sichern (Nish 2005: 55). Das Zarenreich hatte nicht nur Anspruch auf die strategisch wichtige Hafenstadt Port Arthur erhoben, welche Japan durch die Tripelintervention erst kurz zuvor streitig gemacht worden war, sondern nutzte ebenfalls den Boxeraufstand und dessen Niederschlagung, um weiter im chinesischen Einflussbereich zu expandieren. Russische Truppen hatten die Mandschurei im Zuge der internationalen Expedition gegen die Boxer besetzt und waren schlussendlich nicht gewillt, die im Vertrag von Peking (8. April 1902) vereinbarten drei Abzugsphasen der russischen Armee aus dem mandschurischen Gebiet voll umzusetzen. Vorgesehen war der Abzug innerhalb der dem Vertragsschluss folgenden 18 Monate, allerdings wurde nur die erste Phase am 8. Oktober 1902 umgesetzt. Mukden wurde geräumt, jedoch im folgenden September erneut besetzt (Schimmelpenninck van der Oye 2005: 38). Das Zarenreich sah sich ebenfalls nicht verpflichtet, der internationalen Kritik eine Reaktion folgen zu lassen, besonders da man in St. Petersburg die Beziehungen zu China als exklusiv und bilateral betrachtete. Der Einspruch Japans sowie der USA (Goldfrank 2005: 91) gegen das russische Vorgehen wurden folglich zu leichtfertig abgetan.

Der Zar ging sogar noch einen Schritt weiter. Indem er Jewgeni Alekseev (1843–1917) am 12. August 1903 zum Vizekönig des Fernen Ostens ernannte, unterstrich er die russischen Expansionsambitionen in Ostasien erneut, und »thereby placed all authority for this empire's military and diplomatic policy on the Pacific in the hands of his leading hard-liner.« (Schimmelpenninck van der Oye 2005: 39) Während man also einerseits die Besetzung der Mandschurei nach außen als temporär darstellte, herrschte andererseits keine Einigkeit darüber, wie die Zukunft dieses Gebietes zu gestalten war. Alekseev befürwortete eine Annexion, während die moderaten Kräfte um Witte versuchten, eine außenpolitische Krise zu vermeiden (Ebd. 35–38). Die japanische Regierung fühlte sich von diesem Kurs verunsichert, versuchte aber mehrfach, mit dem Zarenreich in Verhandlung zu treten. Dabei wurde das Konzept des Man-Kan kôkan, also ein Austausch zwischen der Einflusssphären in der Mandschurei und Korea durch Japan und Russland, vorgeschlagen. Während das japanische Kaiserreich freie Hand auf der koreanischen Halbinsel erhalten sollte, würden die russischen Rechte in der Mandschurei unangetastet bleiben. Die Regierung des Zaren nahm die Japaner jedoch nicht ernst, so dass man nicht bereit war, auf irgendeinen Einfluss in der ostasiatischen Peripherie zu verzichten. Die Bedrohung Koreas, welches für das japanische Sicherheitsbewusstsein als strategisch besonders wichtig erschien, führte also zu der Entscheidung, Russland den Krieg zu erklären.

Am 6. Februar 1904 wurden die diplomatischen Beziehungen abgebrochen und die japanischen Botschafter aus St. Petersburg abgezogen, allerdings unterschätzten die russischen Militärs um Alekseev ebenso wie die russische Führung die Kriegsbereitschaft des Inselstaates (Ebd. 24). Generell schien sich dieses Überlegenheitsgefühl innerhalb Russlands viel zu lange zu halten, da die Militärs selbst während des Krieges denselben nicht ernst zu nehmen schienen. Die Tägliche Rundschau vom 23. August 1904 kommentierte das scheinbar fassungslos: »Man schüttelt namentlich in militärischen Kreisen den Kopf darüber, daß […] die rußischen Großfürsten in Petersburg oder in den Bädern weilen.« (*Tägliche Rundschau*, Nr. 393, 23.8.1904, BArch R 8034-II/8170) Es schien deshalb tatsächlich nur Russland zu verwundern, dass sich die Japaner zum Krieg entschlossen hatten. Am 6. Februar 1904 verließ Togo mit zwei Flotten den Hafen von Sasebo (Kyûshû), um mit einer in Richtung Chemulpo (Inchon) und einer in Richtung Port Arthur aufzubrechen (Schimmelpenninck van der Oye 2005: 25–26).

In der Nacht vom 8. auf den 9. Februar eröffnete der Angriff auf die russische Flotte in diesem Hafen den Russisch-Japanischen Krieg, der sich zu einem Debakel für das Zarenreich entwickeln sollte. Innerhalb nur eines Jahres verwandelten sich die»Russian dreams of an Asian destiny […] into a nightmare of military defeat and revolution« (Ebd. 26).

Der Krieg war von Beginn an ein asymmetrischer, denn weder ließ sich ein Seekrieg, welcher den theoretischen Modellen von Alfred Thayer Mahan (1840–1914) gefolgt wäre, noch ein Kontinentalkrieg im Sinne Helmuth von Moltkes (1800–1891) führen, da in einem für Russland eher peripheren Umfeld gekämpft werden musste (Steinberg 2005: 105–106). Deshalb war es zunächst die »langsame[ ] russische[ ] Mobilmachung« (*Berliner Lokal-Anzeiger*, Nr.400, 26.8.1904, BArch R 8034-II/8170), die den eigentlichen Beginn der Kampfhandlungen verzögerte. Admiral Tôgô Heihachirô (1848–1934) konnte die russische Flotte in Port Arthur zwar weder ausschalten, noch einschließen, der Verlust von Vizeadmiral Stepan Makarov (1849–1904), dessen Schiff schon beim ersten Gefecht mit der japanischen Marine von einer Mine versenkt wurde, traf die russische Moral besonders hart und die Flotte blieb beinahe aktionslos im Hafen von Port Arthur, so dass die Japaner mit den Landungen ihrer Truppen in Korea beginnen konnten (Steinberg 2005: 108–109). In der Mandschurei verfolgte General Kuropatkin, der Oberbefehlshaber der russischen Truppen, eine Defensivstrategie, die vorsah, keine Offensive durchzuführen, bis die Verstärkungen aus dem europäischen Teil des Reiches eingetroffen waren, während Alekseev den Schutz von Port Arthur, das als Prestigeobjekt der russischen Stellung in Ostasien galt, forderte.

Am 1. Mai 1904 trafen die beiden Armeen erstmals am Yalu aufeinander, wo sich 42.000 japanische und 19.000 russische Soldaten gegenüberstanden (Ebd. 111). Den Truppen des japanischen Kaiserreiches gelang es, den Fluss zu überqueren und die Russen in die Flucht zu schlagen. Symbolisch bedeutete das eine schockierende Niederlage für das Zarenreich, dessen Truppen sich gegen eine nicht-europäische Macht geschlagen geben mussten. Der japanische Sieg löste weltweite Beifallsstürme aus und stimulierte einen Nationalismus in verschiedenen Kolonien – beispielsweise Indien –, in denen der Sieg einer nicht-europäischen Macht frenetisch gefeiert wurde. Die Ereignisse unterstrichen ebenfalls, dass die japanische Armee wesentlich besser auf die Auseinandersetzung vorbereitet gewesen war, da der Stab über umfangreiches Kartenmaterial des Kriegsschauplatzes verfügte (Ebd. 112). Während General Oku Yasukata (1847–1930) nach der Einnahme Dal'nii's auf der Liaodong Halbinsel den Großteil der Armee weiter nach Norden gegen die russischen Verbände Kuropatkins in den Kampf führte, wurde General Nogi Maresuke (1849–1912) beauftragt, Port Arthur einzunehmen, da die Versuche Tôgôs, die Hafeneinfahrt zu blockieren gescheitert waren und die Regierung in St. Petersburg die Entsendung einer zweiten Pazifischen Flotte beschlossen hatte (Ebd. 112–115). Derweil zog sich Kuropatkin stetig zurück und beschloss erst spät, mit seinen Truppen in die Offensive zu gehen (»Vom Kriegsschauplatz in Ostasien,« *Berliner Lokal-Anzeiger*, Nr.468, 5.10.1904, BArch R 8034-II/8170), wobei mit dem zunehmenden Erfolg der Japaner auf dem Schlachtfeld die Sympathie für das Inselreich, gerade von Seiten der deutschen Presse, zu schwinden schien (»Der Japanismus im Schwinden,« *Hamburger Nachrichten*, Nr.710, 8.10.1904, BArch R 8034-II/8170):

> Um den Krieg herbeizuführen, sah sich Japan genötigt, eine ganze Reiher widerrechtlicher Handlungen auszuführen: die Schuld am Entstehen des Krieges trägt es allein, und gerade wegen der Art dieser Handlungsweise darf Rußland die Waffen so lange nicht niederlegen, bis Japan sein nach unseren Anschauungen frevelhaftes Handeln gebüßt hat; deshalb kann und wird auch Rußland keine fremde Einmischung dulden. (»Der japanisch-russische Krieg«, *Münchner Neueste Nachrichten*, 23.10.1904, BArch R 8034-II/8170)

Ungeachtet des schwindenden Beifalls musste die japanische Armee allerdings Port Arthur, dieses »Bollwerk Rußlands in Ostasien« (Peters 1944b: 350) einnehmen. Die Kampfhandlungen, bei denen mehr als 64.000 Mann Verlust in Nogis Reihen zu verzeichnen waren, offenbarten erstmals die schreckliche Wahrheit der modernen Kriegsführung im Zeitalter des zunehmend industrialisierten Tötens. In Massenangriffen menschlicher Kugeln (*nikudan kôgeki*) (Matsukata 2005: 179) starben viele Soldaten, deren Tod von nationalistischen Kreisen jedoch als Überlegenheit des japanischen Willens gedeutet wurde und im Folge des Krieges zu einer verstärkten Bushidô-Rezption im Westen führen sollte. Dabei war offensichtlich, dass »the costly expenditure of human bullets in this war reflected incompetence more than ruthless brilliance.« (Ebd. 180) In den Angriffswellen im August, Oktober und November 1904 konnte die Festung nicht erstürmt werden und die Leichenberge wuchsen Tag für Tag (Ebd. 180–188). Die Bindung der Artillerie an diesen Angriff im Süden machte zudem die Aktionen der restlichen Armee im Norden wesentlich verlustreicher. Nogi, ein General alter Schule, schien von der Situation sichtlich überfordert zu sein und blieb zu lange in den Strategien vergangener Jahrzehnte verhaftet. Erst die Entsendung Kodama Gentarôs (1852–1906), der Nogi assistieren sollte, brachte eine Veränderung der Lage. Letzterer erkannte den Wert des sogenannten 203 Meter Hügels, dessen Erstürmung letzten Endes die Möglichkeit schuf, die Stadt sowie die Flotte im Hafen Port Arthurs mit großkalibrigen Artilleriegeschützen zu beschießen und die Belagerung zu beenden

(»Erstürmung des 203-Meter-Hügels vor Port Arthur,« *Berliner Lokal-Anzeiger*, Nr. 564, 1.12.1904, BArch R 8034-II/8170). Am 2. Januar 1905 übergab Anatolij Stößel (1848–1915) schließlich die Stadt an die Japaner und beendete damit die »verzweifelte Lage« (»Die Lage Port Arthurs verzweifelt,« *Berliner Tageblatt*, Nr.431, 25.8.1904, BArch R 8034-II/8170) der Besatzer. Ungeachtet seiner mangelnden Führungsqualitäten wurde Nogi nach dem Krieg als Nationalheld stilisiert und zu einer Gallionsfigur des neubelebten Bayonettkultes.

Die restlichen japanischen Armeen (namentlich die 1., 2. und 4.) waren währenddessen nach Norden in Richtung Liaoyang vorgestoßen, wo sie Kuropatkin und seinen Truppen eine scheinbar »völlige Niederlage« beibrachten und das »Schicksal der russischen Mandschurei-Armee endgültig besiegelt[en]« (»Völlige Niederlage des Generals Kuropatkin,« *Berliner Lokal-Anzeiger*, Nr.415, 4.9.1904, BArch R 8034-II/8170). Nach dem Fall Port Arthurs stieß auch die 3. Armee von Süden zu den Truppen und General Oyama wurde zum Oberbefehlshaber der Gesamtstreitkräfte ernannt (Steinberg 2005: 118). In der Schlacht von Liyaoyang hatten sich die Russen nicht nur erneut zurückgezogen, weil Kuropatkin die Stärke des Feindes überschätzt und damit die Chance auf einen Sieg vergeben hatte, auch in Sha-ho konnte man dem Gegner nichts entgegensetzen und das obwohl Kuropatkin zuvor Nachschub und Verstärkungen in großer Zahl erhalten hatte. In Mukden bezogen die russischen Armeen erneut eine Defensivstellung, um die erschöpften japanischen Streitkräfte zu erwarten (Steinberg 2005: 120). Die *Bayerische Rundschau* kommentierte die erneut abwartende Haltung der Russen sarkastisch: »[w]enn Rußland [ ]auf [einfinanzielles Ende der japanischen Kräfte] […] baut und seinen Gegner zu ermüden hofft, so täuscht es sich ganz gewiß darin, wie es [das] in so manchem anderen Punkte bei der Einschätzung der Japaner getan hat.« (»Der japanische Bauer und der Krieg,« *Bayrische Rundschau*, Nr.208, 6.9.1904, BArch R 8034-II/8170) Ganz im Gegenteil, besonders in Russland selbst ließen die stetigen Niederlagen den Unmut und den Zulauf zu revolutionären Bewegungen wachsen.

Doch selbst wenn die russische Regierung zunehmend in Bedrängnis geriet, so waren es vor allem die Japaner, die einen Sieg benötigten, um den verlustreichen und kräftezehrenden Krieg gegen den schier unerschöpflichen Nachschub des Zarenreiches zu beenden. Man benötigte einen alles entscheidenden Sieg, wie ihn die deutschen Armeen im Krieg gegen Frankreich bei Sedan erfochten hatten. In Mukden hoffte der Generalstab, genau das zu erreichen. Aus der deutschen Perspektive war Kuropatkins vorherige Offensive bei Sha-ho jedoch ebenfalls ein Desaster, da »der Zeitpunkt für den Beginn der letzten russischen Offensive wiederum, wie noch jedesmal in diesem Kriege schlecht gewählt« (*Berliner Tageblatt*, 4.2.1905, BArch R 8034-II/8170) war, so dass die Japaner oft nur ob der russischen Unfähigkeit in der Auseinandersetzung zu siegen schienen. Schließlich konnte die »größte Schlacht der Weltgeschichte« (»Die größte Schlacht der Weltgeschichte,« *Vossische Zeitung*, 11.3.1905, BArch R 8034-II/8170), die Schlacht von Mukden, die alle Modernitäten der Kriegsführung des 20. Jahrhunderts zur Schau stellte, nichts an der verfahrenen Situation ändern (Steinberg 2005: 125–126). Zwar hatten die japanischen Soldaten den Gegner erneut in die Flucht geschlagen, doch konnten sie den Krieg konnten abermals nicht endgültig entscheiden.[3]

So hatte die japanische Armee den Feind erneut besiegt, dieser konnte sich jedoch zurückziehen und erneut eine Defensivstellung einnehmen. Die Armee des Inselreiches war mittlerweile über das Maß hinaus belastet worden und die Führung sowie die Regierung mussten erkennen, dass es unmöglich war, den kräftezehrenden und ebenso finanziell belastenden Konflikt fortzusetzen. Auf dem Land endete der Krieg also mit einer Pattsituation, da die russische Regierung ebenfalls unter internen Problemen litt und die Rekrutierungen nur unter der Gefahr einer Revolution weitertreiben konnte. Die letzte Hoffnung beruhte auf der Zweiten Pazifikflotte. Entgegen einer russischen Meldung, dass die Reise des Geschwaders zum ostasiatischen Schauplatz schnell von statten gehen würde (»Die Ausfahrt der baltischen Flotte,« *Vorwärts*, Nr.215, 13.9.1904, BArch R 8034-II/8170), wurde die Fahrt von allerlei widrigen Umständen, so unter anderem das Verbot, länger als 24 Studen in englischen, amerikanischen und italienischen Häfen zu ankern, erschwert (»Der Seekrieg und die Neutralen,« *Deutsche Tageszeitung*, Nr. 392, 22.8.1904, BArch R 8034-II/8170). Als die Flotte schließlich in den ostasiatischen Gewässern angelangte, boten die mit Kohle belade-

3 Zur Niederlage bei Mukden berichteten die Deutsche Tageszeitung am 10. März 1905, der Berliner Lokal Anzeiger am 10. März 1905 sowie der Berliner Lokal Anzeiger am 11. März 1905 und sprachen dabei unter anderem von einer »Verzweifelte[n] Stimmung in Petersburg«, da sich »[d]ie Armee Kuropatkins auf der Flucht« befinde, BArch R 8034-II/8170.

nen und deshalb langsamen Schlachtschiffe ein optimales Ziel für Tôgôs Flotte, welche während der langen Reise des Gegners überholt worden war und sich bestens auf das anstehende Gefecht vorbereiten konnte. In der Schlacht von Tsushima wurden die russischen Schiffe, die versuchten durchzubrechen und sich nach Vladivostok zu retten, dann weitestgehend zerstört und der Seesieg Japans unterstrich das Ende der zaristischen Ambitionen in Ostasien und ließ den Ruf, der sowieso schon als nicht ausreichend vorbereitet betrachteten russischen Flotte[4], weiter sinken, während der Sieg vom 27./28. Mai Tôgôs Ruhm als »Nelson Ostasiens« begründete.

Trotz der überwältigenden Siege, welche die Japaner im Laufe des Krieges errungen hatten, waren sie schlussendlich nicht in der Lage, die militärischen Erfolge auch in diplomatische umzuwandeln. Es war schon zu Beginn des Krieges ersichtlich, dass das Zarenreich etwa 5–7 Monate benötigte, um die volle militärische Stärke in der Mandschurei zu erreichen (Menning 2005: 145), als diese erreicht war, konnten die Japaner den ohnehin schon überdehnten Landkrieg weder fortführen, noch durch den Seesieg bei Tsushima entscheidend beeinflussen. Schon früh bemerkte deshalb unter anderem die deutsche Presse, dass es vermutlich schiwerig werden würde, Maximalforderungen im Falle von Friedensverhandlungen mit dem Zarenreich durchzusetzen:

> Armes Japan! Es hat den Bären noch nicht erlegt, aber es teilt schon seine Haut. Die Freunde Japans würden ihm einen großen Dienst erweisen, wenn sie dieses rauflustige und kriegerische, aber vielversprechende Volk aus den Wolken des Siegestaumels auf die kalte und nüchterne Erde stellen würden. Es muß sich klar werden über die wirkliche politische Sachlage und über die Machtverhältnisse zu seinem Feinde. (»Aussichtslose Bemühungen,« *Deutsche Tageszeitung*, Nr.415, 4.9.1904, BArch R 8034-II/8170)

Als im August 1905 die Verhandlungen in Portsmouth (USA) begannen, war offensichtlich, dass die Japaner nicht ausreichend Druck aufbauen konnten, um ihre Forderungen nach Reparationen und territorialem Gewinn umsetzen zu können. Selbst wenn »Theodore Roosevelt was perfectly willing to serve as the arm-twisting apostle of compromise« (Menning 2005: 155), so wollte er doch gleichzeitig den Großmachtsta-

4 Für eine Betrachtung der Entwicklungsgeschichte der russischen Flotte bis zum Russisch-Japanischen Krieg und deren Aktionen während des Kriegsverlaufes, siehe: Lieven 2005: 203–227; Luntinen 2005: 229–259; Papastratagakis 2011.

tus der Russen in Ostasien erhalten, um eine gewisse Balance zwischen den beiden Mächten zu wahren, damit die amerikanischen Interessen nicht gefährdet würden. Das erkannte auch Carl Peters (1856–1918), der die Verhandlungen kommentierte:

> Ich bezweifle gar nicht, daß Roosevelt ein guter und anständiger Mann ist, aber in seinen Bemühungen um den Frieden im Fernen Osten handelte er nicht als Privatmann, sondern als Präsident der Vereinigten Staaten und als Vertreter der nordamerikanischen Interessen (Peters 1944a: 367).

Besonders die japanische Öffentlichkeit erwartete nach den hohen Verlustzahlen des Krieges die Erfüllung der Maximalforderungen, die am grünen Tisch jedoch schlichtweg nicht zu erreichen waren. Folglich mussten die Japaner die Verhandlungen abschließen und verließen die diplomatische Bühne »believing themselves victims of a Western power play« (Steinberg 2005: 128). Ungeachtet des scheinbar ruhmlosen Endes des Krieges waren die Konsequenzen des Russisch-Japanischen Konfliktes durchaus weitreichend.

Während »der Zar wiederholt [...] seinen Entschluß betont[e], den Kampf gegen Japan, unbekümmert um all die Fehlschläge und Opfer und um die Dauer des Krieges, bis zu eine für Rußland günstigen durchzuführen« (»Rußlands Entschluss zur Durchführung des Krieges,« *Berliner Lokal-Anzeiger*, Nr.430, 13.9.1904, BArch R 8034-II/8170), hatten die Links-Liberalen die stetigen Niederlagen als Waffe im Kampf gegen die Autokratie genutzt, die sie der Fortsetzung eines unnötigen Konfliktes an der Peripherie des Reiches beschuldigte (Bushnell 2005: 334). Die Revolution von 1905 war folglich eng mit dem Krieg per se verbunden und nur der Erlass des sogenannten Oktobermanifestes konnte die revolutionären Kräfte vorerst besänftigen. Zudem bedurfte es einer wirklich vorhandenen Drohgebärde, so dass es sich das Regime nicht leisten konnte, weitere Soldaten nach Ostasien zu entsenden, die benötigt wurden, um eine eventuelle Revolution im europäischen Reichsteil niederzuschlagen (Bushnell 2005: 334). Darüber hinaus war es bei den letzten Phasen der russischen Mobilmachung allein zwischen September und Dezember 1904 zu 123 Zwischenfällen gekommen, bei denen die Bevölkerung gewaltsam auf die Rekrutierungen – u.a. mit Pogromen gegen die jüdischen Bevölkerungsteile – reagierten (Ebd. 335–340). Als während des Petersburger Blutsonntags (Gapon 1906: 174–185) russische Soldaten auf die Zivilbevölkerung schossen, obwohl diese friedlich und prozessionsartig (Ebd. 178) zum Zarenpalast zogen, um ihren Unmut kundzutun, war auch die letzte Zarentreue, die durch dessen Porträt in den Händen der Prozessierenden symbolisiert wurden (Ebd.), dahin. Doch nicht nur intern bröckelte das stolze Bild der russischen Monarchie.

Dem Deutschen Kaiserreich konnte die Verwicklung des Zarenreiches in den ostasiatischen Gefilden nur recht sein, denn

> [d]urch die Ablenkung der russischen Militärmacht gegen den Fernen Osten wird die Defensivstellung des Deutschen Reiches und auch Österreich-Ungarns naturgemäß verstärkt. Wenn Rußland seine Westgrenzen von Truppen entblößen muss, um in Ostasien gegen Japan aufzumarschieren, gewinnen die zentraleuropäischen Großmächte sicherlich Ellbogenraum und Bewegungsfreiheit. (Peters 1944c: 340)

Carl Peters erkannte aber außerdem, dass die Zukunft des Reiches von dem Ende des Konfliktes beeinflusst werden musste:

> Viel wird vom Ausgang des Krieges abhängen. Wenn Rußland siegen sollte, würde die Entente mit England sicherlich erschwert sein. Aber wenn es doch gezwungen würde, sich aus seiner militärisch unhaltbaren Situation durch einen ehrenvollen Rückzug zu befreien, dann wäre es Großbritannien, und Großbritannien allein, welches ihm diesen ermöglichen oder verlegen könnte. Das wäre der psychologische Moment, in welchem diese beiden Weltmächte ihre Interessensphären abgrenzen könnten, um von da an geschlossen aufzutreten. Damit aber wäre das Deutsche Reich isoliert (Ebd. 342).

Ungeachtet der diplomatischen Konsequenzen verlor Russland seine Stellung als unangefochtene europäische Militärmacht, wenn sogar der kleine Inselstaat in Asien dazu in der Lage war, die unaufhaltsame »Militärwalze« zu stoppen und an den Verhandlungstisch zu zwingen. Der Russisch-Japanische Krieg offenbarte viele Missstände innerhalb der russischen Armee, in der »poor rations and munitions supply and a command expectation of reinforcements […] explained the inactivity that had such a debilitating effect on morale« (Airapetov 2005: 163). Besonders der Ausbildungsstand der Reservisten wurde bemängelt und die schlecht ausgebildeten heterogenen Truppenteile waren nur schwer in der Lage, die duchorganisierte Militärmaschinerie der Japaner in Verlegenheit zu bringen (Ebd. 164–165). Hinzu kam noch der schlechte Bildungsstand des russischen Offizierskorps, eine Tatsache, die die Überlegenheit der Japaner in vielerlei Hinsicht erleichterte. Der *Hamburger*

Courier spottete recht offen über den kontinentalen Konkurenten: »und das soll ein Soldat sein!« (»Das Aussehen des russischen Soldaten,« *Hamburger Courier*, Nr.500, 4.11.1904, BArch R 8034-II/8170) Kritisiert wurde nicht nur die schlechte Ausbildung (»Die Zustände in der russischen Armee,« *Vossische Zeitung*, Nr.248, 27.5.1905, BArch R 8034-II/8170), die für etliche Niederlagen verantwortlich gemacht wurde (»Die Niederlage der Russen«, *Frankfurter Zeitung*, 6.5.1904, BArch R 8034-II/8169), sondern auch die Versorgung der Truppen mit verdorbenen Lebensmitteln (»Russische Konserven,« *Schlesische Zeitung*, Nr.813, 18.11.1904, BArch R 8034-II/8170). Der Sieg der Japaner führte zur erneuten Betonung einer gelben Gefahr, die selbst dazu in der Lage war, das nun schwache Russland in die Knie zu zwingen. »[H]ier [wurde] zum ersten Mal ein mit aller modernen Technik bewaffnetes Heer der abendländischen Rasse von den Truppen eines gelben Volkes in regulärer Schlacht geschlagen« wobei die *Deutsche Tageszeitung* betonte, dass »die Russen keine reinen, sondern mongolisch gemischte Arier« und »Rußland das eigentliche Halbasien Europas« sei (»Die gelbe Gefahr,« *Deutsche Tageszeitung*, Nr.115, 18.5.1904, BArch R 8034-II/8169). Das Berliner Blatt zeichnete den möglichen Gegner eines zukünftigen Krieges noch unterenwickelter, da sich die russischen Offiziere im Krieg nicht selten lediglich auf glückliche Zufälle zu verlassen schienen. (»Russische Zustände,« *Berliner Blatt*, 25.5.1904, BArch R 8034-II/8169) Es ist offensichtlich, dass Russland als Folge der Auseinandersetzung mit Japan und deren Ausgang erheblich an Bedrohungspotential einbüßte, möglicherweise sogar Deutschlands Entscheidung 1914, einen Waffengang mit dem Zarenreich zu wagen, beeinflusste.[5]

Das Zarenreich hatte allerdings nicht nur seine Drohfassade eingebüßt, sondern hatte schon vor und während der Auseinandersetzung mit dem kleinen Inselreich Sympathien verloren. Diese lag zunehmend auf Seiten der Japaner, die den Kampf gegen die Russen als den einer zivilisierten Nation gegen ein barbarisches Reich stilisierten. Diesen Tenor übernahmen die Tageszeitungen in England und den Vereinigten Staaten ebenfalls und beschrieben den peripheren Konflikt als einen Krieg zwischen Konstitutionalismus (Japan) und Absolutismus (Russland) um die Herrschaft in Ostasien (Shimazu 2005: 367–369). Ungeachtet der medialen Aufwertung erreicht das japanische Kaiserreich

5 Der Autor arbeitet momentan an einer detaillierten Darstellung dieser Zusammenhänge.

aber keine der gesetzten Entschädigungsziele, was nach dem Ende der Kampfhandlungen für eine durchaus spürbare Frustration sorgte, als die Bevölkerung Tôkyôs gewaltsam demonstrierte und die Polizeistationen der Stadt zerstörte. Die erneute Ablehnung der japanischen Entschädigungsforderungen, die bereits 1895 durch die Intervention Russlands vereitelt worden waren, machte nun wieder eine Westmacht, die USA, zunichte, weshalb sich die diplomatischen Beziehungen zunächst verschlechterten.

Sieht man einmal von der Enttäuschung der japanischen Bevölkerung ab, wurde der Krieg in Asien, wie in anderen Kolonien des Britischen Empire, jedoch sehr positiv rezipiert. In Ägypten und Indien wurde stetig über den fernen Kriegsschauplatz berichtet und die japanischen Siege wurden als eigene Erfolge frenetisch gefeiert (Marks 2005: 609–612). Intellektuelle und Schriftsteller forderten deshalb einen stärkeren Japanismus, der in eine Moderne führen würde, in der sich die unterdrückten Massen von der kolonialen Herrschaft befreien konnten (Ebd. 618). Ähnlich wurde der Russisch-Japanische Krieg von anderen Ländern Südostasiens interpretiert, gerade wenn dort, wie beispielsweise in Thailand (Rodell 2005: 630–632), bereits ein Reformkurs eingeschlagen worden war oder, wie in Vietnam (Ebd. 643–652), sich schon eine Unabhängigkeitsbewegung formiert hatte. Die spätere Gallionsfigur der Chinesischen Revolution, Sun Yat-sen (1866–1925), fasste den kometenhaften Aufstieg Japans treffend zusammen:

> When Japan began her reforms, she was a very weak country [...]. And yet now Japan is one of the strongest Powers in the world. Her people have given up their old prejudices, they have learned the lessons of the West, reformed their administration, created an army and fleet, organized their finances, and has done all this in the space of fifty years. [...] Consequently, if we base ourselves on these standards and relationships China can become a very powerful State (Sun 1953: 65).

Grundsätzlich kann also zusammengefasst werden, dass die Bedeutung des Russisch-Japanischen Krieges, ähnlich der des Burenkrieges, oft nicht beachtet wurde. Die Veränderungen der Kriegsführung, die bereits auf dem südafrikanischen Schauplatz sichtbar wurden, zeigten sich noch deutlicher in Ostasien, wo die Kavallerie als Teil der militärstrategischen Planungen schließlich kaum noch eine Rolle spielte.

Pferde im Russisch-Japanischen Krieg

Der Russisch-Japanische Krieg wurde eine Dekade vor dem Ausbruch des Ersten Weltkrieges, dieser »Urkatastrophe« des 20. Jahrhunderts bereits von technischen Neuerungen bestimmt und gab einen erschreckenden Ausblick auf die Kriege der Zukunft. (Steinberg 2005: 105) Diese gestalteten einen anderen Frontalltag, der gerade bei der Belagerung Port Arthurs erisichtlich wurde und der viele Soldaten traumatisierte. Der Zerstörungsgrad war ob der technischen Innovationen seit den dem Ende der klassischen Kabinettskriege immens angestigen und verfielfachte das physische Leiden, selbst wenn die *Norddeutsche Allgemeine Zeitung* vom 28. August 1904 positiv über die waffentechnischen Neuerungen, besonders die Einführung eines 6,5mm Meiji-Gewehres durch die japanische Heeresleitung, berichtete: »Die Wunden selbst angehend, so erwiesen sich diese im allgemeinen als sehr gutartiger Natur, ein sichtbarer Beweis für die Menschlichkeit dieses sonst so furchtbaren Geschosses.« (*Norddeutsche Allgemeine Zeitung*, Nr.202, 28.8.1904, BArch R 8034-II/8170) Die »manchmal geradezu erstaunlich schnelle Heilung der Wunden [wurde] als ein großer Fortschritt in der Richtung der Humanität anzusehen.« (Ebd.) Die Berichterstattung eines Offiziers und Kriegsberichterstatters im *Kleinen Journal* sprach dagegen offen vom »Elend der Offiziere«: »jetzt wird doch kein Krieg geführt, das ist doch ein regelrechtes Abschlachten.« (»Das Elend der russischen Offiziere,« *Kleines Journal*, Nr.336, 3.12.1904, BArch R 8034-II/8170) Ähnliches berichtet Sakurai Tadayoshi, der die Schrecken der neuen Art des Krieges sehr bildhaft und detailliert beschreibt:

> The sublimity of battle can only be seen in the midst of showers of bullet and shell, but the dismal horror of it can best be observed when the actual struggle is over. The shadow of impartial Death visits friend and foe alike. When the shocking massacre is over, countless corpses covered with blood lie long and flat in the grass and between stones. What a deep philosophy their cold faces tell! When we saw the dead at Nanshan, we could not help covering our eyes in horror and disgust. But the scene here, though equally shocking, did not make us shudder half so much. Some were crushed in head and face, their brains mixing with dust and earth. The intestines of others were torn out and blood was trickling from them. The sight of these things, however, did not horrify us very much (Sakurai 1907: 149).

Es war besonders das Maschinengewehr, dass die klassische Kriegsführung veränderte, so dass Sturmangriffe oder Kavallerieattacken schlichtweg nutzlos erschienen:

> we captured some machine-guns; this was the firearm most dreaded by us. A large iron plate serves the purpose of a shield, through which aim is taken, and the trigger can be pulled while the gun is moving upward, downward, to the left, or to the right. More than six hundred bullets are pushed out automatically in one minute, as if a long, continuous rod of balls was being thrown out of the gun. It can also be made to sprinkle its shot as roads are watered with a hose. It can cover a larger or smaller space, or fire to a greater or less distance as the gunner wills (Ebd. 152).

Nicht nur den Soldaten, sondern auch den Beobachtern wurde schnell klar, dass die berittenen Einheiten der russischen Armee, die Kosacken, die lange Zeit einen gefürchteten Part russischer Offensivattacken übernommen hatten aufgrund des Geländes und der neuen Waffen nutzlos waren (»Das japanische Pferd, der Besieger Rußlands,« *Rheinische Volkszeitung*, Nr.200, 30.8.1904, BArch R 8034-II/8170). Die *Rheinische Volkszeitung* erklärte zwar das japanische Pferd zum »Besiger Russlands« (Ebd.), allerdings musste gleichzeitig relativiert werden, dass das die Reittiere vor allem für den Nachschub wichtig waren und deshalb auf japanischer Seite entscheidend am Funktionieren der Militärmaschinerie beteiligt gewesen waren. Der Autor geht sogar davon aus, dass Japan nun den Wert der Pferde erkannt hätte und in Zukunft auch zur Aufstellung von Kavallerieeinheiten Pferdezucht auf den japanischen Inseln betreiben werde.

Andere Presseerzeugnisse sahen diese Verbindung nicht und die *Berliner Börsen Zeitung* konstatierte nüchtern: »Ueber die Cavallerie ist wenig zu sagen.« (*Berliner Börsen Zeitung*, Nr.123, 14.3.1905, BArch R 8034-II/8170) Entscheidend waren vielmehr die Befestigungsanlagen sowie die Ausstattung mit moderner Artillerie. Schon bei der Schlacht am Yalu war offensichtlich geworden, dass der Russisch-Japanische Krieg nicht durch Kavallerieschlachten entschieden werden würde. Feuerkraft war von Bedeutung, ebenso wie Zielgenauigkeit und die entsprechende Ausbildung der Soldaten. Nachdem die japanischen Soldaten den Feind in die Flucht geschlagen hatten, oblag es lediglich der Kavallerie, den Feind zu verfolgen (Hume 1908: 16–17). Zuvor waren diese Einheiten Teil der Reserve gewesen, was deren Bedeutung für die militärstrategischen Planungen erneut unterstrich. Alles in allem blieben die berittenen Einheiten während des Krieges in der Mandschurei also bedeutungslos, auch wenn der Krieg ob der Weite des Raumes noch von Bewegung gekennzeichnet war. In den beginnenden Belagerungs- und Materialschlachten spielte das equine Element keine Rolle mehr. Im Gegensatz zum Burenkrieg war hier also noch offensichtlicher, dass die Zukunft des Pferdes in der Logistik des Heeres und weniger in den ruhmreichen Schlachten liegen würde. Die Breitenwirkung dieser Erkenntnis blieb allerdings aus. Der Russisch-Japanische Krieg schien damals, wie heute, zu wenig Interesse zu erwecken, und das obwohl er zu den wichtigen Vorbedingungen des Ersten Weltkrieges zu zählen ist. Die Deutsche Zeitung vom 4. November 1914 erkannte die Bedeutung der Lehren, die man aus dem Krieg ziehen und in der Zukunft beachten musste: »Mehr als je müssen und die Vorgänge im Russisch-Japanischen Krieg interessieren, nachdem uns beide Staaten der Federhandschuh hingeworfen haben.« (*Deutsche Zeitung*, Nr.561, 4. November 1914, BArch R8034-II/8171)

Schluss

Der Friede von Portsmouth beendete schließlich die Auseinandersetzung um die Vormachtstellung in Ostasien und damit verbunden die ambitionierte Expansionspolitik Nikolaus II. (McDonald 2005: 545) Er beendete jedoch nicht nur den Streit des japanischen Kaiserreiches und des Zarenreiches um den Einfluss in einer peripheren Region des Weltgeschehens, er setzte ebenfalls einem Konflikt ein Ende, der eine düstere Vision der Zukunft des Krieges aufgezeigt hatte. Leider wurden die Lehren dieses Krieges sowie des Burenkrieges zuvor nicht erkannt und umgesetzt. 1914 sollten sich Fehler, die bereits im Zuge dieser Ereignisse zu unnötigen Verlusten geführt hatten, wiederholen.

Während das Pferd im Burenkrieg allerdings noch als kriegsentscheidender Faktor, wenn auch nicht in Form einer Kavallerie im klassischen Sinne, zu sehen ist, spielten die equinen Teile des Heeres im Russisch-Japanischen Krieg keine Rolle mehr. Sie dienten lediglich dazu, das Logistik- und Transportwesen aufrecht zu erhalten. Dass jedoch wesentlich länger an den Idealen der Kavallerie festgehalten wurde, hängt zum einen mit der Konstruktion von romantischen Stereotypen, etwa des reitenden australischen Soldaten zusammen und zum anderen mit der

Tatsache, dass Pferde auf von Mobilität geprägten Schauplätzen des Ersten Weltkrieges, z.B. im Mittleren Osten (Kitchen 2014) ihre Bedeutung behielten, ab.

Die Entwicklung in den Jahren vom Burenkrieg hin zum Russisch-Japanischen Krieg belegt aber, dass sich bereits Diskussionen um den Einsatz von Pferden im Krieg abspielten, die schließlich dazu führten, dass aus einem entscheidenden strategischen Faktor des ausgehenden 19. Jahrhunderts ein antiquiertes Relikts heroisierter Kriegsführung im 20. Jahrhundert wurde.

Quellen

»Aussichtslose Bemühungen,« *Deutsche Tageszeitung*, Nr.415, 4.9.1904, BArch R 8034-II/8170.

Berliner Börsen Zeitung, Nr.123, 14.3.1905, BArch R 8034-II/8170.

Berliner Lokal-Anzeiger, Nr.400, 26.8.1904, BArch R 8034-II/8170.

Berliner Lokal-Anzeiger, 10.3.1905, BArch R 8034-II/8170.

Berliner Tageblatt, 4.2.1905, BArch R 8034-II/8170.

»Buren- und japanische Taktik,« *Der Tag*, Nr.445, 22.9.1904, BArch R 8034-II/8170.

»Das Aussehen des russischen Soldaten,« *Hamburger Courier*, Nr.500, 4.11.1904, BArch R 8034-II/8170.

»Das Elend der russischen Offiziere,« *Kleines Journal*, Nr.336, 3.12.1904, BArch R 8034-II/8170.

»Das japanische Pferd, der Besieger Rußlands,« *Rheinische Volkszeitung*, Nr.200, 30.8.1904, BArch R 8034-II/8170.

»Der japanische Bauer und der Krieg,« *Bayrische Rundschau*, Nr.208, 6.9.1904, BArch R 8034-II/8170.

»Der japanisch-russische Krieg«, *Münchner Neueste Nachrichten*, 23.10.1904, BArch R 8034-II/8170.

»Der Japanismus im Schwinden,« *Hamburger Nachrichten*, Nr.710, 8.10.1904, BArch R 8034-II/8170.

»Der Krieg in Ostasien,« *Deutsche Tageszeitung*, Nr. 391, 20.8.1904, BArch R 8034-II/8170.

»Der Seekrieg und die Neutralen,« *Deutsche Tageszeitung*, Nr. 392, 22.8.1904, BArch R 8034-II/8170.

Deutsche Tageszeitung, 10.3.1905, BArch R 8034-II/8170.

Deutsche Zeitung, Nr.561, 4. November 1914, BArch R8034-II/8171.

»Die Ausfahrt der baltischen Flotte,« *Vorwärts*, Nr.215, 13.9.1904, BArch R 8034-II/8170.
»Die gelbe Gefahr,« *Deutsche Tageszeitung*, Nr.115, 18.5.1904, BArch R 8034-II/8169.
»Die größte Schlacht der Weltgeschichte,« *Vossische Zeitung*, 11.3.1905, BArch R 8034-II/8170.
»Die Lage Port Arthurs verzweifelt,« *Berliner Tageblatt*, Nr.431, 25.8.1904, BArch R 8034-II/8170.
»Die Niederlage der Russen«, *Frankfurter Zeitung*, 6.5.1904, BArch R 8034-II/8169.
»Die Zustände in der russischen Armee,« *Vossische Zeitung*, Nr.248, 27.5.1905, BArch R 8034-II/8170.
»Erstürmung des 203-Meter-Hügels vor Port Arthur,« *Berliner Lokal-Anzeiger*, Nr. 564, 1.12.1904, BArch R 8034-II/8170.
Norddeutsche Allgemeine Zeitung, Nr.202, 28.8.1904, BArch R 8034-II/8170.
»Rußlands Entschluss zur Durchführung des Krieges,« *Berliner Lokal-Anzeiger*, Nr.430, 13.9.1904, BArch R 8034-II/8170.
»Russische Konserven,« *Schlesische Zeitung*, Nr.813, 18.11.1904, BArch R 8034-II/8170.
»Russische Zustände,« *Berliner Blatt*, 25.5.1904, BArch R 8034-II/8169.
Tägliche Rundschau, Nr. 393, 23.8.1904, BArch R 8034-II/8170.
»Völlige Niederlage des Generals Kuropatkin,« *Berliner Lokal-Anzeiger*, Nr.415, 4.9.1904, BArch R 8034-II/8170.
»Vom Kriegsschauplatz in Ostasien,« *Berliner Lokal-Anzeiger*, Nr.468, 5.10.1904, BArch R 8034-II/8170.

Literatur

Airapetov, Oleg R. (2005), The Russian Army's Fatal Flaws, in: Steinberg, John W. u.a. (Hg.): *The Russo-Japanese War in Global Perspective. World War Zero*, Bd. 1, History of Warfare Bd. 29, Leiden/Boston 2005, S.157–177.
Amery, Leo (Hg.) (1900–1909), *The Times History of the War in South Africa*, 7 Bde., London.
Auslin, Michael R. (2005), Japanese Strategy, Geopolitics and the Origins of the War, 1792–1895, in: Steinberg, John W. u.a. (Hg.), *The Russo-Japanese War in Global Perspective. World War Zero*, Bd. 1, History of Warfare Bd. 29, Leiden/Boston, S.3–21.
Bakkes, C. M. (1979), Die kommandostelsel met spesiale verwysing na die historiese ontwikkeling van sy rangstruktuur, in: Nel P. G. (Hg.): *Die Kultuurontplooiing van die Afrikaner,* Pretoria, 294–313.

Beckett, Ian F. W. (2000), The South African War and the Late Victorian Army, in: Peter Dennis, Jeffrey Grey (Hg.), *The Boer War. Army, Nation and Empire*, Canberra, S.31–44.

Bender, Steffen (2009), *Der Burenkrieg und die deutschsprachige Presse. Wahrnehmung und Deutung zwischen Bureneuphorie und Anglophobie 1899–1902*, Krieg in der Geschichte, Bd. 52, Paderborn et al.

Bou, Jean (2000), Modern Cavalry: Mounted Rifles, the Boer War, and the Doctrinal Debates, in: Peter Dennis, Jeffrey Grey (Hg.), *The Boer War. Army, Nation and Empire*, Canberra, S.99–114.

Burness, Peter/ Cornstalk, Tommy (2000), A Soldier's Impression of the War, in Peter Dennis, Jeffrey Grey (Hg.), *The Boer War. Army, Nation and Empire*, Canberra, S.151–161.

Bushnell, John (2005), The Specter of Mutinous Reserves: How the War Produced the October Manifesto, in: Steinberg, John W. u.a. (Hg.): *The Russo-Japanese War in Global Perspective. World War Zero*, Bd. 1, History of Warfare Bd. 29, Leiden/Boston, S.333–348.

Callwelll, Charles (1896), *Small Wars: Their Pricnciple and Practice*, London.

Childers, Erskine (1910), *War and the Arme Blanche*, London.

Coetzer, Owen (2000), *Fire in the Sky. The Destruction of the Orange Free State, 1899–1902*, Weltevreden.

Connolly, C. N. (1978), Manufacturing »Spontaneity«: The Australian Offers of Troops for the Boer War, in: *Historical Studies*, 18:71, S.106–117.

Gapon, George (1906), *The Story of My Life*, New York.

Goldfrank, David (2005), Crimea Redux? On the Origings of the War, in: Steinberg, John W. u.a. (Hg.): *The Russo-Japanese War in Global Perspective. World War Zero*, Bd. 1, History of Warfare Bd. 29, Leiden/Boston, S.87–101.

Hare, James E. (Hg.) (1905), *A Photographic Record of the Russo-Japanese War*, New York.

Havelock, Henry (1867), *Three Main Military Questions of the Day*, London.

Hickling, Frank (2000), Introduction, in: Peter Dennis, Jeffrey Grey (Hg.), *The Boer War. Army, Nation and Empire*, Canberra, viii-xi.

Hildebrand, Klaus (2005), »Eine neue Ära der Weltgeschichte«. Der historische Ort des Russisch-Japanischen Krieges 1904/05, in: Kreiner, Josef (Hg.): *Der Russisch-Japanische Krieg (1904/05)*, Göttingen, S.27–51.

Hobhouse, Emily (1901), *Report of a Visit to the Camps of Women and Children in the Cape and Orange River Colonies. To the Committee of the South African Distress Fund*, London.

Hobson, John A. (1902), *Imperialism. A Study*, London.

Hume, C. V., Lieut.-Colonel (1908), First Japanese Army. The Battle of the Ya-Lu; lecture given by a Japanese General Staff Officer, with remarks by Lieut.-General Sir Ian Hamilton, in: *The Russo-Japanese War. Reports from British Officers Attached to the Japanese and Russian Forces in the Field*, Bd. I, London 1908, S.15–22.

Jacob, Frank (2013), *Die Thule-Gesellschaft und die Kokuryûkai. Geheimgesellschaften im global-historischen Vergleich*, Würzburg.

Jacob, Frank (2014). *Japanism, Pan-Asianism, Terrorism. A Short History of the Amur Society 1901–1945*, Palo Alto.

Kipling, Ruyard (1949), A Sahib's War, in: Ruyard Kipling, *Traffics and Discoveries*, London, URL: http://www.gutenberg.org/cache/epub/9790/pg9790.html (Zuletzt aufgerufen am 23.10.2014).

Kitchen, James E. (2014), *The British Imperial Army in the Middle East. Morale and Military Identity in the Sinai and Palestine Campaigns, 1916–18*, London.

Kleinschmidt, Harald (2013), *Diskriminierung durch Vertrag und Krieg. Zwischenstaatliche Verträge und der Begriff des Kolonialkriegs im 19. und frühen 20. Jahrhunderts*, München.

Kreiner, Josef (2005), Der Ort des Russisch-Japanischen Krieges in der japanischen

Geschichte, in: Kreiner, Josef (Hg.): *Der Russisch-Japanische Krieg (1904/05)*, Göttingen, S.53–76.

Lieven, Dominic/Papastratigakis, Nicholas (2005), The Russian Far Eastern Squadron's Operational Plan, in: Steinberg, John W. u.a. (Hg.): *The Russo-Japanese War in Global Perspective. World War Zero*, Bd. 1, History of Warfare Bd. 29, Leiden/Boston, S.203–227.

Lukoianov, Igor V. (2005), The Bezobrazovtsky, in: Steinberg, John W. u.a. (Hg.): *The Russo-Japanese War in Global Perspective. World War Zero*, Bd. 1, History of Warfare Bd. 29, Leiden/Boston, S.65–86.

Luntinen, Pertti/ Menning, Bruce W. (2005), The Russian Navy at War, 1904–05, in: Steinberg, John W. u.a. (Hg.): *The Russo-Japanese War in Global Perspective. World War Zero*, Bd. 1, History of Warfare Bd. 29, Leiden/Boston, S.229–259.

Marks, Steven G. (2005), »Bravo, Brave Tiger of the East!« The Russo-Japanese War and the Rise of Nationalism in British Egypt and India, in: Steinberg, John W. u.a. (Hg.): *The Russo-Japanese War in Global Perspective. World War Zero*, Bd. 1, History of Warfare Bd. 29, Leiden/Boston, S.609–627.

Matsukata, Yoshihisa Tak (2005), Human Bullets, General Nogi, and the Myth of Port Arthur, in: Steinberg, John W. u.a. (Hg.): *The Russo-Japanese War in Global Perspective. World War Zero*, Bd. 1, History of Warfare Bd. 29, Leiden/Boston, S.179–201.

McDonald, David (2005), Tsushima's Echoes: Asian Defeat and Tsarist Foreign Policy, in: Steinberg, John W. u.a. (Hg.): *The Russo-Japanese War in Global Perspective. World War Zero*, Bd. 1, History of Warfare Bd. 29, Leiden/Boston, S.545–563.

Menning, Bruce W. (2005), Neither Mahan nor Moltke: Strategy in the Russo-Japanese War, in: Steinberg, John W. u.a. (Hg.): *The Russo-Japanese War in*

Global Perspective. World War Zero, Bd. 1, History of Warfare Bd. 29, Leiden/Boston, S.129–156.

Miller, Carman (2000), The Crucible of War: Canadian and British Troops During the Boer War, in: Peter Dennis, Jeffrey Grey (Hg.), *The Boer War. Army, Nation and Empire*, Canberra, S.84–98.

Nasson, Bill (2000), The South African War/Anglo-Boer War 1899–1902 and political memory in South Africa, in: T. G. Ashplant, Graham Dawson, Michael Roper (Hg.), *The Politics of War Memory and Commemoration*, London/New York, S. 111–127.

Nish, Ian (2005), Stretching out the Yalu: A contested Frontier, 1900–1903, in: Steinberg, John W. u.a. (Hg.): *The Russo-Japanese War in Global Perspective. World War Zero*, Bd. 1, History of Warfare Bd. 29, Leiden/Boston, S.45–64.

Nish, Ian (2005), The Russo-Japanese War: Planning, Performance and Peace-Making, in: Kreiner, Josef (Hg.): *Der Russisch-Japanische Krieg (1904/05)*, Göttingen, S.11–25.

Pakenham, Thomas (1982), *The Boer War*, London/Sidney.

Papastratagakis, Nicholas (2011), *Russian Imperialism and Naval Power: Military Strategy and the Build-Up to the Russo-Japanese War*, London.

Peters, Carl (1944), Der Friede zwischen Japan und Rußland, in: Peters, Carl, *Gesammelte Schriften*, Bd.3, München/Berlin, S.366–369.

Peters, Carl (1944), Der Ostasiatische Krieg und Europa, in: Peters, Carl, *Gesammelte Schriften*, Bd.3, München/Berlin, S.345–350.

Peters, Carl (1944), Deutschland und die Mächte, in: Peters, Carl, *Gesammelte Schriften*, Bd.3, München/Berlin, S.340–344.

Potempa, Harald (2011), Der Raum und seine tatsöchliche Beherrschung als zentrales Problem von Imperialkriegen: Die Perzeption des Kleinen Krieges durch deutsche Streitkräfte im Zeitraum 1884 bis 1914 im Spiegel des »Militär-Wochenblattes«, in: Tanja Bührer, Christian Stachelbeck, Dierk Walter (Hg.), *Imperialkriege von 1500 bis heute. Strukturen – Aktuere – Lernprozesse*, Paderborn et al., S.443–462.

Raal, Sarah (1938), *Met Die Boere in Die Veld: Die Ervarings Van Die Skryfster*, Kaapstad.

Rodell, Paúl A. (2005), Inspiration for Nationalist Aspirations? Southeast Asia and the 1905 Japanese Victory, in: Steinberg, John W. u.a. (Hg.): *The Russo-Japanese War in Global Perspective. World War Zero*, Bd. 1, History of Warfare Bd. 29, Leiden/Boston, S.629–654.

Rose, Andreas (2011), »Unsichtbare Feinde«: Großbritanniens Feldzug gegen die Buren (1899–1902), in: Tanja Bührer, Christian Stachelbeck, Dierk Walter (Hg.), *Imperialkriege von 1500 bis heute. Strukturen – Aktuere – Lernprozesse*, Paderborn et al., S.217–239.

Sakurai, Tadayoshi (1907), *Human Bullets. A Soldier's Story of Port Arthur*, Boston/New York.

Schimmelpenninck van der Oye, David (2005), The Immediate Origins of the War, in: Steinberg, John W. u.a. (Hg.): *The Russo-Japanese War in Global Perspective. World War Zero*, Bd. 1, History of Warfare Bd. 29, Leiden/Boston, S.23–44.

Shimazu, Naoko (2005), »Love Thy Enemy«: Japanese Perceptions of Russia, in: Steinberg, John W. u.a. (Hg.): *The Russo-Japanese War in Global Perspective. World War Zero*, Bd. 1, History of Warfare Bd. 29, Leiden/Boston, S.365–384.

Spence, Iain G. (2000), ›To Shoot and Ride‹: Mobility and Firepower in Mounted Warfare, in: Peter Dennis, Jeffrey Grey (Hg.), *The Boer War. Army, Nation and Empire*, Canberra, S.115–128.

Steinberg, John W. (2005), The Operational Overview, in: Steinberg, John W. u.a. (Hg.): *The Russo-Japanese War in Global Perspective. World War Zero*, Bd. 1, History of Warfare Bd. 29, Leiden/Boston, S.105–128.

Sun, Yat-Sen (1953), *Memoirs of a Chinese Revolutionary. A Programme of a National Reconstruction for China*, Taipei.

Waag, Ian van der (2000), South Africa and the Boer Military System, in: Peter Dennis, Jeffrey Grey (Hg.), *The Boer War. Army, Nation and Empire*, Canberra, S.45–69.

Wallace, R. L. (1976), *The Australians at the Boer War*, Canberra.

Walter, Dierk (2011), Imperialkriege: Begriff, Erkenntnisinteresse, Aktualität (Einleitung), in: Tanja Bührer, Christian Stachelbeck, Dierk Walter (Hg.), *Imperialkriege von 1500 bis heute. Strukturen – Aktuere – Lernprozesse*, Paderborn u. a., S.1–29.

Wilcox, Craig (2002), *Australia's Boer War. The War in South Africa (1899–1902)*, Oxford/New York.

Wilcox, Craig (2000), Looking Back on the South African War, in: Peter Dennis, Jeffrey Grey (Hg.), *The Boer War. Army, Nation and Empire*, Canberra, S.1–13.

Wilkinson, Frank (1901), *Australian Cavalry. The New South Wales Lancers and the First Australian Horse*, Sydney.

Die literarische Darstellung des Pferdes in Michael Morpurgos *War Horse*

Stefanie Popp

Die kulturelle Bedeutung des Pferdes ist zweifelsfrei als wichtig von der Gesellschaft anerkannt. Jahrhundertelang verließen sich die Menschen in verschiedensten Bereichen (Landwirtschaft, Kriegswesen oder Transport, um nur einige zu nennen) auf die Kraft und die Fähigkeiten dieses Tieres und profitierten in vielfacher Hinsicht von dessen Wesen. Zusätzlich zu der Rolle als Nutztier, die im sich direkt anschließenden Kapitel im Kontext des Krieges kurz nachgezeichnet wird, entdeckten und beanspruchten auch Dichter und Autoren die breitgefächerte Symbolik und den ausdrucksstarken Motivwert des *Equus caballus* für sich und ihre Werke. Der vorliegende Beitrag beschäftigt sich mit eben dieser künstlerischen Verarbeitung und Interpretation des Pferdes in der Literatur am Beispiel Michael Morpurgos Roman *War Horse* (1982). Dazu wird zunächst ein Ansatz aus dem aufstrebenden Bereich der Animal Studies erläutert. Im Anschluss daran folgt eine Literaturanalyse mit besonderem Augenmerk auf den Symbolcharakter und die Metaphorik des Pferdes. Abschließend wird die Methode des Animals Studies-Forschers auf das zuvor analysierte Werk angewandt.

Kriegspferde – die britische Kavallerie im Ersten Weltkrieg

Der militärische Einsatz von Pferden hat eine sehr lange Tradition und setzt sich bis in das 20. Jahrhundert fort. Trotz bestimmter technischer und strategischer Fortschritte wurden Pferde zu Kriegszeiten immer gebraucht – in Kavallerieabteilungen, aber auch als Zugtiere im Rahmen des Transportwesens. Der Erste Weltkrieg stellte in diesem Kontext einen beeindruckenden Höhepunkt dar (Robinson 2012: 351).

Schwerbewaffnete Kavallerie wurde innerhalb der britischen Armee bereits von 1000 bis 1300 n. Chr. eingesetzt. Im Verlauf der darauf folgenden Jahrhunderte gewann die Infanterie allerdings zunehmend an Bedeutung und konnte die Kavallerie in immer mehr Schlachten besiegen (Ebd. 352). Militärstrategen hielten dennoch an Pferden und berittenen Kämpfern fest und erarbeiteten ein Kombinationskonzept, in dem beide Waffengattungen zum Tragen kamen. Dieses wurde während des Hundertjährigen Krieges und der Bürgerkriege in Großbritannien erfolgreich umgesetzt. Verglichen mit dem Mittelalter fanden sich zu dieser Zeit jedoch deutlich weniger Kavallerieregimenter (Ebd. 352–354).

Dem Ersten Weltkrieg kommt im Kontext der berittenen Soldaten eine besondere Bedeutung zu: »Horses were as indispensable to the war effort as machine guns, dreadnoughts, railways and heavy artillery« (Singleton 1993: 178). Die britische Armee baute dabei in besonderem Maße auf Kavallerietruppen: Bereits 1887 wurde das sogenannte Remount Department gegründet, um den Erwerb von britischen Militärpferden zu steuern und zu vereinheitlichen (Ebd. 180). Im Laufe der Vorbereitungen für den Ersten Weltkrieg kam dieser Institution eine wichtige Rolle zu: In Zusammenarbeit mit der Polizei wurde zwischen 1911 und 1912 ein Repertoire an 130.000 Pferden ausgewählt, auf die man im Notfall während eines Krieges zurückgreifen könnte (Ebd. 183). Das Remount Department war allerdings nicht nur für die Beschaffung der Tiere verantwortlich; es wurde ebenso zu einem »major multinational business and was the leading player in the inter-continental horse trade« (Ebd. 189), da es auch die alliierten Streitkräfte – unter anderem die USA, Kanada und Neuseeland – mit Pferden ausstattete (Ebd. 188).

Pferden und anderen Lastentieren kamen im Allgemeinen zwei unterschiedliche Rollen in Kriegszeiten zu: Sie wurden als Reittiere während des Gefechts benötigt, aber auch im Bereich des Transportes. Im August 1917 verfügte das britische Militär über 368.000 Pferde und weitere 82.000 Maultiere (ein Drittel diente im Gefecht, zwei Drittel als Pack- und Zugtiere) (Ebd. 190). Der Einsatz des Pferdes als Transportmittel war im Laufe des Krieges genauso, wenn nicht sogar wichtiger als dessen Gebrauch auf dem Schlachtfeld. Zahlreiche Straßen waren in solch schlechtem Zustand, dass motorisierte Fuhrwerke sie nicht mehr befahren konnten und diese deshalb durch pferdegezogene Transporte ersetzt wurden. Diese Gefährte waren vor allem gegen Ende des Krieges unerlässlich, als es darum ging, überlebenswichtige Nahrung und

Munition zu liefern. Zusätzlich verließ sich das medizinische Personal auf diese Tiere, die verletzte Soldaten von der Front evakuierten (Ebd. 190–192).

Die veterinärmedizinische Versorgung der Pferde auf britischer Seite war insgesamt gut organisiert und von hoher Qualität. Dennoch verstarben die meisten Tiere infolge von Krankheiten oder Erschöpfung. Von 1914 bis 1916 machte der Tod im Gefecht insgesamt 25% des gesamten Verlusts an Pferden aus; die restlichen Tiere starben an Krankheiten, Verletzungen oder Überanstrengung. 1918 allerdings wurden allein 14 000 britische Reittiere während eines deutschen Offensivangriffs getötet – weitere 22 500 verendeten in den kriegsentscheidenden Attacken der Alliierten im Sommer und Herbst desselben Jahres (Ebd. 199).

Insgesamt lässt sich für die gesamten Kriegsjahre folgendes festhalten: »[E]ach year 15 percent of the animals employed by the British army were either killed, reported missing, died or abandoned« (Ebd.). Dieser Prozentsatz ist verglichen mit anderen Nationen allerdings relativ niedrig, was mit Sicherheit auch den Fähigkeiten der Tierärzte zu verdanken ist (Ebd. 196–198).

Nach dieser kurzen Einführung in eine der vielen kulturellen Rollen des Pferdes – hier im Speziellen dessen Einsatz im modernen Kriegswesen –, soll nun die literarische Verarbeitung dieser Kriegserfahrung im Zentrum der Untersuchung stehen. Zunächst wird dabei im folgenden Kapitel auf die Funktion der literarischen Pferdegestalt als Symbol oder Metapher eingegangen.

Pferde als literarische Symbole und Metaphern

Im Allgemeinen versteht man unter einem literarischen Symbol »anything that stands for or represents something else beyond it – usually an idea conventionally associated with it« (Baldick 2008). Begriffe oder Wendungen in einem Text weisen auf bestimmte Objekte oder Konzepte hin, die wiederum mit speziellen Bedeutungen in Verbindung stehen. Welche Bedeutung auf ein Symbol angewendet wird, hängt stark vom jeweiligen Kontext ab, in dem es vorkommt (Ebd.). Berühmte literarische Pferdesymbole sind beispielsweise die Rösser Platons, welche für die menschliche Seele stehen und diese erklären sollen: »The soul is a union of three parts, a charioteer ([embodying] judgment or reason) and two horses, one of which is noble and obedient ([representing] honor or mettle), the other base and disobedient ([standing for] appetite or will)« (Ferber 2007: 98). Die anspruchsvolle Aufgabe des Wagenlenkers ist es nun, diese beiden gegensätzlichen Pferde, die hier die in Konflikt miteinander stehenden Charaktereigenschaften eines Menschen repräsentieren, wieder in Einklang zu bringen (Ebd. 98–99).

Darüber hinaus bezieht sich eine Metapher auf »›word pictures‹ that are used to convey a figurative meaning« (Nünning/Nünning 2008: 68). Der tatsächliche Referent der Metapher bleibt dabei ungenannt, wird aber durch einen anderen, referentiellen Ausdruck ersetzt oder schlichtweg durch andere Worte ausgedrückt. Im Allgemeinen kann man Metaphern als verdeckte oder gekürzte Vergleiche beschreiben, da sie ohne die für Vergleiche üblichen komparativen Partikel (›wie‹ und ›als‹) auskommen (Ebd.). Charakteristisch für Metaphern ist dabei, dass ein Begriff oder ein Ausdruck aus seinem ursprünglichen semantischen Feld herausgelöst wird und in einen anderen Semantikbereich transferiert wird. Somit wird die Grundbedeutung des tatsächlichen Referenten auf den metaphorischen Terminus übertragen und durch diesen ausgedrückt. Wichtig ist hierbei, dass eine gewisse Ähnlichkeit zwischen den beiden Konzepten existiert – entweder hinsichtlich der Form oder bezüglich des Inhalts (Ebd. 68–69).

Im Kontext der Literatur stellen Pferde auf Grund ihrer angeborenen Eleganz, ihrer Kraft und ihres sanften Wesens seit jeher eine schier unerschöpfliche Inspirationsquelle für Autoren und Dichter dar. Durch die Jahrhunderte hindurch behandelten Schriftsteller das equine Thema auf unterschiedliche Art und Weise sowie in verschiedenen Genres. Obwohl sich die kulturelle Bedeutung des Pferdes im Laufe der Zeit stark verändert hat, gibt es dennoch »Vorstellungen von Pferden [...], die sich trotz zeitlichen Fortgangs und geographischer Unterschiede bewahrt haben und in der Literatur aufgegriffen [...] werden« (Kropp 2002: 9). Pferde stellen also ein konstantes Thema im literarischen Feld dar, obwohl sich ihre tatsächliche Bedeutung für uns Menschen gewandelt hat (Ebd.).[1]

1 Pferde spielen heutzutage vor allem im Privaten eine große Rolle, da sie vordergründig im Freizeitbereich zum Einsatz kommen (im Rahmen des Hobbyreitens). (Kropp 2002: 9). Früher waren ihre Einsatzgebiete noch wesentlich breiter gefächert und umfassten beispielsweise das Transport- und das Kriegswesen sowie den landwirtschaftlichen Bereich (siehe dazu auch: Koselleck 2003: 18).

Auch in Morpurgos *War Horse* kommen dem Pferd verschiedene symbolische und metaphorische Funktionen zu, die in den folgenden Abschnitten behandelt und interpretiert werden. Zunächst aber schließt sich ein literaturtheoretischer Teil aus dem Gebiet der Animal Studies an.

Literaturtheorie – Animal Studies

Um die literarische Darstellung des Pferdes zu verstehen und richtig auslegen zu können, wird zunächst die Theorie Roland Borgards aus dem Bereich der *Animal Studies* vorgestellt. Der Literaturwissenschaftler diskutiert in seinem Aufsatz »Tiere in der Literatur – Eine methodische Standortbestimmung« die Entwicklung der *Cultural Animal Studies* und bezieht unterschiedliche Tierrepräsentationen in seine Theorie ein. Einer seiner Ausgangspunkte ist die Frage, inwieweit reale Lebewesen einen Einfluss auf literarische Tiere haben. Oder um es anders zu formulieren: Wird unsere persönliche Einstellung Tieren gegenüber von deren Darstellung in der Literatur beeinflusst? Wirken sich unsere eigenen Erfahrungen mit lebenden Spezies auf die Lektüre von Tiertexten aus (Borgards 2012: 87)? Um eine Antwort auf diese Fragen zu finden, trifft Borgards zunächst eine grundlegende Unterscheidung zwischen »semiotischen Tiere[n] und […] diegetischen Tiere[n]« (Ebd. 89). Semiotische Tiere zeichnen sich dadurch aus, dass sie in den einzelnen Werken nur als Zeichen auftreten: Sie besitzen eine bestimmte Bedeutung, die enthüllt werden muss und stehen stellvertretend für etwas anderes – eine abstrakte Idee, eine menschliche Eigenschaft oder ähnliches. Somit haben sie eine symbolische, metonymische oder metaphorische Funktion, wobei der Gebrauch als Metapher am weitesten verbreitet ist (Ebd.).

Diegetische Tiere hingegen treten als real existierende Lebewesen in den einzelnen Texten auf. Sie nehmen eine wichtige Rolle im Handlungsverlauf ein und können dahingehend analysiert sowie interpretiert werden. Je nach Verhaltensweise und Darstellungsmodus unterscheidet man »die realistischen und die phantastischen Tiere« (Ebd. 92). Erstere ähneln ihren wirklichen, natürlichen Gegenstücken, hinsichtlich des Aussehens und Verhaltens, stark. Phantastische Tiere vollführen andererseits atypische Taten, verhalten sich seltsam oder ungewöhnlich, sehen anormal aus oder besitzen übernatürliche Kräfte. So groß der Unterschied zwischen semiotischen und diegetischen Tieren auf den ersten Blick auch scheinen mag – sie lassen sich dennoch nicht immer vollkommen eindeutig voneinander abgrenzen, da die Interpretation der Tiere stark vom jeweiligen historischen Kontext abhängt.[2] Allgemein beziehen sich diese Ausdrücke auf die Art und Weise, wie Tiere in der Literatur dargestellt werden: »Ein literarisches Tier *ist* nicht phantastisch oder realistisch, sondern es *erscheint* als ein phantastisches oder realistisches Wesen, je nachdem, wie das Verhältnis zwischen der Welt, von der erzählt wird, und der Welt, in der erzählt wird, ausgestaltet ist« (Ebd.). Phantastisch und realistisch sind deshalb als relationale Begriffe zu bewerten, die stets mit dem geschichtlichen Hintergrund in Verbindung gebracht werden müssen (Ebd. 90–92).

Um sich – wie durch die Cultural Animal Studies gefordert – nicht ausschließlich auf die Literatur im Zuge einer Tierrepräsentationsanalyse zu stützen, schlägt Borgards folgende Drei-Schritt-Methode vor: Zunächst müsse die literarische Darstellung kontextualisiert, anschließend historisiert und zu guter Letzt poetisiert werden (Ebd. 96). Was versteht man nun unter den einzelnen Begriffen? Das Studium und die Analyse der Funktion literarischer Tiere setzt zum einen voraus, dass unterschiedliche Kontexte berücksichtigt werden, wie beispielsweise schriftlich fixierte Erkenntnisse aus der Biologie und Zoologie oder Dokumente aus den Bereichen der Ethnologie und vergleichenden Anatomie. Kontextualisieren bedeutet somit, Schriften ganz unterschiedlicher Art, die sich mit Tieren beschäftigen, in die Literaturanalyse eines spezifischen Textes mit einzubeziehen. Literatur muss immer als in einen gewissen Kontext eingebettet betrachtet werden. Der zweite Schritt – ein Werk zu historisieren – steht in enger Beziehung zum Kontextualisieren, da die jeweiligen Kontexte keinesfalls willkürlich gewählt werden können. Stattdessen solle man sich laut Borgards an die »Regel der begrifflichen und […] der historischen Nähe« (Ebd. 98) halten. Text und Kontext

2 Tiere werden in der Literatur meist gemäß des zu einem bestimmten Zeitpunkt vorherrschenden Verständnisses der jeweiligen Spezies abgebildet. Deshalb kann es sein, dass sie zur Entstehungszeit eines Textes als realistische Tiere gedeutet wurden, heutzutage allerdings aufgrund neuer wissenschaftlicher und artenspezifischer Erkenntnisse als phantastische Tiere eingeschätzt werden würden. Deshalb müssen die Begriffe ›realistisch‹ und ›phantastisch‹ immer mit der jeweiligen Epoche und dem entsprechenden Kenntnisstand in Verbindung gesetzt werden (Borgards 2012: 92).

müssen zueinander passen und eine inhaltliche oder zeitliche Verbindung aufweisen. Nach der Auswahl geeigneter Kontexte kommt es zum finalen Schritt des Poetisierens, der sich hauptsächlich auf die Form des Textes bezieht: »Gegenstand der Interpretation ist […] nicht nur, *was* in bestimmten Texten über Tiere gesagt wird, sondern immer auch, *wie* es gesagt wird« (Ebd. 100). Die Art der Tierdarstellung innerhalb der Literatur lässt sich also in den meisten Fällen interpretatorisch analysieren und deuten (Ebd. 96–98).

Zudem diskutiert Borgards, inwieweit Tiere in der Literatur tatsächlich frei agieren, ob sie als Akteure oder als dem Menschen unterlegene Wesen dargestellt werden und ob sie ihrerseits aktiven Einfluss auf die Literatur ausüben können. Allerdings muss man auch die inverse Wirkrichtung, also die der Texte auf die tatsächliche Situation der Tiere, bedenken. Zwei Hauptpositionen lassen sich dahingehend ausmachen: die »empiristische […] Konzeption[]« (Ebd. 104), die Tiere als einen Teil der Natur ansieht, als dem Menschen gegebene Objekte, mit denen sich unter anderem Forscher und Landwirte beschäftigen können, die sie aber in keinster Weise verändern oder beeinflussen können. Einen gegenläufigen Standpunkt unterbreitet die »konstruktivistische […] Konzeption[]« (Ebd.), die die Spezies als Kulturprodukte wertet, erschaffen und überformt von Menschenhand (genauer: beispielsweise von Züchtern oder Wissenschaftlern). Diese beiden konträren Konzeptionen werden von einer dritten Strömung, der sogenannten ›agency theory‹, vereint (Ebd.). Tiere sind im Rahmen dieser Vorgehensweise als Handelnde anzusehen, die an menschlichen Taten mitwirken, da sie bestimmte Aufgaben und Rollen ausführen. Sie stellen zwar keine selbstständigen Subjekte dar, die über ein explizites Bewusstsein verfügen, allerdings werden sie auch nicht länger als unterlegene Kreaturen interpretiert. »Ein Tier ist in dieser Perspektive weder ein autonomes Subjekt noch ein bewusstloses Objekt, sondern etwas Drittes, das unentscheidbar zwischen Subjekt- und Objektstatus oszilliert« (Ebd. 104–105). ›Agency‹ bedeutet in diesem Rahmen die Fähigkeit, eine aktive Rolle in der Interaktion zwischen Mensch und Tier einzunehmen. Dabei ist eine solche Handlungsfähigkeit nicht genetisch bedingt und in den einzelnen Tieren verankert, sondern entsteht erst durch die Interaktion mit dem Menschen »in kollektiven, vernetzten Handlungszusammenhängen« (Ebd. 103–105).

Nicht nur die Tiere sind in gewisser Weise vom Menschen abhängig, sondern auch wir verlassen uns in bestimmten Situationen auf die Tieren und die Zusammenarbeit mit ihnen – vor allem im therapeutischen und künstlerischen Bereich. Ohne Tiere und die Interaktion mit ihnen würden viele Kunstwerke oder andere kulturelle Errungenschaften gar nicht existieren. Deshalb sind und bleiben diese Lebewesen eine »konstitutive Voraussetzung« (Ebd. 108) für die schönen Künste und bereichern diese. Die Mensch-Tier-Interaktion ist also wichtig und unersetzlich für beide Parteien (Ebd. 107–108).

Wendet man die ›Agency‹-Theorie auf konkrete Literatur an, ist es zunächst interessant, die Position des jeweiligen Textes hinsichtlich der Funktion und des Status der Tiere zu analysieren. Sie als Subjekte darzustellen ist relativ einfach: Man verleiht ihnen schlichtweg menschliche Eigenschaften wie beispielsweise die Sprech- und Denkfähigkeit (wobei die Tiere in diesem Fall, wegen der Erschaffung durch einen Autor, auch kulturell überformt sind). Ein bekanntes Beispiel für diese Art der Repräsentation bildet Black Beauty, Protagonist aus Anna Sewells gleichnamigem Roman, der seine gesamte Lebensgeschichte erzählt und somit zu einem aktiven Teilnehmer der Erzählung wird. Gleiches gilt auch für Joey in Morpurgos *War Horse*, das in der sich anschließenden Analyse noch genauer behandelt wird (Ebd. 105–106).

Daneben existieren andere Texte, in denen Tiere vielmehr als unterlegene Wesen porträtiert werden, was die Tatsache widerspiegelt, dass viele Arten genau so im wirklichen Leben behandelt werden (teilweise taucht auch diese Darstellung in *War Horse* auf, zum Beispiel wenn Joey als Zugtier bis zur größten Erschöpfung angetrieben und ausgenutzt wird, siehe unten). Zusätzlich finden sich in der Literatur oft Repräsentationen Mensch-Tierischer Interaktion, so zum Beispiel Tätigkeiten wie Jagden, Ausritte oder die Teilnahme am Krieg. Derartige Porträtierungen sind sehr weitverbreitet und fallen dem Leser deshalb oft nicht in besonderem Maße auf, da sie der tagtäglichen Beschäftigung mit dem Tier entsprechen und nichts Außergewöhnliches darstellen. Somit liefert die Literatur auch einen Einblick in die gegenwärtige Tierhaltung (Ebd. 106–107).

Bisher wurde nur der Einfluss der Tiere auf die Literatur diskutiert. Texte üben andererseits aber ebenso eine gewisse Wirkung auf reale Lebewesen aus. Das Wissen über bestimmte Spezies, deren Verbreitung und Lebensumstände wurde und wird immer noch hauptsächlich durch geschriebene Texte und Dokumente weitergereicht. Dabei erfährt die Behandlung der Tiere durch uns Menschen sowie unser Verhalten ihnen gegenüber eine starke Beeinflussung durch literarische Tierrepräsentationen: Je nachdem, ob die Spezies als bedrohlich, beängstigend o. Ä. dargestellt werden, ändert sich unsere Einstellung ihnen gegenüber und wir behandeln sie dementsprechend. Die Literatur dient hier also als eine Art Vorbild oder Rollenbild bezüglich menschlicher Verhaltensmuster.[3] Deshalb kann man die Beziehung zwischen den Tieren und der Literatur als ausgeglichen ansehen, da beide Seiten Einfluss ausüben, aber auch beeinflusst werden (Borgards 2012: 109–110).

Literaturanalyse – *War Horse*

Michael Morpurgos Roman *War Horse* ist nur eines von unzähligen Werken, in denen den Pferden eine besondere Bedeutung zukommt. Es wurde unter anderem aufgrund der kulturellen Rolle des Pferdes ausgewählt (das Pferd im Kriegswesen), aber auch wegen des symbolischen beziehungsweise metaphorischen Gehalts der Tierfigur sowie deren Interpretationstauglichkeit.

Im Jahr 1982 veröffentlichte Michael Morpurgo sein Kinder- und Jugendbuch *War Horse*. Zunächst wurde diesem Werk wenig Beachtung geschenkt, was den Autor dazu veranlasste, es aus mehreren Gründen als ein »huge nonevent« (Morpurgo 2013) zu bezeichnen: Obwohl es positive Kritik erntete und für den ›Whitebread Book Award‹ nominiert wurde, war es doch vorerst ein Ladenhüter (Lyall 2013). Nichtsdestotrotz schrieb und publizierte Morpurgo weiterhin zahlreiche Bücher – und sein Durchhaltevermögen wurde schließlich belohnt, da er von 2003 bis 2005 den Titel des britischen »third children's laureate« (Ebd.) innehatte, »an honor befitting someone who had become one of the country's best loved and most visible children's authors« (Ebd.). Morpurgos persönliche Meinung zu seinem Werk *War Horse* blieb dennoch kritisch, wie man aus folgendem Zitat herauslesen kann: »If sales ever reached 1,500 copies a year, I would be surprised« (Ebd.). Allerdings sollte sich dieser Zustand 2007 komplett ändern (Ebd.). In diesem Jahr

---

3 Anna Sewell machte beispielsweise Gebrauch von dieser Funktion der Literatur: Es ist teilweise ihrer authentischen Beschreibung brutaler Zäumung zu verdanken, dass die Pferdewelt schließlich auf solche Gebiss- und Zügelarten verzichtete (Dingley 1997: 245–247).

wandelte der britische Dramatiker Nick Stafford Morpurgos Roman in ein Bühnenstück um, das im National Theatre in London erfolgreich uraufgeführt wurde. Es folgten weitere Vorstellungen am West End Theatre und 2011 schließlich am Lincoln Center Theater in New York, wobei jede Inszenierung gebührend vom Publikum gefeiert wurde. Mit ein Grund für den Erfolg der Theaterversion des Stückes ist sicherlich dessen außergewöhnliche Produktion: Die Handspring Puppet Company aus Südafrika fertigte lebensgroße Puppen an, die die Pferde auf der Bühne darstellten. Bewegungen und Aussehen dieser Attrappen waren dabei so authentisch und täuschend echt, dass sie mit wirklichen Tieren verwechselt werden konnten. Diese realistisch wirkenden Pferdepuppen, die die Zuschauer emotional berührten und die Gefühle von der Bühne direkt zu den Zuschauern transportierten, trugen zweifelsfrei dazu bei, dass sich die Theateradaptation von *War Horse* zu einem Kassenschlager entwickelte (Lutz 2012: 339–340). 2011 verfilmte Steven Spielberg den Roman, wobei er sich sowohl von Morpurgos Buchvorlage als auch von Staffords Bühnenversion inspirieren ließ (Ebd. 340–342).

Entstehungsgeschichte des Romans

»I wanted to write the story of the universal suffering of that dreadful war, seen through the eyes of a horse« (Lyall). Dieses Zitat gibt einen der Beweggründe Morpurgos wider, seinen Roman *War Horse* zu schreiben. Darin wird die Geschichte des Pferdes Joey und dessen geliebten Besitzers Albert Narracott erzählt. Nach Ausbruch des Ersten Weltkrieges werden die beiden Protagonisten voneinander getrennt und müssen die folgenden schrecklichen Gefechte und Kämpfe auf sich alleine gestellt überstehen. Zum Ende des Romans finden die beiden wieder zusammen – lebend und mehr oder weniger wohlauf – und kehren schließlich auf die Farm von Alberts Familie zurück.

Morpurgo wurde von mehreren Quellen inspiriert und beim Schreiben des Buches beeinflusst. Literarisch diente Anna Sewells *Black Beauty* sowohl als Vorreiter als auch als Vorbild für Morpurgos Text. Schon die jeweils ersten Szenen der Romane ähneln sich stark in der Beschreibung des Schauplatzes. Morpurgo beginnt sein Werk folgendermaßen: »My earliest memories are a confusion of hilly fields and dark, damp stables, and rats that scampered along the beams above my head« (Walther 2011:

7). Anna Sewell lässt ihre Hauptfigur Black Beauty seine Umgebung auf ähnliche Art und Weise beschreiben, wenn auch weitaus positiver und malerischer: »The first place that I can well remember, was a large pleasant meadow with a pond of clear water in it. Some trees overshadowed the pond, and rushes and water-lilies grew at the deep end« (Sewell 1993: 23). Die sich anschließenden Abschnitte unterscheiden sich allerdings stark voneinander: Morpurgos Buch setzt sich melancholisch fort, Joey erzählt dem Leser vom »day of the horse sale« (Walther 2011: 7), der ein traumatisches Erlebnis für das Fohlen darstellt, da es bereits im zarten Alter von sechs Monaten von seiner Mutter getrennt wurde (Ebd. 7–8). Sewell hingegen – oder vielmehr Black Beauty selbst – illustriert weiterhin das romantische und idyllische Heim seiner Kindheit, indem es verträumte Beschreibungen der englischen Landschaft liefert (Sewell 1993: 23–24; Walther 2011: 340–341).

Trotz der genannten Handlungsdifferenz (Traumata versus Idylle), gibt es dennoch weitere Ähnlichkeiten zwischen *War Horse* und *Black Beauty*, beispielsweise hinsichtlich der Erzählperspektive: Beide Romane sind aus Sicht der Pferde in der 1. Person verfasst, wodurch die Tiere zu Identifikationsfiguren für den Leser werden, da ihm deren Gefühle und Gedanken auf direktem Weg transferiert werden. Diese Innensicht auf das Pferdeleben »bietet Morpurgo die Möglichkeit, das leiderfüllte Leben des Pferdes Joey empathisch zu vermitteln sowie die Sinnlosigkeit des Krieges direkt zu veranschaulichen« (Walther 2011: 341). Joeys Einstellung und Empfinden ähnelt dem der jungen Leser, die kriegerischen Auseinandersetzungen ebenso verängstigt, verständnislos und unschuldig ausgesetzt sind (Ebd.). Neben der Absicht, einer pazifistischen Ideologie durch die Darstellung der Schrecken des Krieges Ausdruck zu verleihen, entspricht Morpurgos zweite Intention, die er mit seinem Werk verfolgte, Sewells Motiv für ihren Roman: Beide Autoren sprechen sich gegen eine nicht-artgerechte Pferdehaltung im Allgemeinen aus; Morpurgo seinerseits stellt die teilweise schlechte Behandlung der Tiere zu Kriegszeiten gesondert heraus (Ebd. 348).

Eine zweite Inspirationsquelle für *War Horse* findet sich im persönlichen Umfeld des Autors. 1974 gründete Morpurgo zusammen mit seiner Frau Clare die Wohltätigkeitsorganisation ›Farms for City Children‹ in Iddesleigh, Devon, die von Freunden und ortsansässigen Landwirten unterstützt wird. Die Grundidee dabei war, einen Weg zu finden, um das Leben von Stadtkindern zu bereichern, ihnen interessante Erlebnisse außerhalb der Großstadt zu ermöglichen und ihre Erfahrungshorizonte durch Aufenthalte auf den Bauernhöfen zu erweitern (Lyall 2011). Auf der Farm in Iddesleigh haben Jugendliche die Möglichkeit, das englische Landleben kennen und schätzen zu lernen, bei der Arbeit mitzuhelfen sowie anschließend die Ergebnisse ihrer körperlichen Tätigkeit zu sehen. Dadurch entwickeln und stärken die Kinder ihr Selbstvertrauen und -bewusstsein (Ebd.).

Gerade eines dieser Besucherkinder war es schließlich auch, das Morpurgo mit dazu inspirierte, seinen Roman *War Horse* zu verfassen. Zuvor hatte sich der Autor bereits für das Schicksal von Kavalleriepferden interessiert, die im Ersten Weltkrieg eingesetzt worden waren, und erste Nachforschungen hierzu angestellt. In Iddesleigh erfuhr er von einem älteren Mann, der selbst als Kavalleriesoldat von 1914 bis 1918 gedient hatte, das Pferde zu dieser Zeit von großer psychologischer Bedeutung für die Armeemitglieder waren, da sie sich den Tieren anvertrauen und ihnen ihre schlimmsten Ängste und Befürchtungen mitteilen konnten (Ebd.). Nach dieser Unterhaltung fasste Morpurgo den Entschluss, ein Buch über diese Geschichte zu schreiben, zögerte allerdings noch, ihn in die Tat umzusetzen. Dies änderte sich nach dem Besuch eines jungen Farmgastes, der sich weigerte zu sprechen, da er unter schlimmem Stottern litt. Einzig in der Gesellschaft von Tieren überwand der Junge seine Schüchternheit: So beobachtete Morpurgo ihn eines Tages, wie er völlig frei und flüssig zum Hofpferd Hebe sprach – ohne das geringste Anzeichen von Sprachschwierigkeiten. Das Pferd nahm in diesem Moment den Platz eines Vertrauten, eines Zuhörers und Freundes des Kindes ein – genau so, wie es im Falle des Kriegsveteranen war. Michael Morpurgo war sehr berührt von dieser Szene und beschloss nun endgültig, seinen Roman *War Horse* zu schreiben (Ebd.).

Dargestellte Rollen, symbolische sowie metaphorische Funktionen des Pferdes in *War Horse*

Das nun folgende Kapitel beschäftigt sich zunächst mit den dargestellten Aufgaben, die dem Pferd in *War Horse* zukommen. Anschließend werden die sinnbildlichen und metaphorischen Eigenschaften anhand aussagekräftiger Beispiele erarbeitet und interpretiert.

Hinsichtlich der Rollen, die Pferd Joey im Verlauf des Buches zukommen, lässt sich eine Veränderung nachzeichnen: Zu Beginn des Romans wird das Tier hauptsächlich im landwirtschaftlichen Bereich eingesetzt, um das finanzielle Überleben von Albert Narracott und dessen Eltern sicherzustellen. Als Halbblutpferd eignet sich Joeys Physis allerdings nicht für die schwere Arbeit mit dem Pflug: »[T]he collar rubbed at my skin and my feet sank deep into the soft ground with the effort of it« (Morpurgo: 23). Mit viel Zeit, Training und der Unterstützung des Zugpferdes Zoey, gelingt es Joey schließlich, das gesamte Feld zu pflügen – trotz seines körperlichen Unvermögens. Infolgedessen darf der equine Protagonist vorerst mit Albert auf dem kleinen Landsitz bleiben (Ebd. 21–23).[4]

Die glückliche Zweisamkeit hält allerdings nicht lange an. Auf dem europäischen Kontinent spitzt sich die politische Situation immer mehr zu, sodass ein künftiger Krieg – der Erste Weltkrieg – unmittelbar bevorsteht. Joeys, aber auch Alberts Teilnahme an diesem historischen Ereignis wird indirekt angedeutet, als der menschliche Protagonist zu seinem Pferd über das kommende Blutvergießen spricht: »[I]f there is a war, I'd want to go. I think, I'd make a good soldier, don't you? […] [Y]ou'd make a good war horse yourself, wouldn't you […]. We'd make quite a good pair« (Morpurgo: 25). Diese Vermutung sollte sich schließlich einige Zeit später bewahrheiten, als am 28. Juli 1914 der Erste Weltkrieg mit der österreichischen Kriegserklärung an Serbien ausbricht (Walther 2011: 183–185). In den frühen Stunden des 5. August 1914, tritt Großbritannien mit einer Kriegserklärung an Deutschland in den Konflikt ein, nachdem ein britisches Ultimatum unbeantwortet blieb (Ebd. 185). Auch Joey und Albert bekommen die veränderte politische Situation auf dramatische Art und Weise zu spüren: Aus finanziellen Schwierigkeiten verkauft Mr Narracott Joey heimlich an den jungen Kavallerieoffizier

4 Zuvor hatte Alberts Vater gedroht, Joey wieder zu verkaufen, nachdem dieser ihn beim Aufzäumen kräftig getreten hatte. Die anderen Landwirte hatten Mr Narracott nämlich verspottet und ihm vorgehalten, er könne sein eigenes Pferd nicht kontrollieren, woraufhin sich der Vorfall ereignete. Alberts Vater stellt ihm daraufhin ein Ultimatum: »[I]f that animal is not ploughing straight as an arrow inside a week, he'll be sold on. […] That horse has to earn his keep like everyone else around here – I don't care how showy he is – that horse has to learn how to work« (Morpurgo: 21). Nach Mr Narracotts Meinung sind Pferde nämlich dazu gemacht, dem Menschen zu dienen und zu helfen; diese Tiere nur zum Vergnügen zu halten sei hingegen eine Geld- und Zeitverschwendung (vgl. Morpurgo: 19–21.).

James Nicholls. Im Zuge der Beschreibung des Verkaufs vermittelt Morpurgo gleichzeitig einen realistischen Einblick in die Rekrutierungsmechanismen des Remount Departement der damaligen Zeit: »[S]everal motor-cars were parked up around the green and there was a greater gathering of men and horses than I [=Joey] had ever seen. [...] There were men in khaki uniforms everywhere; and [...] a military band struck up a rousing, pounding march« (Morpurgo: 34).

Nach einer kurzen tierärztlichen Untersuchung, wird Joey für gesund erklärt und wechselt schließlich den Besitzer, um von nun an seine Rolle als Kavalleriepferd auszuführen. Genau in diesem Moment des Abschieds zeigt Mr Narracott letztendlich seine gefühlvolle Seite, als er Hauptmann Nicholls darum bittet, in Alberts Namen gut für Joey zu sorgen (Ebd. 37). Obwohl Albert verzweifelt versucht, nicht von seinem treuen Begleiter getrennt zu werden und seinen Armeeeintritt anbietet, um bei Joey zu bleiben, kann er dennoch ein vorläufiges Lebewohl nicht verhindern (Ebd. 39–40).

Die generell wichtige Rolle der Tiere, besonders der Pferde in Kriegszeiten fasst Singelton folgendermaßen zusammen:

> The contribution of animals, especially to the transport services and artillery, was of central importance during the Great War. Without them, the guns would have run out of ammunition, the infantry would have missed breakfast, the distribution of mail would have ceased, and many urgent casualties could not have been evacuated from the battle zone. Without horses, the British army would have disintegrated (Singleton 1993: 193).

Morpurgo bestätigt diese Aussage, indem er die militärischen Rollen des Pferdes auf sehr detaillierte und authentische Art beschreibt – ausgehend von einer Darstellung des Trainings- und Vorbereitungsprogramms der Tiere für den Einsatz im Krieg. Da Joey zuvor vor allem als Zug- und Freizeittier eingesetzt worden war, stellt diese Umschulung eine ziemliche Herausforderung für ihn dar: »I [=Joey] resented deeply the tight disciplines of the riding school and the hard hot hours out on manoeuvres on the Plain« (Morpurgo: 41). Nicht nur die Reitweise ist anders, auch das Zaumzeug und die Ausrüstung sind neu für ihn, da seine angenehme Wassertrense nun ersetzt wird durch »an uncomfortable, cumbersome Weymouth that snagged the corners of [...] [his] mouth and infuriated [...] [him] beyond belief« (Ebd.). Nichtsdestotrotz hält Hauptmann Nicholls sein Wort, sorgt sich rührend um Joey und fertigt mehrere Zeichnungen des Pferdes an, die er später zu Albert schickt (Ebd. 42–43).

Im Zuge einer Unterhaltung James Nicholls mit seinem Joey während des Kriegsvorbereitungsprogramms kommt Morpurgo nebenbei auch auf die Überlegenheit der neuartigen Maschinengewehre zu sprechen: »I [= Nicholls] tell you, Joey, one machine gun operated right could wipe out an entire squadron of the best cavalry in the world« (Ebd. 44). Diese Beurteilung ist keineswegs übertrieben und verwirklicht sich auch beinahe im Laufe einer Schlacht mit den Deutschen, die einige Zeit später im Roman beschrieben wird: Joey wird in diesem Kampf von Charlie Warren geritten – einem jungen, unerfahrenen Soldaten, der nach dem Tod Hauptmann Nicholls' für Joey verantwortlich ist.[5] Das Gefecht wird erbarmungslos ausgetragen und fordert viele Opfer, da das feindliche Bataillon rücksichtslos Gebrauch von seinen Maschinengewehren macht. Morpurgos Beschreibung dieses Konflikts enthüllt deutlich die grausamen Horrorszenarien des Krieges:

> The bedlam of the battle had begun. All around me [= Joey] men cried and fell to the ground, and horses reared and screamed in an agony of fear and pain. The ground erupted on either side of me, throwing horses and riders clear into the air. The shells whined and roared overhead, and every explosion seemed like an earthquake to us (Morpurgo: 72).

Indem Morpurgo diese Kriegsszene aus Sicht eines direkten Teilnehmers, nämlich aus Joeys Perspektive darstellt, verleiht er ihr eine immense Authentizität. Eine detailreiche Beschreibung der Hintergrundgeräusche sowie eine bildhafte, ausdrucksstarke Sprache (*cried, reared, screamed, whined*, etc.) tragen des Weiteren zu der scheinbaren Echtheit dieser Episode bei.

Neben der realistischen Repräsentation von Joeys Einsatz und Erlebnissen an der Front, gibt Morpurgo auch einen Einblick in die veterinärmedizinische Versorgung der Tiere zu Kriegszeiten. Innerhalb der britischen Armee war der Royal Army Veterinary Corps für das Wohlergehen kranker oder verwundeter Tiere verantwortlich. Die Hilfe dieser Einrichtung wurde auch ununterbrochen in Anspruch genommen: »Up

5 Nicholls verliert bereits in der ersten Schlacht gegen ein deutsches Bataillon sein Leben – wie auch viele andere: »[H]orses lay dead and dying everywhere: More than a quarter of the squadron had been lost in that one action« (Morpurgo: 59). Infolgedessen wird Joey in die Obhut Charlie Warrens gegeben (Morpurgo: 59–61.)

to 90,000 animals at a time were to be found in hospitals and convalescent homes with British forces throughout the world« (Singleton 1993: 198). Je nach Schwere der Verletzung wurden die Pferde entweder auf der Stelle getötet oder in spezielle »casualty clearing stations« (Ebd.) gebracht, wo sie die nötige medizinische Versorgung erhielten. Zudem gab es sogenannte »recuperation centres« (Ebd. 199), die genesende Pferde auf ihre Rückkehr an die Front vorbereiteten. Im Allgemeinen war das tiermedizinische Personal hoch qualifiziert und sehr gut ausgebildet. Daher ist es vor allem diesen Menschen zu verdanken, dass die Zahl der Tieropfer auf Seiten der britischen Armee vergleichsweise gering war (Ebd. 198–199).

Leider gelang es den Veterinärmedizinern nicht immer, das Leben der Pferde zu retten – eine Thematik, die sich auch in *War Horse* wiederfindet. Der erste Winter des Krieges, den Joey und Charlie Warren in Frankreich verbringen, ist sehr hart und langwierig. Joeys Pferdekumpan Topthorn zieht sich ernst zu nehmende Erkrankungen an der Lunge und den Atemwegen zu, kann sich jedoch aufgrund der tierärztlichen Behandlung sowie der Fürsorge seines Reiters Hauptmann Stewart relativ schnell erholen (Morpurgo: 68). Diese Infektion soll ihn aber im Laufe des Ersten Weltkrieges immer wieder befallen: So zum Beispiel zu der Zeit, als er und Joey als Zugtiere eingesetzt werden, um Munition und Kanonen zu transportieren (Ebd. 105–106). Ihre Lebens- und Arbeitsbedingungen zu dieser Zeit sind schlechter als jemals zuvor, was sich negativ auf ihren Gesundheitszustand auswirkt:

> The effects of continual exposure, under-feeding and hard work were now apparent in all of us [= the draught horses]. Few of us had any hair growing on our lower legs and the skin below was a mass of cracked sores. [...] Like all the others I [= Joey] found every step I took now excruciatingly painful particularly in my forelegs which were cracking badly from the knees downwards, and there was not a horse in the team that was not walking lame (Ebd. 104).

Angesichts solcher erbärmlicher Zustände verzweifelten teilweise sogar die talentierten britischen Veterinäre: »The vets treated us [= the horses] as best they could [...] and pulled back those they could for rest and recuperation; but some had deteriorated so much that they were led away and shot there and then« (Ebd.). Allerdings wurde der Tod vieler Tiere nach Joeys Meinung nicht durch eine unzureichende medizinische Versorgung verursacht, sondern vielmehr durch »the mud, the lack of shelter and the lack of food« (Ebd. 107) – eine Einschätzung, die den tatsächlichen Umständen entspricht, wie sie in Singletons Aufsatz beschrieben werden: »Gunfire and gas accounted for a surprisingly small proportion of equine mortality. [...] Generally speaking, horses had most to fear from exhaustion and mud-borne and respiratory diseases« (Singleton 1993: 199).

Im Anschluss an Joeys letztes Gefecht in der Kavallerieabteilung, das für die Deutschen siegreich endet, werden die überlebenden Soldaten und Pferde als Kriegsgefangene genommen (Morpurgo: 75–77). Zu Beginn werden Joey und Topthorn gut und angemessen behandelt. Aufgrund ihrer Abstammung als Halbblüter sowie ihrem edlen Aussehen, beabsichtigt ein deutscher Hauptmann, sie in seinem Pferderegiment einzusetzen. Er wird allerding von einem Arzt ausgestochen, der die beiden für die sogenannten »stretcher cases« (Ebd. 78) – schwer verwundete Soldaten, die mit Tragbahren vom Schlachtfeld abtransportiert werden müssen – benötigt, da das deutsche Heer angesichts der damaligen Situation auf jegliche Transporthilfe angewiesen war – ganz gleich ob motorisiert oder pferdebetrieben (Ebd. 78–79). Der deutsche Hauptmann kommentiert dies folgendermaßen: »When noble creatures such as these are forced to become beasts of burden, the world has gone mad« (Ebd. 79). Morpurgo verurteilt den Krieg in dieser Passage explizit als verrückt und anormal – und verleiht somit seiner insgesamt pazifistischen Grundeinstellung Ausdruck (Lawson 2009).[6]

Trotz der Einwände des Hauptmanns kommen Joey und Topthorn von nun an als Zugpferde zum Einsatz und bringen verletzte Soldaten in die Feldlazarette (Morpurgo: 81–82). Zunächst ist die Arbeit als Ambulanzpferd relativ angenehm, da die beiden in richtigen Ställen untergebracht und mit ausreichend Futter und Wasser versorgt wurden. Allerdings müssen sie schon kurze Zeit später die Brutalität und Unbarmherzigkeit des Lebens als Zugtier kennen lernen, als sie vor schwere Kanonenwägen gespannt werden. Die eigentliche Arbeit ist dabei nicht schwerer als zuvor beim medizinischen Transport, jedoch sind die Lebensumstände um einiges schlechter:

6 Morpurgos Onkel war überzeugter Pazifist und übte großen Einfluss auf den Autor aus, der ursprünglich vorhatte, den Werdegang eines Offiziers einzuschlagen. Diesen Plan verwarf er jedoch unter der Einwirkung seines Onkels und war immer mehr davon überzeugt, dass Krieg im Allgemeinen komplett sinnlos sei. Stattdessen ergriff er schließlich den Lehrer- und Autorenberuf (Lawson 2009).

> [T]he war was no longer distant. We [= Joey and Topthorn] were back amongst the fearful noise and stench of battle, hauling our gun through the mud, urged on and sometimes whipped on by men who displayed little care or interest in our welfare just so long as we got the guns where they had to go. [...] Food was scarcer now. We received our corn ration only spasmodically as winter came on again [...]. One by one we began to lose weight and condition (Ebd. 100–101).

Da es diesen Tieren an Futter, Ruhe und angemessener Fürsorge fehlte, sie aber dennoch zu schwerster Arbeit gezwungen wurden, verendeten zahlreiche Zugpferde. Sie waren am anfälligsten für Krankheiten und litten unter andauernder Erschöpfung, was eine der häufigsten Todesursachen bei Pferden während des Ersten Weltkrieges darstellte (Singleton 1993: 199). Auch Topthorn war schließlich eines der unzähligen Pferde, die der oft unerträglich harten Arbeit als Einsatztier im Krieg zum Opfer fielen (Morpurgo: 115–117).

Von besonderer Wichtigkeit im gesamten Roman ist die Passage, in der Joey versehentlich im Niemandsland umherirrt. Morpurgo kritisiert in diesem Rahmen einmal mehr, dass unschuldige Kreaturen wie Pferde von der Gewalttätigkeit des Krieges hart getroffen werden.[7] Nach Topthorns Tod möchte Joey nicht von der Seite des früheren Freundes weichen. Ein herannahender Panzer – der erste, den Joey jemals sieht und den er fälschlicherweise für ein »great grey lumbering monster« (Morpurgo: 120) hält – versetzt den equinen Protagonisten jedoch in Panik, sodass dieser komplett verängstigt flieht und kopflos davonjagt. Auf diese Weise gerät er schließlich unwissentlich zwischen die Fronten:

> I [= Joey] saw [...] that I stood in a wide corridor of mud, a wasted, shattered landscape, between two vast unending roles of barbed wire that stretched away into the distance behind me and in front of me. I remembered I had been in such a place once before, that day when I had charged across it with Topthorn beside me. This was what the soldiers called »no man's land« (Ebd. 126).

7 Es bietet sich hier ein weiteres Mal an, eine Parallele zwischen zwei Arten schuldloser Wesen – zwischen Kindern und Pferden – zu etablieren, wie es auch schon im Kontext der Erzählperspektive der Fall war. Sowohl Pferde als auch Jugendliche haben stark unter dem Kriegszustand und den daraus folgenden Konsequenzen zu leiden, obwohl sie komplett unschuldig und oftmals auch hilflos sind, wie es Morpurgo in der Niemandsland-Szene beschreibt.

Joey landet direkt zwischen dem deutschen und dem walisischen Lager. Glücklicherweise herrscht zu diesem Zeitpunkt ein vorübergehender Waffenstillstand, sodass das Pferd nicht noch schlimmer verletzt wird. Während seiner Flucht hatte sich Joey bereits das Vorderbein an einem »invisible coil of barbed wire« (Ebd. 121) verletzt. Hunger, Schmerz, Ermüdung und Einsamkeit veranlassen das Pferd dazu, zu versuchen, die Soldaten auf beiden Seiten zu erreichen, was ihm allerdings aufgrund unüberwindbarer Barrieren aus Stacheldraht nicht gelingt (Ebd. 127–128). Es ist jedoch genau diese Hilflosigkeit des Tieres, die entscheidend ist und einen Moment des Friedens ermöglicht, da sich sowohl ein deutscher als auch ein walisischer Soldat dem Pferd nähern, um es aus seiner misslichen Lage zu befreien:

> [A] man in a grey uniform clamber[ed] up out of the trenches, waving a white flag above his head. […] [H]e began to clip his way methodically through the wire and the pull it aside. All this time, there was much argument and noisy consternation from the other side; and soon a small, helmeted figure in a flapping khaki greatcoat climbed up into no man's land. He too held up a white handkerchief in one hand and began also to work his way through the wire towards me (Ebd. 128).

Joeys Not lässt beide Seiten den Krieg für eine Weile vergessen. Er symbolisiert an dieser Stelle einerseits Unschuld und Verletzlichkeit, gleichzeitig steht er zudem sinnbildlich für Hoffnung, Frieden und Versöhnung zu Kriegszeiten – und kann dies vorübergehend sogar zwischen den beiden Fronten bewirken. Außerdem wird hier erneut deutlich, warum der Autor ein Pferd als Protagonisten und Erzähler seiner Geschichte gewählt hat: Ein derartiger Effekt – dass die gegnerischen Lager kurzzeitig von den Gefechten abgelenkt werden und sich beide darauf konzentrieren, dem Pferd friedvoll zu helfen – ist nur möglich, wenn ein Tier oder alternativ auch ein Kind, kurz gesagt ein unschuldiges Lebewesen im Niemandsland gefangen ist. Gegenüber einem anderen Soldaten oder Hauptmann hätten die Truppen womöglich kein solches Mitgefühl empfunden und ihn seinem Schicksal überlassen. Joey dient in dieser Szene also als Symbol der Hoffnung, der Menschlichkeit und der friedvollen Vereinigung, die auch in Zeiten kriegerischer Auseinandersetzungen möglich ist, da die Gegner zu einer gewaltlosen Lösung hinsichtlich der Frage kommen, wer Joey mit sich nehmen darf (Ebd. 130–132).

Neben Joeys symbolischer Bedeutung lässt sich das gesamte Pferdepersonal der Kavallerie in *War Horse* als Metapher für eine maskuline Übermacht und Dominanz in Kriegszeiten interpretieren. Jegliches Kavalleriepferd, unter anderem Joey, Topthorn und Coco, der mit den anderen beiden während ihrer Zeit bei den Deutschen weilte, ist männlich – entweder Hengst oder Wallach. Metaphorisch stehen diese Tiere also für die Maskulinität des Krieges, die normalerweise durch männliche Politiker, Offiziere oder einfache Soldaten repräsentiert wird. Die wenigen Stuten, die in Morpurgos Roman auftreten, stammen allesamt aus dem landwirtschaftlichen Bereich: Joeys Mutter beispielsweise »was a fine working farm horse […] with all the strength and stamina of an Irish draught horse« (Ebd. 7) und Zoey, das zweite Pferd der Narracotts neben Joey, wurde hauptsächlich zum Pflügen, Eggen oder für ähnliche Farmarbeit eingesetzt. Der Gebrauch von Pferden in *War Horse* spiegelt somit die allgemeine soziale Hierarchie von Männern und Frauen in Kriegszeiten wider: Maskuline Soldaten – durch die Kavalleriehengste verkörpert – kämpften heroisch an der Front während die Frauen – dargestellt durch die weiblichen Arbeitspferde – zuhause blieben und die anfallende landwirtschaftliche Arbeit ausführten. Indem diese gesellschaftlichen Zustände in einem equinen Rahmen präsentiert werden, fügt sich Morpurgos Werk den damals gültigen und anerkannten Rollenverhältnissen. Allerdings kritisiert es diese indirekt und richtet die Aufmerksamkeit des Lesers auf die weiblichen Wesen – Stuten wie Frauen –, indem deren Schicksal sowie ihre harte Arbeit angesprochen und illustriert werden. Jedoch fokussiert die Handlung klar auf den männlichen Protagonisten Joey und dessen Kavalleriekumpanen, sodass die Thematik der femininen Bedeutung und Einflussnahme nicht in ausreichendem Maße behandelt werden.

Anwendung der Literaturtheorie

Für die Theorie Roland Borgards ist wie bereits erwähnt zum einen die Unterscheidung zwischen semiotischen Tieren, definiert als »Träger von Bedeutung […] [beziehungsweise als] Mittel der literarischen Rede« (Borgards 2012: 89), und diegetischen Tieren, den »Objekten der literarischen Rede« (Ebd.), die sich wiederum in realistische und phantastische Wesen unterteilen lassen, essentiell (Ebd. 90–92). Allerdings lässt sich diese grundlegende Differenzierung nicht problemlos auf die Literatur im Allgemeinen übertragen: Die Mehrheit der literarischen Pferde besitzt sowohl semiotische, als auch diegetische Züge, da sie oftmals als real lebende und handelnde Tiere dargestellt werden, die teilweise sogar als equine Protagonisten fungieren (und somit der Vorstellung von diegetischen Tieren entsprechen); gleichzeitig besitzen sie allerding häufig metaphorischen oder symbolischen Wert (wodurch sie als semiotische Charaktere interpretiert werden können). Man könnte sie also zusammenfassend als diegetische Tiere klassifizieren, die jedoch bestimmte symbolische und metaphorische Bedeutungen vermitteln – was auch für Morpugos Joey zutrifft. Hinsichtlich der Kategorisierung der diegetischen Tiere als realistisch oder phantastisch lässt sich über *War Horse* Folgendes sagen: Joey ist dazu in der Lage, rational zu denken, mit anderen Pferden und auch dem Leser zu kommunizieren, da die gesamte Geschichte aus seiner Perspektive erzählt wird. Diese Elemente sprechen im Grunde für eine Charakterisierung als phantastisches Wesen, da Pferde nach unserem heutigen Wissensstand weder über logisches Denkvermögen verfügen, noch der Leserschaft ihre Lebensgeschichte erzählen können. Die Sprachbarriere zwischen Mensch und Pferd innerhalb der Geschichte wird allerding aufrecht erhalten: Joey und Albert können beispielsweise nur durch Gestik und Körpersprache miteinander kommunizieren, obwohl viele menschliche Figuren natürlich mit ihrem Tier reden, um sich selbst oder das Pferd zu beruhigen (Morpurgo: 57–58). Dialogische Sequenzen, in denen die Tiere antworten und auf den Menschen sprachlich reagieren, finden sich nicht in Morpurgos Roman, was wiederum eine Kategorisierung als eher realistisches Tier begünstigt.

Allgemein verfolgt Borgards das Ziel, die ausschließlich literarischen Tierstudien auf den Bereich der kulturellen *Animal Studies* auszuweiten, indem er weitere wissenschaftliche Bereiche in seine Theorie mit einbezieht. Um dieses Anliegen in die Tat umzusetzen entwickelte er die bereits erwähnte Drei-Schritt-Methode des Kontextualisierens, Historisierens und Poetisierens. Dieses Vorgehen wurde auch im Rahmen dieses Aufsatzes angewandt: Zunächst wurde in der Einleitung eine kurze Zusammenfassung des kulturellen Wertes des Pferdes erstellt und dessen Rolle im Krieg nachgezeichnet, was den ersten beiden Schritten entspricht. Der finale Schritt des Poetisierens kam ebenfalls zum Einsatz, indem die Funktion des Pferdes (symbolisch, metaphorisch etc.) und die generelle Darstellung dieses Lebewesens im Roman analysiert wurde.

Borgards Methode hat sich dabei als sehr effektiv herausgestellt, obwohl sie an einigen Stellen an den Rahmen des Aufsatzes angeglichen werden musste.

Hinsichtlich der Handlungsfähigkeit der Tiere unterscheidet Borgards die »empiristische Position« (Borgards 2012: 104), die Tiere als naturgegebene Objekte ansieht, von der »konstruktivistischen Position« (Ebd.), innerhalb derer sie als Produkt kultureller Überformung durch den Menschen interpretiert werden (Ebd.). Morpurgos Joey kann man dementsprechend teilweise gemäß dem zweiten Standpunkt auslegen, da er von Menschenhand aufgezogen, ausgebildet und trainiert wurde. Allerdings kann man ihn hinsichtlich der ›Agency‹-Theorie, die Tiere als ein Interimsstadium zwischen unabhängigem Subjekt und bloßem Objekt definiert, auch als handelnden Akteur ansehen, der aktiv am menschlichen Leben teilnimmt, indem er bestimmte Aufgaben ausführt und spezielle Rollen ausübt (Ebd. 104–105). So kommt Joey unter anderem als Militärpferd in unterschiedlichen Bereichen zum Einsatz (Kavalleriepferd, Zugtier etc.), um das Leben der Soldaten zu erleichtern. Zudem kann man ihm zum Teil den Status eines bewussten Subjekts zusprechen, da er in der Rolle des Erzählers auftritt und über seine Erfahrungen reflektiert. Gemäß der ›Agency‹-Theorie werden Tiere – in diesem Falle Pferde – nicht länger als unterlegene Kreaturen angesehen, sondern als wertvolle und zuverlässige Begleiter, die durch ihre Handlungsfähigkeit einen großen Beitrag dazu leisten, das Leben der Menschen leichter zu machen. Deshalb ist die ideale Mensch-Pferd-Interaktion von einem gegenseitigen Geben und Nehmen charakterisiert, wobei beide Seiten von dieser Situation profitieren [in War Horse unter anderem während der Zeit, die Joey auf der Farm verbringt und den Menschen dort viele Aufgaben abnimmt (Morpurgo: 10–12)].

Schluss

Zusammenfassend lässt sich das Gebiet der literarischen Pferdedarstellung als sehr vielfältig und abwechslungsreich beschreiben. Der vorliegende Aufsatz bietet dabei einen ersten Einblick in den Bereich der ›Literary »Horse« Studies‹ am Beispiel Michael Morpurgos Roman *War Horse*. Literarisch dargestellt wurden zum einen unterschiedliche Rollen, die den Pferden in der modernen Kultur zukommen (unter anderem deren Einsatz in Landwirtschaft und Kriegswesen, aber auch ihre Bedeutung für die jungen Soldaten als Begleiter und Vertraute während des Krieges). In Bezug auf die Literaturtheorie fiel eine Einordnung der konkreten Pferdegestalt Joey als realistisch oder phantastisch – gemäß der Unterscheidung Roland Borgards – relativ schwer, da sie Eigenschaften beider Klassen in sich vereint. Borgards dreischrittige Methode wurde hingegen erfolgreich auf *War Horse* übertragen. Des Weiteren besitzt das Pferd in Morpurgos Werk einen bestimmten symbolischen und metaphorischen Wert – eine Funktion, die zu Beginn des Aufsatzes theoretisiert wurde und anschließend im Zuge der Literaturanalyse auf den Text angewandt wurde. Insgesamt bietet das junge Feld der ›Literary Animal Studies‹ zahlreiche Anknüpfungsmöglichkeiten: Es wäre beispielsweise interessant, mehrere Pferderepräsentationen in der Literatur miteinander zu vergleichen. Zudem könnte man andere Bereiche wie beispielsweise Film- oder Theaterinszenierungen in eine Analyse miteinbeziehen und Gemeinsamkeiten sowie Unterschiede herausarbeiten. Generell stellte sich die Untersuchung der Pferdegestalt im Roman *War Horse* als derart faszinierend und bereichernd heraus, dass sich eine weiterführende Forschung uneingeschränkt anbietet.

Literatur

Baldick, Chris (2008), *Oxford Dictionary of Literary Terms*, Oxford: Oxford University Press,01.07.2013, http://www.oxfordreference.com/view/10.1093/acref/9780199208272.001.0001/acref-9780199208272.

Borgards, Roland (2012), Tiere in der Literatur – Eine methodische Standortbestimmung, in: Grimm, Herwig/Otterstedt, Carola (Hrsg.), *Das Tier an sich: Disziplinenübergreifende Perspektiven für neue Wege im wissenschaftlichen Tierschutz*, Göttingen, S. 87–118.

Dingley, Robert (1997), A Horse of a Different Color: *Black Beauty* and the Pressures of Indebtedness, in: *Victorian Literature and Culture* 25/2, S. 241–51.

Ferber, Michael (22007), *A Dictionary of Literary Symbols*, Cambridge.

Koselleck, Reinhard (2003), Das Ende des Pferdezeitalters, in: *Süddeutsche Zeitung* (25.9.2003), S. 18.

Kropp, Ruthild (2002), *Konstanz und Wandel der Pferdedarstellung in der neueren deutschen Literatur*. Frankfurt/Main.

Lawson, Mark (2009), The ride of his life, in: *The Guardian* (12.03.2009), 14.06.2013, http://www.guardian.co.uk/books/2009/mar/12/war-horse-michael-morpurgo.

Lyall, Sarah (2011), Undaunted Author of *War Horse* Reflects on Unlikely Hit, in: *New York Times* (12.04.2011), 14.06.2013, http://www.nytimes.com/2011/04/12/books/michael-morpurgo-author-of-war-horse-an-unlikely-hit.html?_r=0.

Morpurgo, Michael (2010), Once upon a life: Michael Morpurgo, in: *The Observer* (11.07.2010), 15.06.2013, http://www.guardian.co.uk/lifeandstyle/2010/jul/11/once-upon-life-michael-morpurgo-farms-city-children.

Morpurgo, Michael (2011), *War Horse*, hgg. v. Lutz Walther, Stuttgart.

Nünning, Vera/Nünning, Ansgar (2008), *An Introduction to the Study of English and American Literature*, Stuttgart.

Robinson, Gavin (2012), The Military Value of Horses and the Social Value of the Horse in Early Modern England, in: Edwards, Peter/Enenkel, Karl A. E./Graham, Elspeht (Hrsg.), *The Horse as Cultural Icon: The Real and the Symbolic Horse in the Early Modern World*, Leiden, S. 351–76.

Sewell, Anne (1993), *Black Beauty*. Ware/Hertfordshire.

Singleton, John (1993), Britain's Military Use of Horses 1914 – 1918, in: *Past and Present* 139, S. 178–203.

Walther, Lutz (2012), *War Horse* (Michael Morpurgo, Nick Stafford – Steven Spielberg): Von Pferdemisshandlungen und Familienersatz, in: Bohnenkamp, Anne/Lang, Tilman (Hrsg.), *Literarturverfilmungen*, Stuttgart, S. 339–50.

Pferde im Zweiten Weltkrieg

Riccardo Altieri

Die eigentliche Bestimmung des Pferdes im Zweiten Weltkrieg

Der polnische Historiker Janusz Piekałkiewicz (1925–1988) erkannte bereits 1976, welche Rolle die majestätischen Vierbeiner im Zweiten Weltkrieg spielten, wenn er schreibt, dass das

> »Pferd niemals in seiner langen Geschichte [...] rücksichtsloser ausgenutzt [wurde] als im Zweiten Weltkrieg. [...] Beinahe doppelt so viele wie im Ersten Weltkrieg, 2,75 Millionen Pferde, einschließlich der Maultiere, zogen für Führer und Vaterland ins Feld. Die Rote Armee, getreu ihrer Reitertradition, schickte gut 3,5 Millionen Rosse in den Kampf; wie viele von ihnen das Gemetzel überlebten, werden wir nie erfahren« (Piekałkiewicz 1976: 4; zur Geschichte der Kavallerie der Roten Armee: Gosztony 1969: 479–489).

Aus der heutigen Perspektive lässt sich diese Aussage nicht revidieren, ein Annäherungsversuch ist dennoch möglich. »Die Deutsche Armee verlor im Durchschnitt täglich 865 Pferde. Der Kessel von Stalingrad kostete etwa 52.000 Pferde das Leben« (Meyer 1982: 185). Der massive Einsatz von Pferden während des Zweiten Weltkrieges wirkt in der Gegenwart beinahe wie ein rückgreifender Anachronismus. Das Nutzen von Maultieren als Gepäcktransporthilfe in unwegsamem Gelände leuchtet ein, noch heute greift das Militär auf diese Art von Tieren zurück. Pferde erfüllen ebenso einen Zweck, betrachtet man beispielsweise das Wachbataillon der Deutschen Bundeswehr: sie sind repräsentativ. Auch die Polizei setzt heute Pferde aktiv im Dienst ein, beispielsweise in Berlin. Doch die immense Summe an Pferden, derer sich Wehrmacht und Waffen-SS bedienten, belegt ganz klar einen Kavallerie-Charakter. Ein möglicher Grund hierfür darin liegen, dass es der deutschen Industrie während des Zweiten Weltkriegs nicht gelang, »auch nur annähernd so viele Fahrzeuge zu produzieren, wie für eine durchgreifende Vollmotorisierung nötig gewesen wären« (Menzel 2013). Betrachtet man einzelne Dokumente aus der Zeit des Nationalsozialismus allerdings etwas genauer, wird schnell klar, dass das Pferd trotz der bereits erwähnten anonymen Zahlen nicht einfach nur ein unbeseeltes Nutztier war. Vielmehr sollte das Pferd behütet und gepflegt, beinahe den eigenen Bedürfnissen voran gestellt werden. Über den Grad der Spezies hinaus galt das Pferd dem deutschen Soldaten seit dem Ersten Weltkrieg als Kamerad (Graf von Norman Senior 21938). Doch auch in anderen Armeen kam dem Pferd eine gesonderte Rolle zu. So widmete man im November 2004 im Londoner Hyde Park den »animals in war« ein Denkmal, um ihrer Leistungen für die Kriegsdienste am Empire zu gedenken (Animals In War Memorial Fund 2014).[1] Dieser ungewöhnliche Respekt vor dem Tier und die Geschichte des Pferdes im Allgemeinen, wie sie der vorliegende Band eruieren möchte, gaben Anlass zur Untersuchung des Lebens der Pferde im Zweiten Weltkrieg.

Der vorliegende Beirtag beschäftigt sich deshalb dezidiert mit der Geschichte des Pferdes in den deutschen Streitkräften während des Zweiten Weltkrieges. Hierbei soll, neben der Beschreibung der Tätigkeit der Pferde in den unterschiedlichen Verbänden, vor allem der Frage nachgegangen werden, wie sich der Einsatz von Pferden im Kriegsalltag darstellte, welche militärischen Erfolge nur aufgrund der Mithilfe der Kavallerie überhaupt möglich waren und inwieweit sich die Gefechtssituation für Soldaten veränderte, sobald Pferde zum Einsatz kamen.

Ost- und Westfront – Pferde im totalen Einsatz

Otto Hermann Fegelein (1906–1945) war durch seine Ehe mit Margarete »Gretl« Braun (1915–1987), der Schwester Eva Brauns (1912–1945), nicht nur der »Schwippschwager«[2] Adolf Hitlers (1889–1945),

1 Vergleichbare Denkmäler gibt es auch in Deutschland, bspw. das von den Nationalsozialisten 1939 errichtete Denkmal für die gefallenen Brieftauben des Ersten Weltkriegs in Berlin-Spandau.

2 Aufgrund mangelnder biographischer Darstellungen zur Person Fegeleins kann die Verwandtschaft zu Hitler auch heute nicht zweifelsfrei bestätigt werden, da seine Erschießung in unmittelbarer Nähe zum 29. April 1945, dem Tag der Hochzeit Hitlers, erfolgte (Riess 2000: 106).

sondern auch der wichtigste Vertreter des Nationalsozialismus, wenn es um die Angelegenheiten der Pferde ging (Bahro 2014: 66; Fest 1973: 1010). Bereits 1931 beantragte Fegelein die Aufnahme in die SS und wurde schließlich der berittenen SS-Abteilung in München zugeordnet. Am 1. August 1932 trat er der NSDAP bei, wobei er zunächst als SA-Mitglied im *Münchner Reitersturm 1*[3] tätig war. Damit war er während der gesamten Herrschaft der Nationalsozialisten im Umfeld der Kavallerie und ihrer Vorläuferstrukturen aktiv. Seine ruhmlose Größe erlangte Fegelein ab Juni 1941 im Ostfeldzug, als er im so genannten Kampf gegen die Partisanen bis Ende desselben Jahres rund 40.000 jüdische Männer, Frauen und Kinder ermorden ließ. In den ersten Gefechten tötete er 13.788 Menschen und verlor selbst lediglich zwei, 15 wurden verwundet. Diese Zahlen symbolisieren, dass 90 % der Ermordeten sicherlich keine Partisanen waren, sondern Zivilisten jüdischen Glaubens (Pieper 2012: 126–187).

Doch die von Fegelein kommandierte SS-Kavallerie-Division[4] war ideologisch nicht mit den Kavallerie-Einheiten der Wehrmacht gleichzusetzen. Massaker, wie sie Fegelein unter anderem im August und September 1941 in Pinsk und Bobruisk anrichten ließ, waren vielen Offizieren außerhalb von SS und NSDAP zuwider. So war die SS-Kavallerie-Division der 9. Armee unterstellt, deren Angehörige trotz der elitären Bestrebungen Fegeleins stolz auf ihre Wehrmachtsuniform waren und einer SS-Uniform eher ablehnend gegenüberstanden. Man sah sich selbst als Soldat in der konservativen Tradition der Preußischen Garde-Kavallerie-Division und hatte »keinerlei Sympathie für den Nationalsozialismus.« Das wohl berühmteste Beispiel für Offiziere, die diese

3 Die Abteilungen des SS-Reitersturms wurden ab Februar 1931 gebildet (Rötsch 2002: 260). Ihre ersten 25 Mitglieder entstammten dem Bund Oberland. Vgl. zu diesem Freikorps Altieri 2013.

4 Hierbei handelte es sich um die 8. SS-Kavallerie-Division »Florian Geyer« sowie die 22. und 37. SS-Freiwilligen-Kavallerie-Division. Es gilt zu beachten, dass gerade zu diesen Einheiten eine Reihe populärwissenschaftlicher Literatur existiert, die aufgrund ihres teilweise apologetischen Charakters nicht nur nicht für diesen Aufsatz herangezogen wurden, sondern generell kritisch zu betrachten sind. Als Beispiel sei hier nur eine Publikation des dem rechten Spektrum zuzuordnenden Leonidas-Verlages genannt: Michaelis, Rolf (2007), *Die Kavallerie-Division der Waffen-SS*, Berlin. Generell existiert eine Reihe von Literatur, die die Truppengattungen der Wehrmacht übermenschlich und beinahe unbesiegbar erscheinen lässt. Dies wurde speziell für berittene Einheiten kritisiert: DiNardo, R. L./Bay, Austin, »Horse-Drawn Transport in the German Army«, in: *Journal of Contemporary History* 23/1 (1988): 129–142, hier 129.

Ansicht teilten, ist Richard von Weizsäcker, der spätere Bundespräsident der Bundesrepublik Deutschland. Viele seiner Kameraden mit ähnlichen Avancen betonten ihre Loyalität zum Vaterland, wollten aber aus eben diesem Grund den Widerstand gegen Hitler[5] im Untergrund unterstützen, worauf später noch eingegangen werden wird (Pieper 2012: 212–218; Stahl 1980: 23f.; v. Herwarth 1985: 236; v. Weizsäcker 1997: 74–76, 87–91).

Abb. 1: 8. SS-Kavallerie-Division 1941 in Russland. BArch, Bild 101III-Adendorff-002–18A / Photograph: Peter Adendorf.

Seit 1930 wurde unter der Initiative Ernst Röhms (1887–1934) an der Gründung einer Reiter-Einheit gearbeitet, deren Mitglieder aus finanziellen Gründen in den ländlichen Gebieten Süddeutschlands geworben wurden. Da Bauern und Landwirte eigene Pferde mitbrachten und meist bereits reiten konnten, war eine mühsame und zeitintensive Ausbildung unnötig (Longerich 1989: 93). Ab 1933 wuchs diese *Reiter-SA* stetig an, besaß 1935 bereits 88.000 Mann, 1939 sogar 200.000. Im Gegensatz dazu behielt die *Reiter-SS* in den 1930er Jahren eine konstante Stärke von nur rund 12.000 Mitgliedern (Wilson 2004: 72f.; Pieper 2012: 24).

5 Gemeint sind hier neben Vertretern der berittenen Einheiten, was am Beispiel der Gebrüder von Boeselager noch untersucht wird, vor allem zwei enge Freunde von Weizsäckers: Axel von dem Bussche und Fritz-Dietlof von der Schulenburg.

Dabei bildete die Reiter-SS allerdings die Elite, besaß also die talentiertesten Reiter (Wilson 2004: 76). Bisweilen fanden sich dort auch legendäre vierbeinige »Veteranen«. Der im Ersten Weltkrieg eingesetzte Rappe »Tetzel«, der dem 1. Ulanen-Regiment bereits 1906 von Wilhelm II. (1859–1941) persönlich zum Geschenk gemacht worden war, lebte angeblich bis 1936 und diente bis zu seinem Tod im 17. Reiter-Regiment in Bamberg (Waffenring 1960: o. S.). In anderen Teilen des Reiches wurden ebenfalls seit Ende des Ersten Weltkrieges zügig Reiter-Abteilungen ausgehoben. So trainierten auf den Truppenübungsplätzen Torgau an der Elbe und Züllichau beinahe durchgehend ehemalige Kesselpauker, Husaren und Kürassiere, die als Veteranen seit 1918 nach neuen Aufgaben suchten. Das Leben auf den Truppenübungsplätzen war abwechslungsreich, wenn man beispielsweise 1927 (in Thüringen), 1928 (in Schlesien) und 1930 (in Franken und Thüringen) »unvergessene Manöver« und bisweilen auch »Reiterjagden« durchführte. Nach Hitlers Machtergreifung veränderte sich das Leben in den Garnisonen, zumeist wurden Verbände neu aufgestellt und umbenannt. So wurde 1936 unter anderem aus dem 10. (Preuß.) Reiter-Regiment das Kavallerie-Regiment 10, das zuvor aus fünf Reiter-Schwadronen, in der Folge aus elf bestand (Waffenring 1972: 5f.).

Dienstliche Vorschriften bezüglich der Pferdepflege

Über die Ausbildung im Felddienst des Reiter-Rgt. 3 der Reichswehr heißt es, dass der Soldat einmal pro Woche zu Fuß und, sobald er die Reitausbildung absolviert hat, ebenso oft mit dem Pferd ins Gelände muss, um die Geländearten zu erlernen. So wird auf insgesamt 17 Seiten erläutert, wie sich der Reiter in welcher Lage zu verhalten hat. Im Falle eines Marsches regelte die Reitausbildung den Ritt beispielsweise wie folgt:

> Hierbei beobachten in der Regel die vordersten Leute nach vorwärts, die mittelsten nach beiden Seiten und die hintersten nach rückwärts. Beim Halten und Beobachten sind die noch so geringfügigen Deckungen unbedingt auszunutzen: Also dichtes Heranstellen jedes einzelnen Reittiers an einen Chauseebaum oder Herunterstellen in den Strassengraben u.s.w. Dies ist nicht Kleinigkeitskrämerei. In der unsicheren Zone verlässt die Patrouille die Strasse, sobald diese von weither eingesehen wird, um von Deckung

> zu Deckung vor wie dahin zu kommen, von wo aus sie den ungestörten Beobachtungspunkt erreicht. Bietet das Gelände keinen, so herunter von den Pferden, mit den Pferdehaltern in Deckung (der Wald ist unser Freund) zurückbleiben und mit dem Karabiner zu Fuss oder auf allen Vieren, bis ein solcher Punkt erreicht ist. – (BArch RH 40/18 1924:1–11).

Mit insgesamt zunächst 41 Reichs-Wehr-Kavallerie-Regimentern besaß die Vorläufige Reichswehr nach Umstrukturierungen im September 1939 mit 24 Regimentern immer noch deutlich mehr Einheiten als der Versailler Friedensvertrag erlaubte. Bis Mai 1920 reduzierte man die Anzahl der Reiter auf drei Kavallerie-Divisionen mit insgesamt 18 Reiter-Regimentern. Ab 1936 wurden die Reiter-Regimenter dann in Kavallerie-Regimenter umgewandelt, bis 1939 schließlich alle Wehrkreise mit Ausnahme des XVIII. ein Kavallerie-Regiment besaßen, deren Wehrkraft reichsweit noch durch die 1. Kavallerie-Brigade mit den Reiter-Regimentern 1 und 2 ergänzt wurden (Menzel 2013). Eine Kavallerie-Division im Regiment 1 bestand aus einer Eskadron Vorhut, einer Eskadron Vortrupp und drei Eskadronen Haupttrupp. Diese fünf Einheiten der 400 Pferde starken Formation sicherten sich jeweils durch sechs bis acht Reiter, die den Grundsätzen »ausspähen, absuchen, melden« folgten, gegen Überfälle ab. Verbunden waren die fünf Eskadronen durch so genannte Verbindungsreiter. Sie gewährleisteten die Kommunikation zwischen den Eskadronen. Eine Nachspitze und zwei Seitenpatrouillen sicherten den Zug nach allen Seiten (BArch 40/18, Einzeldokument 1 ohne Seitenzahl, einseitig). Eine Vorposten- oder Aufklärungseskadron bestand in der Regel aus 80 Pferden (BArch 40/18 1924: 13). Zusätzlich konnte ein Zug von Fahrradfahrern und schweren Maschinengewehren flankiert werden. Traf der Vorpostendienst auf eine Ortschaft, so bildeten berittene Soldaten so genannte »Außen-« und »Innenwachen«. Letzterer kamen dabei Aufgaben zu wie die Ordnungseinhaltung, die Einhaltung des Zapfenstreiches und sonstige polizeiliche Zuständigkeiten (BArch 40/18 Einzeldokument 2 ohne Seitenzahl, dreiseitig). Gelang die Einnahme einer Ortschaft jedoch nicht, dann lag dies zumeist an überlegenen Waffengattungen, derer sich die Verteidiger bedienten und gegen die eine Gruppe Pferde quasi machtlos war.

> Als der Chef gegen 21.00 Uhr vielleicht 10 m ostwärts des 1. Hauses von Loswinka[6] ist, wird eine Rosa-Leuchtkugel geschossen und es erfolgt eine Sekunde später ohne Anruf oder dergleichen rasendes M.G.-Feuer auf die zurückgallopierende Schwadron. Geländemäßig sehr begüssigt [sic!] durch offene Pläne schlug das Feuer meist über die Schwadron hinwegziehend, lange hinterher. Bei der dadurch entstandenen Panik wurden die Leute überritten und die Pferde liefen weg. Der Chef versuchte in Gorlowtschina die Schwadron zu sammeln, was nur zum Teil gelang, marschiert auf Gribany zurück, zieht dort unter und sichert das Dorf. Durch Funk wird der Vorfall gemeldet und, daß der Feind, wie man annehmen muss, nach Süden abzöge. – (Barch RH 40/27 1943: 3. April)

Die beschriebene Situation dient als Paradebeispiel für einen Angriff zu Pferd gegen eine Stellung, die obendrein noch mit MGs ausgestattet ist. Natürlich sind diese Situationen – Pferd vs. Maschinengewehr – mit Beginn des Ersten Weltkrieges weithin bekannt. Es stellt sich die Frage, weshalb man im Zweiten Weltkrieg erneut mit Kavallerie operierte? Wie stellte sich diese Situation im Gefecht konkret dar? Zunächst muss davon ausgegangen werden, dass Pferde bei lauten Geräuschen scheu werden, weshalb es notwendig war, die Pferde in einer Reihe, sozusagen einer Schlachtformation aufzustellen. Dadurch konnten die Pferde im Galopp nur schwer ausscheren oder gar fliehen. Das Ziel lag klar vor Augen, das Sichtfeld zu den Seiten hingegen war deutlich eingeschränkt. Dabei verwandelte sich jedoch die Stärke der antiken, mittelalterlichen oder frühneuzeitlichen Reiterei in den beiden Weltkriegen in das genaue Gegenteil. Masse und Kraft wurden ersetzt durch eine vergrößerte Angriffsfläche für die feindlichen Schützen. Dennoch beschrieb der Verfasser des KTB Nr. 1, dass die Verteidiger der Ortschaft über die Köpfe der fliehenden Reiter hinweg in den Himmel schossen. Ein Resultat der Zielfindung des MG-Schützen. Sieht man von der rosa beleuchteten Angriffsfläche im oben beschriebenen Gefecht einmal ab, waren derartige Angriffe in der Nacht oftmals schlecht erkennbar oder überschaubar. Man zielte also »gefühlt« nach oben, wie man es auch im Gefecht bei Tageslicht tat. Die beiden Hauptgründe dafür lagen auf der Hand. Erstens besaß der Reiter des Pferdes für gewöhnlich eine Handfeuerwaffe, weshalb es galt, ihn auszuschalten. Zweitens barg jedoch die gezielte Tötung

6 Vermutlich handelt es sich hier um Losvinka in Russland (nahe Smolensk), etwa 20 km vor der weißrussischen Grenze. Gribany ist eine Ortschaft in Weißrussland, die etwa ebenso weit von der russischen Grenze entfernt liegt.

des Reiters auch die Möglichkeit, das Pferd unversehrt zu lassen, damit es, wenn es seinem natürlichen Fluchtinstinkt folgte, über die Verteidigungslinie hinweggaloppierte und dort eingefangen werden konnte. Je nach Zustand des Vierbeiners war eine Weiterverwendung für die eigenen Verbände tendenziell immer möglich, denn Pferde gehorchten dem Reiter, nicht der Flagge. Der oben geschilderte Fall vom 3. April 1943 forderte zwar keine schwereren Opfer, er endete dennoch mit einer beinahe tragischen Berichterstattung: »Der Schwadronchef (erfuhr) am nächsten Morgen durch einen nach Loswinka geschickten Spähtrupp, daß es sich bei dem Feuerüberfall vom Vorabend um eigene Truppen gehandelt habe« (Ebd.: 4. April). Dieser unangenehme Zwischenfall sollte den Regimentsführer jedoch nicht davon abhalten, zwei weitere Tage später auf einem Kasino-Abend den Geburtstag des Regiments zu feiern, bei dem er alle Anwesenden aufforderte, auf das Wohl des Regiments zu trinken, auf dass es noch viele Geburtstage feiern möge (Ebd.: 6. April).

Seit der Neustrukturierung des Reitwesens durch die Nationalsozialisten entstand eine ganze Reihe von Anordnungen und Verhaltensvorschriften, wie der Besitzer eines Pferdes mit diesem umzugehen habe. Das wohl prominenteste Beispiel hierfür ist eine Neuauflage der Reitervorschrift H. Dv. 12, die seit 1882 in mehreren Überarbeitungen immer wieder erschienen ist. 1912 und 1926 aktualisiert, kam am 18. August 1937 die letzte Auflage dieser Heeres Dienstvorschrift 12 in einem praktischen Taschenbuchformat – der Soldat sollte sie stets bei sich führen – in Berlin heraus (Reitervorschrift 2001). Darüber hinaus erschien 1938 die Vorschrift »Das Truppenpferd«, das unter anderem eine Benennung aller äußeren Körperteile des Pferdes in insgesamt 53 Punkten beinhaltete (BArch RHD 4/11/2 1938:18f.). Mit insgesamt dreizehn Hinweisen zur Pferdepflege wurde dem Reiter eine Agenda an die Hand gegeben, die er stets zu beachten hatte. Darin heißt es beispielsweise: »1. Dein Pferd ist ein lebendiges Wesen, fleißig, treu und willig. Es leidet unter Kälte, Regen, Überanstrengung, Hunger und Durst wie Du selbst. Drum: Behandle Dein Pferd als das, was es ist, als Deinen Kameraden und pflege es gut: schlage und überanstrenge es nicht« (BArch RH 12–24/7 1943: 1). Das Pferd wird an dieser Stelle nicht nur als Kamerad beschrieben, es wird dem Reiter sogar noch vorangestellt, wie in der neunten Regel festgehalten wurde: »Kommst Du müde, naß, kalt und hungrig nach Hause, vergiß Deine Pferde nicht! Sie haben noch mehr leisten müssen. Darum: Im Quartier sofort füttern. Sind die Pferde naß, reibe sie mit Stroh ab und tränke erst, wenn es trocken ist« (Ebd.). Diese Regeln wirken auf Grund des teilweise flapsigen Tonfalls und des Duz-Comments bisweilen nicht sehr ernsthaft, was allerdings täuscht. Das Merkblatt endete mit dem Satz: »Auf jedes einzelne Pferd kommt es an. Wir sind im 5. Kriegsjahr. Wer seine Pferde verkommen läßt, begeht Sabotage und vergeht sich schwer« (ebd.: 2). Der Begriff »vergeht«, anspielend auf eine Straftat, war hier wörtlich zu nehmen, denn der Verlust eines Pferdes war nicht zu entschuldigen, da die Pferdezucht in der Heimat nicht an die schnellen Veränderungen einer Front angepasst war. Sah man von der Notwendigkeit des Pferdeeinsatzes im Ackerbau einmal ab, ohne den die Truppen an der Front keine Nahrungsmittel mehr erhalten hätten, so war vor allem die Wachstumsphase eines Pferdes bis zur Kriegstauglichkeit mit fünf Jahren ein immenser Zeitfaktor.

Pferdebesitzer waren selten auch diejenigen, die für die Pflege des Pferdes zuständig waren. Einfachen Mannschaftsdienstgraden oblag beispielsweise das Reinigen der Tiere mit speziellen Pferdeputzmaschinen (BArch 12–3/28 1926: 1). Die Reiter waren oftmals Offiziere, Sanitätsoffiziere, Veterinäroffiziere und höhere Beamte, denen man seit 1928 ein »Dienstpferd zu dauerndem Gebrauch als Dienst-Offizierspferd mit Aussicht auf späteren Eigentumsübergang« beistellte (BArch RHD 4/13 1928: 1). Doch die kriegsbedingten Notwendigkeiten konnten es auch verlangen, dass Offiziere mit dem PKW fuhren und einfache Mannschaftsdienstgrade für ihren jeweiligen Aufgabenbereich Pferde zugewiesen bekamen. In einer Einsatz-Liste des Kavallerie-Regiments-Mitte im Sommer 1943 wird bestimmten Regimentsangehörigen entweder ein KfZ oder ein Pferd zugewiesen. Stabsarzt Dr. Deeke und sein Fahrer Rtr. Marquardt nutzten demnach einen PKW. Die Obergefreiten Graf und Best erhielten Maultiere für Küche und Verpflegung. Einer bestimmten Gruppe von Soldaten wurde allerdings eine Gruppe von Pferden zugesprochen, die nicht einfach nur als solche bezeichnet wurden, sondern die sogar eigene Namen besaßen. So erhielt der Obwm. Hombergs das Pferd Windblume, die Obergefreiten Klemme, Biester und Heblich ritten auf Sperber, Odal und Oleander, die Gefreiten Hupfer, Suck und Stüber bekamen Tourist, Wanderfalke und Tasso und der Gespannfahrer sowie Kosak Iwan Muckametschi erhielt bezeichnender Weise das Pferd Iwan (BArch RH 40/30 1943: 217). Eine Übernahme der Pferdenamen von ihrem ursprünglichen Besitzer ist natürlich die naheliegende Antwort auf die Frage, woher die Pferde ihre Namen erhielten. Denn ebenso wie Soldaten wurden im Mobilmachungsfall auch Pferde eingezogen. Über diese sog. »Pferdeeinberufung« wurde ebenso Buch geführt, wie über die gewöhnliche Rekrutierung. In einem beispielhaften Fall wurden in München bei solch einer Gelegenheit 33 leichte und sechs schwere Zugpferde aus dem Stadtbezirk XXXIII einberufen und dem 19. Infanterie-Regiment überstellt (BArch RH 37/200 1937: 1).

Versorgung und Verluste

Im Bericht des Heeresgruppenveterinärs der Heeresgruppe Mitte Dr. Schaefer vom 20. August 1943 machte der Tiermediziner durch eine Auflistung des Pferdebestandes erkenntlich, wo es zu diesem Zeitpunkt an Pferden mangelte. Dem Regimentsstab fehlten mit 30 Reitpferden und zwölf Lastpferden derzeit 34 Reitpferde und 20 weitere Lastpferde. Dabei war die Qualität des Futters gut, die der Wartungs- und Pflegegeräte mittelmäßig und Zahnpflege sowie Hufbeschlag seien »in Ordnung« gewesen. Der Nachrichten-Schwadron fehlten nur fünf Pferde für die erforderlichen 106. Die LG-Batterie war mit 168 Pferden immer noch vollzählig. Futter und Ausrüstung nahmen hier allerdings qualitativ ab. Die 11. Schwadron bestand dabei aus gemischtfarbigen Pferden, von denen mit 235 noch 104 für die geforderte Menge von 339 Pferden fehlten. Der Futterzustand auf dieser Ebene der Truppengattung war »mäßig, vereinzelt schlecht«[7]. Die Fuchsschwadron der ersten Abteilung hatte mit 309 Pferden nur etwa 30 Pferde zu wenig und besaß dabei einen guten Futterzustand. Im 3. Schwadron, das aus Braunen, und im 4. Schwadron, das aus schweren Schimmeln bestand, war die Lage vergleichbar. Die 6. Schwadron besaß mit 172 Rappen gerade einmal halb so viele Pferde wie nötig. Auch hier war der Futterzustand »mäßig«. Insgesamt fehlten den Schwadronen des Kavallerie-Regiments mit

7 Die Quelle nennt keine genaue Zusammensetzung des Futters. Gegen Ende des Krieges war die Bevölkerung in der Heimat dazu angehalten worden, Futter und Futtermittel für die Pferde zu besorgen. Qualitative Abstriche musste man bereits beim Wechsel von Hafer, der besten Nahrungsquelle für Pferde, auf andere Getreidesorten in Kauf nehmen. Besonders unbekömmlich waren so genannte Laubkuchen, die mit meist von Kindern gesammelten Blättern in Deutschland gepresst wurden und dann an die Front verbracht wurden. Erst sehr spät stellte sich heraus, dass die Pferde auf diese Nahrung mit Koliken reagierten, die nicht selten zum Tod führten.

3995 Pferden rund 1450 Pferde zum notwendigen Ausgleich. (BArch RH 40/30 1943: 257–260).

Eine Vielzahl der Pferdeopfer forderte seit Kriegsbeginn der rücksichtslose und schnelle Vormarsch ins Feindesland. Festgehalten wurde diese Strategie in Befehlen, die auch die vierbeinigen Kameraden einschlossen: »Es kommt darauf an, nach dem Durchbruch die Bewegung im Schwung zu erhalten und ohne Rücksicht auf Flankenbedrohung bei Tag und Nacht rastlos vorwärtsdrängend soweit vorzustoßen, als es Betriebstoff und Pferdekräfte gestatten. Kein mot. Verband darf rasten, es sei denn zum Aufschließen zum Gefecht oder zu technischen Halten!« (BArch RH 40/22 1941: o. S., Blatt 2). Kam es im Krieg zu Opferzahlen, so wurden diese in den Kriegstagebüchern festgehalten. In den Kategorien »gefallen«, »verwundet« und »vermisst« wurden hier mehr oder weniger genaue Zahlen dokumentiert. Die Auflistungen betrafen jedoch stets nur Offiziere, Unteroffiziere und Mannschaften, in dieser Reihenfolge verständlicher Weise mit zunehmenden Verlustzahlen. Es fehlten jedoch Pferde in den Tabellen. Über die tatsächlichen Verluste auf Seiten der Pferde kann zumeist nur spekuliert werden. Tabellarische Aufzeichnungen in Kriegstagebüchern, die Pferdeverluste aufführten, waren geradezu eine Seltenheit:

Betrachtet man in der Tabelle 1 die unterschiedlichen Verlustzahlen, so sind diese beinahe überall konstant im Durchschnittsbereich der jeweiligen Dienstgradzugehörigkeit. Einzige Ausnahme, und damit möglicherweise ein Hinweis auf die tatsächlichen Verluste an Pferden während des Zweiten Weltkrieges, ist die Spalte zu den Verlustzahlen der Pferde. Ihre Anzahl nahm – mit wenigen Ausnahmen – kontinuierlich ab, bis letztlich fast 400 Pferde während eines halben Jahres ums Leben kamen. Der Kommandeur der 1. Abteilung des Reiter-Regiments 22 und Verfasser der oben stehenden Tabelle schrieb am 19. Juli 1940:

> Hohe Anforderungen traten an unsere Pferde heran, die bei glühender Hitze, ohne abgesattelt zu werden, mit meist nur kleinen Futter-, Rast- und Ruhepausen marschierten. Es fielen seit dem Einsatz im Westen von den 871 Pferden der Abteilung aus: 230 aktive und 19 Beutepferde. Die unberittenen Mannschaften wurden, soweit sie nicht auf einem Beutepferd beritten gemacht werden konnten, in einer Radfahrerschwadron unter Leutnant Rauch zusammengefasst. Seit dem Ausmarsch des Regiments aus Göttingen ist die Abteilung mit der Masse 3350 km marschiert – (BArch RH 40/9 1940: 5).

Tag	Gefechtsstärke des Reiterregiments 22[75]				
	Offz.	Beamte	Uffz.	Mannsch.	Pferde
10.1.40	41	4	325	1552	1895
21.1.40	48	2	363	1741	1836
31.1.40	49	2	355	1733	1813
11.2.40	47	2	364	1723	1808
21.2.40	47	2	358	1664	1870
1.3.40	45	2	358	1657	1829
11.3.40	39	2	351	1815	1828
21.3.40	38	2	351	1641	1836
31.3.40	34	2	342	1644	1821
11.4.40	37	2	332	1636	1873
21.4.40	41	2	330	1667	1865
1.5.40	44	2	336	1725	1870
11.5.40	49	3	347	1789	1869
21.5.40	Wegen Gefechtshandlungen nicht festgestellt				
31.5.40	49	3	347	1724	1763
11.6.40	39	2	296	1551	1640
21.6.40	46	3	329	1721	1634
1.7.40	38	2	314	1648	1459
11.7.40	39	2	318	1597	1503
21.7.40	41	3	333	1619	1506
31.7.40	40	3	309	1556	1510

Tab. 1: Gefechtsstärke des Reiterregiments 22 im ersten Halbjahr 1940.

Weitere Indizien über die realen Zahlen lassen sich beispielsweise aus Anforderungsschreiben erlesen. Am 3. September 1943 fordert der Major und Regts.-Kommandeur vom Kavallerie-Regiment-Mitte neben 35 Volkswagen, 15 Maultieren, 82 LKWs und einer großen Liste an weiterem Material auch – und sogar an erster Stelle – 1374 Reitpferde. Aufgrund der zuvor geschilderten Opferzahl bei gefallenen Soldaten ist davon auszugehen, dass diese große Summe Pferde die bisher gemachten Verluste ausgleichen sollte (BArch RH 40/30 1943: 245). Dennoch werden auch immer wieder Pferde erbeutet, teilweise nicht nur nach siegreichen Gefechten, sondern auch durch Diebstahl oder durch als Partisanen verkleidete Bittsteller unter der zivilen Bevölkerung

8 BArch RH 40/5 1939/1940: 67.

(Ebd.: 247). Im Gefechtsbericht über den Angriff auf Kudrjawez vom 20. Juli 1943 meldet die 1. Abteilung des Kavallerie-Regiments-Mitte am 5. August 1943 neben vier Pak (4,5 cm) mit Protzen und Munition, zwölf schweren Maschinengewehren mit Munition, fünf Granatwerfern und vier Panzerfahrzeugen auch die Erbeutung von insgesamt immerhin acht Panjepferden[9] (Ebd.: 56f.).

Abb. 2: Von Panje-Pferden gezogene Schlitten-Kolonne an der Ostfront. BArch ZA 1/2020 (Bild 2) / Copyright: Thomas Menzel

Pferdeversorgung bei Krankheit oder Verletzung

Im Jahr 1944 befanden sich monatlich von rund 930.000 Pferden an der Ostfront ca. 40.000 bis 80.000 im Krankenstand (Menzel: 2013). Wenn ein Reiter während des Marsches, im Gefecht oder im Unter-

9 Von poln. pan = Herr. Die Panjepferde zeichneten sich durch ihre hohe Körperkraft und die daraus resultierende Nutzbarkeit für die Landwirtschaft aus. Sie waren keiner bestimmten Pferderasse zuzuschreiben, sondern entstammten vielmehr vielen Kreuzungen und Vermischungen.

stand bemerkte, dass sein Pferd in irgendeiner Form angeschlagen war, so hatte er eine spezielle Form von Handlungsvorgaben zu befolgen. Die Heeresversorgung hatte im Januar 1943 einen Algorithmus für das Veterinärwesen erstellt, der alle Eventualitäten abdecken sollte. Zunächst sollten nur »dienstfähig[e] und seuchenfrei[e]« Pferde bei der Truppe verbleiben, die »übrigen w[u]rden abgeschoben« (BArch RH 12–14/5 1943: 1). Verletzte sich ein Pferd während des Marsches, war aber noch marschfähig, so verbrachte man das kranke Tier an einen der »Pferdesammelplätze, die von der Vet.Kp. an leicht erreichbaren Stellen an den Marschstrassen eingerichtet« wurden (Ebd.). Sollte eine Sofortversorgung nicht möglich sein, wurde das Pferd mit einem Pferdetransportwagen zum »Pferdesammelplatz der Armee« und gegebenenfalls zum »Pferdelazarett der Armee« transportiert (Ebd.). Verletzte sich ein Pferd während des Gefechts oder wurde verwundet, so waren von der Truppe »Pferdeverbandsplätze« einzurichten, wobei ein Ort »gedeckt gegen Sicht, wenn möglich auch gegen Feuer, in [der] Nähe von Strassen, Gehöften aus[zu]nutzen« sei (Ebd.). Die weiteren Schritte erfolgten analog zur Verletzung während des Marsches. Außerdem waren »veterinärärztliches Gerät, Hufbeschlaggerät und Hufbeschlagmittel« im »Veterinär Park« der Armee vorhanden, das das veterinärärztliche Gerät der Truppenveterinäre noch ergänzen sollte (Ebd.).

Wehrmacht und Waffen-SS verwendeten vor allem zwei Pferderassen in besonders hoher Intensität: Der »Ostpreuße« war in großer Zahl vorhanden und diente in erster Linie als Reitpferd, weil er sich durch große Ausdauer und körperliche Kraft auszeichnete. Noch »anspruchsloser« seien »Iren« und »Polen« gewesen, jedoch standen diese Pferderassen nicht in ausreichender Zahl zur Verfügung (BArch RHD 4/11/2 1938: 155). Der »Hannoveraner« war zwar körperlich deutlich weniger belastbar, erfüllte jedoch seinen Zweck als leichtes Zugpferd der Wehrmacht (Ebd.: 156). Während des Krieges starben 47,91 % aller »Hannoveraner« und »Mecklenburger«, 32,5 % der »Ostpreußen«, 30,1 % der französischen Kaltblüter, 27,26 % der »Polen« und lediglich 15,38 % der »Iren« (Menzel 2013).

Auflösung von Reiterverbänden

Bereits im Oktober 1941 wurde die 1. Kavallerie-Division durch den Oberbefehlshaber der Heeresgruppe Mitte, Generalfeldmarschall Fedor von Bock (1880–1945), aufgelöst, um ihre Angehörigen auf diverse andere Truppengattungen umverteilen zu können. Dabei verwies der Generalfeldmarschall auf die militärischen Erfolge, die zu Beginn des Zweiten Weltkrieges noch möglich waren, bedenkt man, dass die Kavallerie nach der Infanterie die schwächste Truppengattung zu Land darstellte.[10] In seinem Brief schrieb er:

> Mit der größten Schlacht des Krieges geht auch die Geschichte der 1. Kavallerie-Division zu Ende. Den Forderungen einer neuen Zeit folgend, sitzt die Division ab. Getreu den Überlieferungen hat die 1. Kav.-Div. in hundert Schlachten und Gefechten in West und Ost mit Ruhm und hohen Ehren bestanden. In immer wieder bewiesener Einsatzbereitschaft und Opferfreudigkeit hat sie die Treue zum deutschen Vaterlande mit ihrem Blut besiegelt und damit der prußisch-deutschen Reiterei [sic!] und sich selbst ein unvergängliches Denkmal gesetzt. Die Heeresgruppe, seit Kriegsbeginn in engster Kameradschaft dieser Division verbunden, schuldet ihr besonderen Dank. Meine besten Wünsche begleiten die Division auf ihrem neuen Wege zu neuen Taten. – gez. von Bock, Generalfeldmarschall (BArch RH 40/49 1941: 2)

Seit dem Winter 1941/42 befanden sich Infanterie-Reiterzüge an der Ostfront, die man ein Jahr später mit Reiter-Schwadronen anderer Divisionen zu den Reiterverbänden Boeselager[11] und Winning zusammenschloss. Im Sommer 1943 erfolgte die Bezeichnung Kavallerie-Regiment-Mitte, im Jahr 1944 entstanden nach ersten Niederlagen gegen die Rote Armee daraus die Kavallerie-Regimenter 5, 31, 32 und 41, die unter dem Dach der 3. und 4. Kavallerie-Brigade dem I. Kavallerie-Korps unterstellt wurden (Menzel 2013).

> Im härtesten Abwehrkampf gegen weit überlegene Feindkräfte hat die Gruppe v. Boeselager die ihr gestellten Aufgaben voll erfüllt, in nie erlah-

---

10 »Die Kavallerie kann nicht mehr als Vorteil, wie einst, ihre Schnelligkeit gegenüber anderen Waffen anführen« (BArch RH 40/9 1940: 5).

11 Hierbei handelt es sich um Georg Freiherr von Boeselager (1915–1944), der gemeinsam mit seinem Bruder Philipp Freiherr von Boeselager (1917–2008) am Attentat auf Hitler vom 20. Juli 1944 beteiligt war, wobei im Nachhinein keiner der beiden mit der Tat in Verbindung gebracht wurde.

> mender Angriffslust Krisen gemeistert, dem Feind schwerste Verluste zugefügt und so ihren alten Reitergeist wieder bewährt. An entscheidender Stelle hat sie dazu beigetragen, daß die Kampfgruppe Busich den Durchbruch des Feindes nach Südwesten vereiteln konnte. (Brief von Generalmajor Rudolf Busich (1889–1946) an die Gruppe von Boeselagers vom 28. Juli 1943, BArch 40/30 1943: 106).

Trotz dieses überschwänglichen Lobes musste die Kampfgruppe Boeselager nur einen Monat später aufgelöst werden, womit die aufreibenden letzten Monate der Reiterei des Zweiten Weltkrieges eingeläutet werden sollten.

> Mit dem heutigen Tage scheidet der Stab und die Masse der Kampfgruppe Boeselager aus dem Befehlsbereich des XXIII. A.K. aus. In Tagen höchster Spannung aus Grenadier-Bataillonen, einem Pionier-Bataillon und aus einer Abteilung des jungen Kav.Rgt. Mitte zusammengesetzt, hat die Gruppe dem Ansturm starker sowjetischer Verbände in schwierigem Waldgebiet standgehalten und dem Feind den Weg in den Raum von Karatschew versperrt.

Beseelt von kühnem Reitergeist hat die Kampfgruppe Boeselager in vorbildlicher Einsatzbereitschaft diesen stolzen Erfolg errungen. Ich spreche dem bewährten Kommandeur, den Offizieren, Unteroffizieren und Mannschaften der Kampfgruppe Boeselager meinen Dank und meine besondere Anerkennung aus. (Tagesbefehl des Kommandierenden Generals des XXIII. Armee-Korps, General der Infanterie Frieser an Boeselager vom 9.8.1943, BArch RH 40/30 1943: 54).

In der Folgezeit wurde von Boeselager Kommandeur der 3. Kavallerie-Brigade, die er bis zu seinem Tod am 27. August 1944 führte. Zuvor waren die Angehörigen der 3. Kavallerie-Brigade – zu denen die Reiter-Regimenter 31 und 32 gehörten, ebenso wie die Schwere-Kavallerie-Abteilung 3 und einige weitere Abteilungen – im direkten Vorfeld des 20. Juli 1944 in völliger Ahnungslosigkeit von ihrem Kommandanten von der HKL abgezogen und ins Hinterland verlegt worden. Geplant war, nach einem Befehl des Generalmajors Henning von Tresckow (1901–1944) in Berlin einzumarschieren, sollte das Attentat gelingen (Scheurig 1973: 196; Stoves 2003).

Zusammenfassung

Das wohl bekannteste Beispiel für den Einsatz von Pferden im Zweiten Weltkrieg ist jenes der polnischen Ulanen-Reiter, die am 1. September 1939 mit lediglich 250 Pferden bei Krojanty gegen die deutsche Panzerfront anstürmten, die gezückten Säbel in der Hand. Dass dieses Bild vom Hals über Kopf in den Tod stürmenden Polen nicht der Realität entsprach, ist heute hinlänglich bekannt. Es war ein verlustreicher Ritt, bei dem in wenigen Sekunden die Hälfte der Reiter von den deutschen MGs sprichwörtlich niedergemäht wurde. Dabei zielten die Polen jedoch nicht auf einen siegreichen Angriff ab, sondern suchten ihr Heil in der Flucht nach vorn – mitten durch die deutschen Panzer (Piekałkiewicz 1976: 10). Das letzte klassische Kavalleriegefecht, bei dem zwei Pferdeverbände mit Säbeln aufeinander zuritten, führten Deutsche und Polen am 23. September 1939 bei Krasnobrod. Als sich die Deutschen zurückzogen und die Polen daraufhin die Flucht ergriffen, wurden sie im Kreuzfeuer von Maschinengewehrstellungen befeuert und geschlagen (Ebd.: 18). Trotz heftiger Niederlagen im Feld kam 1940 auch der französischen Saphis-Brigade gebührender Respekt zu. 1940/41 war die italienische Kavallerie in Ostafrika im Einsatz, etwa zeitgleich kämpften auf dem Balkan die griechische und die jugoslawische Kavallerie. Mitte des Jahres 1940 intervenierte die japanische Kavallerie in China, 1941 kämpften britische Reiter im Nahen Osten gegen französische Vichy-Truppen. 1942 verloren die US-Streitkräfte in Manila gegen Japan derartig viele Gefechte, dass man im Anschluss auf die Hungerfrage innerhalb der Streitkräfte mit der einzig logischen Antwort schlussfolgerte: Die Pferde sollten zu Nahrung verarbeitet werden. Der schlechten Reiterleistung der US-Army fielen die letzten 250 amerikanischen Kriegspferde zum Opfer. Ab 1944 besaß Tito in Jugoslawien seine 1. Reiterbrigade, die dem 1. Proletarischen Armeekorps untergeordnet war (Meyer 1982: 191; Parker 1967: 333; Piekałkiewicz 1976: 55–57). Bei allen bereits genannten Verlusten an Einhufern während des Zweiten Weltkrieges, hatte ein Pferd mit durchschnittlich vier Jahren immer noch eine höhere Lebenserwartung als ein Kraftfahrzeug. Diese überstanden nämlich im Schnitt nur ein Jahr, Anfang 1945 sogar nur rund sieben Wochen (Zieger 1973: 415).

Das Pferd erfüllte im Zweiten Weltkrieg eine Vielzahl von Aufgaben. Kräftige Kaltblüter sorgten in der Heimat durch ihren Einsatz in der

Landwirtschaft für genügend Nahrung, schnelle und agile Warmblüter dienten Offizieren aller Verbände und der Kavallerie zum schnellen Vormarsch im Feld. Dabei konnten mehrere Dutzend Kilometer an einem Tag zurückgelegt werden. Mit zunehmender Dauer des Krieges fielen immer häufiger Fahrzeuge und anderes Kriegsgerät aus und mussten, gerade in Sumpfgebieten, wie beispielsweise während der Prypjat-Märsche (Winter 1942/43), durch Pferde ersetzt werden. Durch die lange Dauer der Produktion, Aufzucht und Ausbildung von kriegstauglichen Pferden waren Verluste nur schwer auszugleichen. Oftmals bediente man sich an Pferden besiegter Streitkräfte, stahl der Zivilbevölkerung ihre »Ackergäule« oder erbettelte Pferde bei Händlern. Die Anzahl der im Zweiten Weltkrieg eingesetzten Pferde auf allen Seiten ging in die Millionen, ihre Opferzahlen, wenn auch schwer erfassbar, ebenfalls. Die USA gilt als erstes Militär, dass die Kavallerie vollständig abgeschafft hatte. Nach Ende des Zweiten Weltkrieges folgten die meisten am Krieg beteiligten Nationen diesem Beispiel. Heute dienen Pferde in den meisten Armeen lediglich einem repräsentativen Charakter. Die Schönheit und majestätische Anmut verloren die Pferde demnach nie, ihren militärischen Nutzen jedoch beinahe völlig.

Quellen

BArch RH 12–3/28 (1926), *Pferdeputzmaschinen, 30.11.1926.*

BArch RH 12–14/5 (1943), *Veterinärische Versorgung Januar 1943.*

BArch RH 12–24/7 (1943), *Merkblatt über Pferdepflege.*

BArch RH 37/200 (1937), *Pferde-Einberufung für den Stadtbezirk XXXIII in München 1937.*

BArch RH 40/5 (1939/1940), *KTB vom 5.12.1939 bis zum 21.8.1940.*

BArch RH 40/9 (1940), *Reiter Regiment 22. Unterlagen zur Regimentsgeschichte (1940).*

BArch RH 40/18 (1924), *Ausbildungsrichtlinien.*

BArch RH 40/22 (1941), *KTB des Stabes Reiter-Brigade 2.*

BArch RH 40/27 (1943), *KTB Nr. 1 des Kav.-Regts.-Mitte.*

BArch RH 40/30 (1943), *Anlagen zum KTB Nr. 2 des Kav.-Regts.-Mitte*

BArch RH 40/49 (1941), *KTB Nr. 2 Rtr.-Brig. 1.*

BArch RHD 4/11/2 (1938), *Das Truppenpferd.*

BArch RHD 4/13 (1928), *Vorschrift für die Berittenmachung der Offiziere.*

Graf von Norman, Senior (21938), *Kriegskamerad Pferd. Kriegsteilnehmer erzählen Erlebnisse mit Pferden aus dem großen Krieg*, Berlin.
Herwarth, Hans von (1985), *Zwischen Hitler und Stalin: erlebte Zeitgeschichte 1931–1945*, Frankfurt a. M.
Reitervorschrift (R. V.)(2001) *vom 18.8.1937 H. Dv. 12*, Hamburg.
Weizsäcker, Richard von (1997), *Vier Zeiten. Erinnerungen*, Berlin.
Wilson, Paul Joseph (2004), *Himmler's Cavalry: The Equestrian SS, 193–1945*, Atglen PA.

Literatur

Altieri, Riccardo (2013), *Freikorps Oberland, Freikorps Epp und Reichsbanner Schwarz-Rot-Gold: Berühmte Mitgliedschaften und ihre Folgen für das Deutsche Reich*, München.
Bahro, Berno (2014), »Sporthelden der SS – Reinhard Heydrich und Hermann Fegelein«, in: Krüger, Arnd/Scharenberg, Swantje (Hg.), *Zeiten für Helden – Zeiten für Berühmtheiten im Sport*, Berlin/Münster/Wien/Zürich/London.
DiNardo, R. L./Bay, Austin, »Horse-Drawn Transport in the German Army«, in: *Journal of Contemporary History* 23/1 (1988): 129–142.
Fest, Joachim (1973), *Hitler. Eine Biographie*, Frankfurt a. M.
Gosztony, Peter (1969), »Die Kavallerie der Roten Armee im zweiten Weltkrieg«, in: *Österreichische militärische Zeitschrift* 7/6: 479–489.
Krüger, Arnd/Scharenberg, Swantje (Hg.) (2014), *Zeiten für Helden – Zeiten für Berühmtheiten im Sport*, Berlin/Münster/Wien/Zürich/London.
Longerich, Peter (1989), *Die braunen Bataillone: Geschichte der SA*, München.
Meyer, Heinz (1982), *Geschichte der Reiterkrieger*, Stuttgart/Berlin/Köln/Mainz.
Parker, Robert (1967), *Das Zwanzigste Jahrhundert I, 1918–1945*, Frankfurt.
Piekałkiewicz, Janusz (1976), *Pferd und Reiter im II. Weltkrieg*. München.
Pieper. Henning (2012), *The SS Cavalry Brigade and its operations in Soviet Union 1941–1942*, Sheffield.
Riess, Volker (2000), »Hermann Fegelein. Parvenü ohne Skrupel«, in: Smelser, Ronald/Syring, Enrico (Hg.), *Die SS – Elite unter dem Totenkopf. 30 Lebensläufe*, Paderborn/München/Wien/Zürich, S.160–173.
Rötsch, Mathias (2002): *Die Münchner NSDAP 1923–1933: eine Untersuchung zur inneren Struktur der NSDAP in der Weimarer Republik*, München.
Scheurig, Bodo (1973), *Henning von Tresckow. Eine Biographie*, Stalling/Oldenburg.
Stahl, Friedrich (Hg.) (1980), *Heereseinteilung 1939: Gliederung, Standorte, Kommandeure vom 1.9.1939*, Friedberg.

Stoves, Rolf (2003): *Die gepanzerten und motorisierten Großverbände 1935–1945: Divisionen und selbstständige Brigaden*, Eggolsheim.

Waffenring der Kampftruppen – Kavallerie Schnelle Truppen e. V. (Hg.) (1960), *Garnisonen vorm Frankenwald. Bamberg – Coburg – Ebern*, Oberschleißheim.

Waffenring der Kampftruppen – Kavallerie Schnelle Truppen e. V. (Hg.) (1972), *Chronik des Panzer-Aufklärungs-Bataillons 12 Ebern und seiner Kameradschaftsve*rbände, Oberschleißheim.

Ziegler, Wilhelm (1973), *Das deutsche Heeresveterinärwesen im Zweiten Weltkrieg*, Freiburg.

Internet

Menzel, Thomas (2013), *Pferde im Einsatz bei Wehrmacht und Waffen-SS*, https://www.bundesarchiv.de/oeffentlichkeitsarbeit/bilder_dokumente/00943/index-20.html.de, zuletzt abgerufen am 12.07.2014.

Website der Animals In War Memorial Fund, London (2000–2014), http://www.animalsinwar.org.uk/, zuletzt abgerufen am 13.07.2014.

Autorinnen und Autoren

Riccardo Altieri studiert Geschichte und Germanistik an der Julius-Maximilians-Universität Würzburg. Neben ersten Publikationen hat er bereits an mehreren Editionsprojekten mitgearbeitet.

Magdalena Bayreuther studierte an der Otto-Friedrich-Universität Bamberg Deutsch, Geschichte und Spanisch. Nach dem Ersten Staatsexamen vertiefte sie ihre bereits während des Studiums begonnenen Forschungen zur Geschichte des Pferdes in der Frühen Neuzeit mit einem Promotionsvorhaben zum Thema »Pferde und Fürsten. Repräsentative Reitkunst und Pferdehaltung an fränkischen Höfen (1600–1800)« und mit mehreren Aufsätzen und Vorträgen zum Pferd in der Frühen Neuzeit. Parallel dazu war sie in der Lehre und in verschiedenen interdisziplinären DFG-Projekten an der Universität Bamberg, am E.T.A.-Hoffmann-Theater Bamberg und im Historischen Museum Bamberg beschäftigt sowie Mitglied im DFG-Graduiertenkolleg »Generationenkonflikte und Generationenbewusstsein in Antike und Mittelalter«. Sie ist seit Kindesbeinen Pferdeliebhaberin und passionierte Dressur- und Freizeitreiterin. Im Herbst 2014 erscheint ihre Dissertation im Ergon-Verlag, Würzburg.

Jana Arloth studierte an der TU Dresden Geschichte, Kunstgeschichte, Anglistik/Linguistik mit einem Schwerpunkt auf mittelalterlicher Geschichte und an der Philipps-Universität Marburg Friedens- und Konfliktforschung (M.A. Abschlüsse 2001 und 2006). Sie sammelte internationale Arbeitserfahrung u.a. in den Menschenrechtsabteilungen der EU Kommission und der UNESCO und ist seit Jahren als freie Wissenschaftlerin und Lektorin für private und öffentliche Auftraggeber tätig. Im Rahmen ihrer Arbeit beim Deutschen Institut für Menschenrechte hat sie beispielsweise zur Umsetzung von Menschenrechts- und Gendermandaten in Friedenseinsätzen der Europäischen Union veröffentlicht. In den letzten Jahren war sie zudem als wissenschaftliche Mitarbeiterin an der TU Dresden beschäftigt. Ihre Interessensschwerpunkte liegen im Bereich Menschenrechte, Human-Animal-Studies, Kulturgeschichte.

Frank Jacob ist Assistant Professor für Weltgeschichte an der City University of New York (QCC). Nach dem Studium der Geschichte und Japanologie an der Julius-Maximilians-Universität Würzburg wurde er 2012 im Fachbereich Japanologie der Universität Erlangen promoviert. Neben zahlreichen anderen Publikationen ist er Herausgeber der Zeitschrift *Global Humanities.*

Stefanie Popp, Studium der Anglistik und Romanistik an der Julius-Maximilians-Universität in Würzburg; 2014: Erwerb des Grades Magister Artium sowie Erste Staatsprüfung für das Lehramt an Gymnasien, hat sich im Zuge ihrer Magisterarbeit mit dem Thema *The Horse in British Culture and Literature from the 18th to the 20th Century. Analysis of the Horse's Cultural Importance and its Literary Representation in Britain* auseinandergesetzt.

Heiko Schnickmann, Studium der Geschichte und Germanistik an der der Bergischen Universität Wuppertal für das Lehramt an Gymnasien und Gesamtschulen, Studium der Umweltwissenschaften an der Fernuniversität in Hagen, leitet das Institut für Tiergeschichtsforschung in Wuppertal und forscht zum Kulturtransfer von Haustieren in der Vormoderne. Zu seinen Veröffentlichungen zählen *Der Hund im Hoch- und Spätmittelalter – Status, Prestige, Symbolik*, München 2011, *Dogs and the Sea*, in: Cook's Log 3/33. 2010, 3–7 sowie *Hunde, Schweine und Pferde – Tiere als Mittel des Interkulturellen im Umfeld der Cook'schen Reisen*, in: Georg-Forster-Studien XIX, 2014, 175–189.

Index